职业教育电子信息类专业课改示范教材

电工技术基础与技能

主　编　宫亚梅

副主编　孙磊厚

参　编　陈军华　费　强
　　　　唐　静　吴　琪

U0254645

东南大学出版社
SOUTHEAST UNIVERSITY PRESS
·南京·

内容提要

本书分为基础知识和实践技能两大部分。基础知识部分包括:电路的基本概念和定律、直流电路的分析方法、正弦交流电路的分析、工业企业供电和安全用电、磁路及变压器、三相异步电动机、继电器接触器控制电路、Proteus 和斯沃数控仿真软件基础知识共八章,每章配合正文,有丰富的例题、练习题和思考题;实践技能部分包括:直流、交流、电机控制电路等 8 个独立实训项目和 C650 车床电路安装与调试综合实训项目,以及电工常用工具的介绍和使用,每一个项目的实施由浅入深,既介绍了软件仿真方案也提供了实物搭建测量的过程,做到软硬结合、虚实兼用。

本书内容深浅适度,具有较强的实用性,可作为高校机电类、控制类等专业的教材,也可作为相关培训机构的教材,并可供其他专业师生、工程技术人员、业余爱好者参考。

图书在版编目(CIP)数据

电工技术基础与技能 / 宫亚梅主编 . — 南京 : 东
南大学出版社,2015.9(2020.8 重印)
 ISBN 978-7-5641-6026-5

Ⅰ.①电… Ⅱ.①宫… Ⅲ.①电工技术-高等职业教
育-教材 Ⅳ.①TM

中国版本图书馆 CIP 数据核字(2015)第 224088 号

电工技术基础与技能

出版发行	东南大学出版社
社　　址	南京市四牌楼 2 号(邮编:210096)
出 版 人	江建中
责任编辑	姜晓乐(joy_supe@126.com)
经　　销	全国各地新华书店
印　　刷	常州市武进第三印刷有限公司
开　　本	787mm×1092mm　1/16
印　　张	17.5
字　　数	437 千字
版　　次	2015 年 9 月第 1 版
印　　次	2020 年 8 月第 5 次印刷
书　　号	ISBN 978-7-5641-6026-5
定　　价	39.00 元

本社图书若有印装质量问题,请直接与营销部联系,电话:025-83791830。

前言 PREFACE

　　"电工技术"是高等职业教育电类和非电类专业的一门专业基础课。编者近十年一直从事机电和控制专业的电工技术和与电工技术相关的教学工作。目前,市面上的电工技术同类教材数目、品种繁多,但多数以理论教学为主,内容含量大,理论性强,机电、自控等非电类专业只需选择其中一部分作为教学内容。为此编者根据高职高专院校学生培养目标,结合高职高专教学改革和课程改革的要求,坚持以"必需、够用"为度,以电工学经典理论为基础,精选内容,突出重点。与同类教材相比,本书在内容安排上增加了 Proteus 和斯沃数控仿真软件两大平台的介绍,借助虚拟平台既从某种程度上解决了实验室紧张的状况,也方便在理论学习的同时,随时随地可以进行相关定律的验证和物理量的测量。虚拟平台的引入,还能让学生在真正进入实验室之前就能强化实践技能,熟悉实践环节,所选项目的实施做到软硬结合、虚实兼用。本书最后还提供了一个实际生产中常用的车床控制平台完整的安装和调试综合实训,真正完成从学校理论到工厂实践的升级。

　　全书结构由电工基础知识和电工技能两大部分组成。电工基础知识部分包括:电路的基本概念和定律、直流电路的分析方法、正弦交流电路的分析、工业企业供电和安全用电、磁路及变压器、三相异步电动机、继电器接触器控制电路、Proteus 和斯沃数控仿真软件基础知识共八章,每章配合正文,有丰富的例题、练习题和思考题。电工技能部分包括:直流、交流、电机控制电路等 8 个独立实训项目和 C650 车床电路安装与调试综合实训项目,以及电工常用工具的介绍和使用,每一个项目的实施由浅入深,既介绍了软件仿真方案,也提供了实物搭建测量的过程。

　　本书由常州信息职业技术学院宫亚梅任主编,孙磊厚任副主编。其中,第一、四章由宫亚梅编写,第二章由陈军华编写,第三章由费强、陈军华编写,第五、六章由孙磊厚编写,第七章由唐静编写,第八章由吴琪、唐静、宫亚梅编写;第二部分电工技能由吴琪、宫亚梅编写。全书由宫亚梅完成总体设计、审查和统稿。在编写过程中我们参考了其他作者的部分内容,在此深表谢意。

　　本书编写过程中还得到了邓志辉、朱俊等老师的指导和技术上的帮助,在此表示感谢。

　　由于作者水平有限,编写时间仓促,书中难免存在不足和纰漏之处,恳请读者批评指正。

　　编者的电子邮件:330331317@qq.com

编者
2015 年 9 月

目 录 CONTENTS

第1部分 电工基础知识

第2部分 电工技能

第1部分

电工基础知识

本部分为基础知识,共分为 8 章。其中,"电路的基本概念和定律"介绍了电路的组成和模型,基本物理量,电路的工作状态,电源的模型,基本电路元件,欧姆定律和基尔霍夫定律;"直流电路的分析方法"介绍了电阻串、并联,支路电流法、结点电压法、叠加原理、戴维南定理、诺顿定理及受控电源电路;"正弦交流电路的分析"介绍了正弦量,相量分析方法,交流电路的功率及功率因数,三相电路的概念及分析;"工业企业供电和安全用电"介绍了工业企业供电的过程,常见触电种类、方式及急救技术,供电、用电中的安全措施,日常安全用电常识及注意事项;"磁路及变压器"介绍了磁场、磁感应强度、磁通量、磁场强度的概念,变压器的结构、工作原理及铭牌含义;"三相异步电动机"介绍了三相异步电动机的结构、铭牌含义、工作原理,以及启动、调速和制动的种类和实现方法;"继电器接触器控制电路"介绍了常用的低压电器功能、结构和电气符号,典型的电气控制线路的绘制和识读;"Proteus 和斯沃数控仿真软件基础知识"介绍了应用 Proteus 软件绘制原理图进行电路仿真和使用斯沃数控仿真软件进行电路接线和仿真调试。

Part One

第1章

电路的基本概念和定律

任务引入

众所周知,现代生活离不开电,如电灯、电话、电梯等;现代工业也离不开电,如各种车床、加工中心、各类生产线等。因此,作为 21 世纪的大学生,掌握电的相关知识尤为重要。本章的内容是电工技术的基础,也是后续相关专业课分析与计算电路的基础。虽然有些知识在物理学中涉及过,但在这里,将会从电路的角度,并结合工程应用的观点加以较为严格的定义和系统的阐述,进一步巩固和加深该部分内容,以便能充分地加以应用。

任务导航

- 了解电路的组成和电路模型;
- 掌握电流、电压、电位、电动势、电能和电功率等基本物理量的特征和应用;
- 熟悉电路的三种工作状态;
- 熟练应用欧姆定律分析电路;
- 掌握电源的两种模型及其转换,学会利用电源转换方法分析和简化电路;
- 掌握电阻、电容、电感三大电路基本元件的作用、参数、性能和选型;
- 熟练掌握基尔霍夫电流和电压定律的内容、表达形式和应用。

1.1　电路模型

1.1.1　认识电路

在日常生活中,很多家庭安装有门铃,如图 1.1 所示是其中一种,门铃的主体模块装在室内,门铃开关装在门外,当客人来访按动开关时,门铃就会发出响声。图 1.2 是手电筒的实物图,其内部装有电池和灯泡,外部有开关,当按动开关时,灯泡就会亮。图 1.3 是电风扇的实物图。它的结构是:上方有电机和扇叶,下面底座上装有调速旋钮和开关定时按钮,底座后面引出一根电源线,当接通电源线时,扇叶就会在电机的带动下旋转。

图 1.1　门铃实物图

图 1.2　手电筒实物图

图 1.3　电风扇实物图

就以上三个实物图来讲,图中各元件是怎样连接的呢?如何用国家标准统一规定的符号表示各种元器件,用统一规定的符号表示电路的连接情况呢?

门铃、手电筒和电风扇的共同特点是必须依靠电源工作;不能一直处于工作状态,必须安装开关;另外,这三者接入电路后都需要消耗电能。

因此,可得出:电路由电源、负载、保护控制装置和连接体四部分组成。

(1)电源　电源是将其他形式的能量转换为电能的装置,电路中的电能来源并不相同。例如:电池将化学能转换为电能,发电机将机械能转换为电能等。电源实物如图 1.4 所示。

(a) 干电池　　　　　　　(b) 蓄电池　　　　　　　(c) 发电机

图 1.4　电源实物图

(2)负载　负载是将电能转换成其他形式能量的用电设备,在电路中消耗电能,例如:电灯将电能转换为光能,风扇电机将电能转换为机械能等。负载实物如图 1.5 所示。

(a) 灯泡　　　　　　　　　　　(b) 风扇电机

图 1.5　负载实物图

(3)保护控制装置　保护电路的安全,控制电路的通断。例如:开关、熔断器、继电器等。实物如图 1.6 所示。

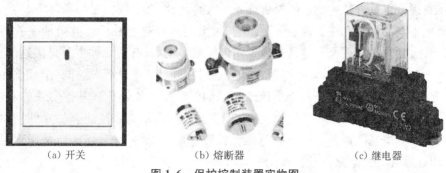

（a）开关 （b）熔断器 （c）继电器

图 1.6 保护控制装置实物图

（4）连接体 主要是指将电源与负载连接成闭合电路,使电流可以流通的导线。例如:铜线和铝线等。实物如图 1.7 所示。

（a）铜线 （b）铝线

图 1.7 连接体实物图

电路,即由电工设备和元器件等按其所要完成的功能用一定方式连接的闭合回路,通俗地讲,就是电流流通的路径。

尽管实际电路的形式和作用多种多样,但总的来说其功能分为两大类:第一类是实现电能的转换、输送和分配;第二类是实现信号的产生、传送和处理。前者如发电厂内可把热能、水能或核能转换为电能;通过变压器和输电导线可将电能送给照明、车床等,从而实现电能的传送和分配。后者如传感器的输入是由声音、光等转换而来的电信号,通过晶体管组成的放大电路,输出的是放大的电信号,从而实现了声控和光电检测;电视机接收到的信号,经过处理,可转换成图像和声音。

【想一想】 日常生活中还有哪些电路可实现电能的转换、输送和分配? 哪些电路可实现信号的产生、传送和处理?

1.1.2 电路模型

实际电路器件在工作时的电磁性质比较复杂,绝大多数器件具备多种电磁效应,例如白炽灯,它除了具有消耗电能的性质(电阻性)外,当电流通过时也会产生磁场,即具有电感性;电感线圈是由导线绕制而成的,它既有电感量又有电阻值,如果把器件的所有电磁性质都考虑进去,则是十分复杂的,给分析带来了困难。为了使问题得以简化,便于探讨电路的普遍规律,在分析和研究具体电路时,对实际的电路器件,一般取其起主要作用的方面,如白炽灯,由于其电感很微小,可以忽略不计,所以可将白炽灯看作是一个电阻性的元件。

电路模型是由理想元件构成的电路,是对实际电路电磁性质的科学抽象和概括。理想元件是指在理论上具有某种确定的电磁性质的假想元件,在不同的工作条件下,同一实际器件可能采用不同的理想元件。理想元件取得恰当,对电路进行分析计算的结果就与实际情况接近;反之,则会造成很大误差甚至导致错误结果。例如,有的元件主要是供给能量的,它们能将非电能量转化成电能,像干电池、发电机等就可以用"电压源"这样一个理想元件来表示;有的元件主要是消耗能量的,当电流通过它们时就把电能转化成其他形式的能,像各种电炉、白炽灯等就可用"电阻元件"这样一个理想元件来表示;另外,还有的元件主要是用来储存磁场能量和电场能量的,就可用"电感元件"或"电容元件"来表示等。常用理想电路元件名称、电磁特性和其电路符号如表 1.1 所示。

表 1.1 常用理想电路元件模型

名称	电磁特性	文字符号	图形符号
电阻元件	表示只消耗电能的元件	R	
电感元件	表示只能储存磁场能量的元件	L	
电容元件	表示只能储存电场能量的元件	C	
理想电压源	表示各种将其他形式的能量转换成电能且以恒定电压信号输出的元件	U_s	
理想电流源	表示各种将其他形式的能量转换成电能且以恒定电流信号输出的元件	I_s	

本书后续内容中分析的都是电路模型,也称为电路图,简称电路。

门铃、手电筒和电风扇的电路图如图 1.8、1.9、1.10 所示。

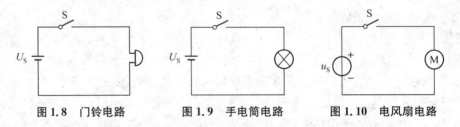

图 1.8 门铃电路   图 1.9 手电筒电路   图 1.10 电风扇电路

【练一练】 观察生活中的常用电器,画出它们的电路图,并描述它们的工作过程。

1.2 电路的基本物理量

电路中的基本物理量包括:电流、电压、电位、电动势、电功和电功率。

1.2.1 电流(Current)

(1) 定义 电荷的定向运动形成电流,单位时间内通过导体横截面的电量称为电流强度(标准中称为"电流",是物理量的名称),即

$$i = \frac{\mathrm{d}q}{\mathrm{d}t} \tag{1.1}$$

式中,q 表示电荷量,电荷量的单位为库[仑](C);t 表示时间,时间的单位为秒(s)。

（2）电流的单位　安[培](A)，1 A＝10^3 mA＝10^6 μA，1 kA＝10^3 A。

（3）电流的分类　大小和方向不随时间变化的电流称为直流电流，如图 1.11(a)所示，简称直流(Direct Current,DC)，用大写字母 I 表示，式(1.1)可写成

$$I＝\frac{Q}{t} \tag{1.2}$$

大小和方向随时间呈周期性变化的电流称为交变电流，如图 1.11(b)所示，简称交流(Alternating Current,AC)，用小写字母 i 表示。

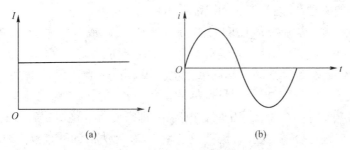

图 1.11　交、直流电与时间的关系曲线

（4）电流的方向　规定正电荷运动的方向或负电荷运动的相反方向为电流的实际方向，用箭头表示。

电流的实际方向在电路中是客观存在的，对于一些简单的电路可以直观地确定。但在分析计算一些较复杂的电路时，往往很难判断出某一元件或某一段电路上电流的实际流向；对交流来说，其方向随时间变化，在电路图上也无法用一个箭头来表示它的实际方向。

为了解决这些问题，在分析电路前先任意假定电流的方向，这个假定的方向称为参考方向(也称正方向)，一般在电路中用实线箭头标出，如图 1.12 所示。在分析与计算电路时，按照所选定的参考方向分析电路，如果电流为正值，即 $I(i)＞0$，则电流的实际方向与参考方向一致；如果电流为负值，即 $I(i)＜0$，则电流的实际方向与参考方向相反。电流的实际方向一般用虚线箭头表示，如图 1.12 所示。

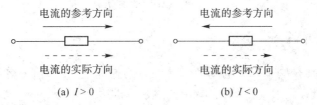

图 1.12　电流的实际方向与参考方向

【练一练】　各电流的参考方向如图 1.13 所示。已知 $I_1＝10$ A，$I_2＝-2$ A，$I_3＝8$ A。试确定 I_1、I_2、I_3 的实际方向。

电流的参考方向除了可用箭头表示外，还可用双下标表示。例如，I_{ab} 表示参考方向由 a 点指向 b 点的电流，I_{ba} 表示参考方向由 b 点指向 a 点的电流。I_{ab} 与 I_{ba} 相差一个

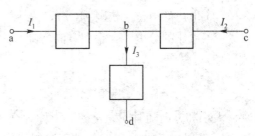

图 1.13　电流方向【练一练】图

负号,即

$$I_{ab} = -I_{ba}$$

注意:电流的正或负是在参考方向的概念上表达出来的,如果没有选定电流参考方向而谈论电流的数值是没有意义的。

对于电流和其他物理量的参考方向的重要性,在分析简单电路时,往往体会不深刻,因为这时电流等物理量的实际方向很容易确定。但是,在分析和计算复杂电路及交流电路时,参考方向的重要性就是显而易见的了,它是分析、计算电路的基础。所以,从一开始,就应正确建立参考方向的概念,并逐步掌握和熟练运用它。

(5)电流的测量 电流的大小可以用电流表(安培表)或万用表(电流挡)等工具测量,如图 1.14 所示。电流表有指针式的模拟电流表,测量时应考虑将实际电流方向正确串入红黑表笔,切记不能接反;也有液晶显示的数字电流表,测量时则无需考虑实际电流方向与红黑表笔接法的关系,结果可以根据测量数据的正负判断出实际电流的方向。用电流表测量某一器件或支路电流时还必须将其串联在电路中,即需要将电路切断后将电流表串联接入,然后进行测量。应选择合适的交、直流挡位及量程,在无法估计电流范围时,必须从高挡位开始测量,再逐步向真值挡位调节。与电流表相比,电流钳(俗称卡表)更方便,使用时无需断开电源和线路即可直接测量运行中电气设备的工作电流。

(a)电流表

(b)万用表

(c)电流钳

图 1.14　电流的测量工具

1.2.2　电压(Voltage)

(1)定义 电压是用来表示电场力做功能力的物理量,在数值上等于电场力把单位正电荷从电场中 A 点移到 B 点所做的功,用 u_{AB} 表示,即

$$u_{AB} = \frac{dw}{dq} \tag{1.3}$$

(2)电压的单位 伏[特](V),$1\text{ V} = 10^3\text{ mV} = 10^6\ \mu\text{V}$,$1\text{ kV} = 10^3\text{ V}$。

(3)电压的分类 大小和方向不随时间变化的电压称为直流电压,用大写字母 U 表示,式(1.3)可写成

$$U = \frac{W}{Q} \tag{1.4}$$

大小和方向随时间变化的电压称为交变电压,用小写字母 u 表示。最常见的是正弦交流电压,其大小和方向随时间按正弦规律作周期性变化。

（4）电压的方向 规定正电荷在电场力作用下移动的方向，也就是由高电势（电位）指向低电势，即电位降落的方向为电压的实际方向。

电压同电流一样，也先要任意选定参考方向，电压的参考方向可用箭头在图上表示，由起点指向终点；也可用双下标表示，前一个下标代表起点，后一个下标代表终点；也可用极性表示，起点标正号（＋），终点标负号（－），如图1.15所示。以上三种表示方法其意义是相同的，可以互相代用。另外，在双下标的表示方法上，U_{ab}与U_{ba}相差一个负号，即

$$U_{ab} = -U_{ba}$$

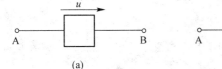 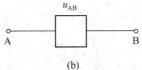 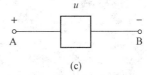

(a)　　　　　　　　　(b)　　　　　　　　　(c)

图1.15 电压参考方向的表示方法

同样规定：如果电压为正值，即$U(u) > 0$，则电压的实际方向与参考方向一致；如果电压为负值，即$U(u) < 0$，则电压的实际方向与参考方向相反，如图1.16所示。

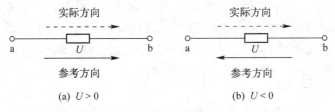

(a) $U > 0$　　　　　　　　　(b) $U < 0$

图1.16 电压的参考方向与实际方向

【练一练】 各电压的参考方向如图1.17所示。已知$U_1 = 10\,\text{V}$，$U_2 = -2\,\text{V}$，$U_3 = 7\,\text{V}$，$U_4 = -1\,\text{V}$。试确定U_1、U_2、U_3、U_4的实际方向。

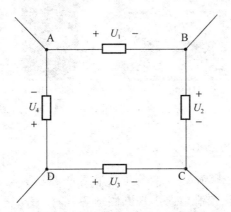

图1.17 电压方向【练一练】图

注意：前面讲述电流、电压的参考方向是可以任意假设，但为了计算方便，将某一元件或某一段电路的电流、电压参考方向选取一致，即选定电流从标以电压"＋"极性的一端流入，从标以电压"－"极性的另一端流出，这种电流和电压的参考方向也就是所谓的关联参考方向；相反，则是非关联参考方向。如图1.18所示。

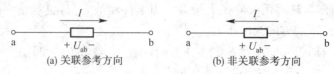

图 1.18　电压与电流参考方向的关系

【练一练】　试判断图 1.19 中电流和电压参考方向是关联的还是非关联的关系。

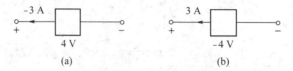

图 1.19　电流和电压参考方向【练一练】图

在以后的电路分析中,完全不必先去考虑各个电流、电压的实际方向如何,而首先应在电路图中标定它们的参考方向,然后根据参考方向列写有关电路方程,计算结果的符号与标定的参考方向就反映了它们的实际方向。参考方向一经选定,在分析电路的过程中就不再变动。

(5)电压的测量　电路中任意两点间的电压都可以用电压表(伏特表)或万用表(电压挡)等工具测量,如图 1.20 所示。同样有指针式的模拟电压表,也有液晶显示的数字电压表。电压表必须并联在被测两点之间。应选择合适的交、直流挡位及量程,在无法估计电压范围时,必须从高挡位开始测量,再逐步向真值挡位调节。使用指针式直流电压表时要注意正负极端子的接线。

(a) 电压表　　　　(b) 万用表

图 1.20　电压的测量工具

1.2.3　电位(Electric Potential)

在电气设备的调试和检修中,经常要测量某个点的电位,看其是否在正常范围之内。例如:在车床电路中,主轴电机控制电路出现断路故障,需要查找电路在何处出现断路,这就可以通过测量各点电位的方法来判断。在复杂电路中,经常也要用电位的概念来分析电路。

(1)定义　在如图 1.21 所示电路中,选定某点 o 作为参考点,把任一点 a 与参考点 o 之间的电压称为该点的电位,用符号 V_a 表示。按照同样的方法定义 b 点电位 V_b。即

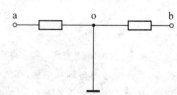

图 1.21　电路中电位的定义

$$V_a = U_{ao}, \quad V_b = U_{bo} \tag{1.5}$$

原则上,参考点可以任意选择。但在一个电路中,参考点只能选择一个,且参考点电位视为零,所以参考点也称零电位点。参考点的选用通常为:在电力工程上常选大地作参考点;电子电路中通常把电源和输入/输出信号的公共端作为参考点;电路分析中常选择电源的两极之一作为参考点。电路中选定的参考点虽然一般不与大地相连接,往往也称为"地",用符号"⊥"表示。

(2) 电位的单位　电位实际上就是电压,其单位也为伏[特](V)。

(3) 电压和电位的区别　电路中电位是相对的,它与参考点的选取有关,任何一点的电位值是与参考点相比较而得出的,比其高者为正,比其低者则为负,如图 1.22(a)所示,若选 d 点为参考点,则 $V_a = -15$ V,$V_c = +20$ V。

电路中两点间的电压就是这两点的电位差值,也叫电位差,如图 1.21 所示电路中有

$$V_a - V_b = U_{ao} - U_{bo} = U_{ao} + U_{ob} = U_{ab} \tag{1.6}$$

电路中电压是绝对的,任意两点间的电压是唯一、确定的数值,它与参考点的选取无关。

在电子电路中,习惯上电源符号常常省去不画,而在电源非接地端注明其电位的数值和极性,将电路简化。如图 1.22(a)所示,若选 d 点为参考点,则 $V_a = -15$ V,$V_c = +20$ V,所以电路可简化为图 1.22(b)所示的画法。

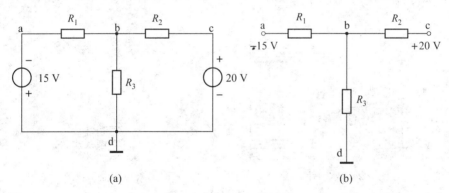

图 1.22　基于电位电路的简化画法

【例题 1.1】　在图 1.23 所示电路中,当选择 O 点和 A 点为参考点时,求其余各点的电位。

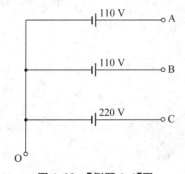

图 1.23　【例题 1.1】图

【解】　(1) 以 O 点为参考点,即 $V_O = 0$。

方法一:A 点比 O 点电位高 110 V,$V_A = 110$ V;

同理，B 点比 O 点电位高 110 V，$V_B = 110$ V；

C 点比 O 点电位高 220 V，$V_C = 220$ V。

方法二：因为 $U_{AO} = V_A - V_O = 110$ V，所以 $V_A = 110$ V；

同理，因为 $U_{BO} = V_B - V_O = 110$ V，所以 $V_B = 110$ V；

因为 $U_{CO} = V_C - V_O = 220$ V，所以 $V_C = 220$ V。

（2）以 A 点为参考点，即 $V_A = 0$，

方法一：O 点比 A 点电位低 110 V，$V_O = -110$ V；

同理，B 点比 O 点电位高 110 V，$V_B = 0$ V；

C 点比 O 点电位高 220 V，$V_C = 110$ V。

方法二：因为 $U_{AO} = V_A - V_O = 110$ V，所以 $V_O = -110$ V；

同理，因为 $U_{BO} = V_B - V_O = 110$ V，所以 $V_B = 0$ V；

因为 $U_{CO} = V_C - V_O = 220$ V，所以 $V_C = 110$ V。

1.2.4　电动势(Electro Motive Force)

要让水循环流动，就必须依靠抽水机把低处的水抽到高处，如图 1.24 所示。同样，电路中电流要持续流动，也要依靠电源让电荷从低电位（电源负极）运动到高电位（电源正极），如图 1.25 所示，电源与抽水机的作用类似。

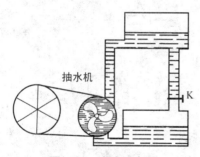

图 1.24　水流示意图

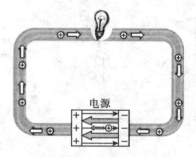

图 1.25　电流示意图

在制造电源的时候，就使电源内部有一种固有的力，如：电池内的化学力、发电机内的电磁力，统称为电源力。正是这些电源力把电源负极的正电荷经电源内部移送到正极去，如图 1.26 所示，实质也就是将电源本来含有的其他形式的能量转换为电能。为了表述不同电源转换能量的能力，人们引入了电动势这一物理量。

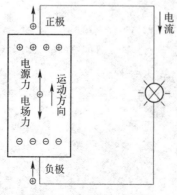

图 1.26　电源的工作原理

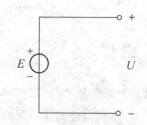

图 1.27　电动势与开路电压

（1）定义　电源力把电源内部的单位正电荷从电源的负极移到正极所做的功,称为电动势,用 e 或 E 表示。电动势在数值上与电源开路端电压相等,即 $E=U$,如图 1.27 所示。

（2）电动势的单位　伏［特］(V)。

（3）电动势的方向　电源电动势的方向规定为由电源的负极（低电位）指向正极（高电位）,也可用箭头或下标表示,如图 1.28 所示,与电源开路端电压的方向相反。

图 1.28　电动势的方向

注意:电动势与电压是容易混淆的两个概念,电动势仅存在于电源内部,而电压不仅存在于电源两端,而且也存在于电源外部。

1.2.5　电功(Electric Work)

电流通过电炉时,电炉发热,把电能转换为热能;电流通过电动机时,电动机转动,把电能转换为机械能;电流通过电解槽时,把电能转换为化学能。这些现象表明,电流可以做功将电能转换为其他形式的能量。

（1）定义　电流所做的功简称为电功,用字母 W 表示。电流在某段时间内所做的功等于电路两端电压 U、电流 I 和通电时间 t 三者的乘积,即

$$W=UIt \tag{1.7}$$

对于纯电阻电路,根据欧姆定律 $I=\dfrac{U}{R}$,式(1.7)可以表示为

$$W=I^2Rt=\dfrac{U^2}{R}t \tag{1.8}$$

（2）电功的单位　焦耳(J)

1 J 表示功率 1 W 的用电设备在 1 s 内所消耗的电能。在实际应用中常以千瓦时(kW·h,俗称度)作为电能的单位。

$$1 度 = 1 \text{ kW·h} = 1\ 000 \text{ W} \times 3\ 600 \text{ s} = 3.6 \times 10^6 \text{ J}$$

【练一练】　教室里有 8 只 40 W 的日光灯,每只消耗的电功率为 46 W(包括镇流器耗电),每天用电 4 h,1 个月按 30 d 计算,每月要用多少度电?每度电的电费是 0.5 元,应付电费多少?(答案:44.16 度,22.08 元)

图 1.29　电度表

（3）电功的测量　电度表就是测量电功的仪器,如图 1.29 所示。

1.2.6　电功率(Electric Power)

为了描述电流做功的快慢程度,引入电功率这个物理量。

（1）定义　单位时间内电场力所做的功称为电功率,简称功率,用字母 P 表示,即

$$P=\dfrac{W}{t}=UI \tag{1.9}$$

（2）电功率的单位　瓦［特］（W）

（3）电功率正负的意义　由式（1.9）可知，功率与电压、电流有密切的关系，为分析方便，规定：当电压和电流的参考方向为关联参考方向时，$P=UI$；当电压和电流的参考方向为非关联参考方向时，$P=-UI$。

电功率是代数量，可正可负，当计算得到的 $P>0$ 时，表示元件实际吸收或消耗功率，该元件可视为负载；当计算得到的 $P<0$ 时，表示元件实际产生或发出功率，该元件可视为电源。

【练一练】　已知 $I=1$ A，$U_1=10$ V，$U_2=6$ V，$U_3=4$ V，试判断图 1.30 中各元件是电源还是负载？

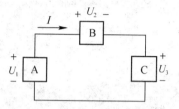

图 1.30　功率正负【练一练】图

注意：当电压与电流的实际方向一致时，元件一定是吸收功率的；当电压与电流的实际方向相反时，元件一定是发出功率的。如电阻元件电压与电流的实际方向总是一致的，其功率总为正值，在电路中吸收功率。电源则不一定，电源处于供电状态时，其功率为负值，说明电源在电路中发出功率；电源处于充电状态时，其功率为正值，说明电源在电路中吸收功率。

（4）功率的测量　功率既可以用功率表（瓦特计）直接测量，如图 1.31 所示；也可以用电压表和电流表间接测量，如图 1.32 所示。

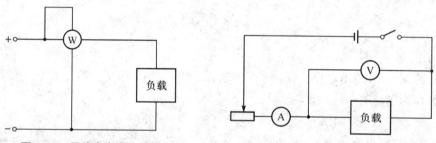

图 1.31　用功率表直接测量　　　图 1.32　用电压表和电流表间接测量

（5）负载的额定值　是指生产厂家为了使产品能在给定的工作条件下正常运行而规定的容许值，常用的有额定电流、额定电压和额定功率，分别用 I_N、U_N 和 P_N 表示。由于电压、电流和功率之间存在一定的关系，通常只需给出两项额定值即可。例如：灯泡上标有"220 V 100 W"，就表明这个灯泡在 220 V 的电压下工作时，功率是 100 W，可算出其额定电流约为 0.45 A。

【想一想】　电阻器上标有"10 Ω　2 W"说明什么？使用时其端电压和通过的电流不得超过多少？

一般元器件和设备的额定值都会标示在明显位置，如图 1.33 和 1.34 所示，在使用中应充分考虑其额定数据来确定其工作条件。

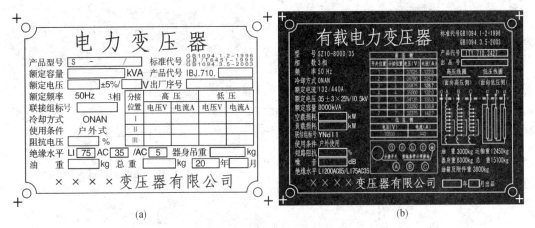

图 1.33 变压器铭牌

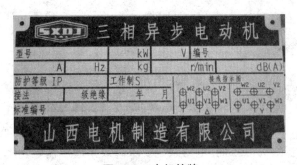

图 1.34 电机铭牌

如果给电气设备加上额定电压,它的功率就是额定功率,该工作状态称为额定工作状态,也称满载,这时用电器正常工作,工作效率最高。

如果用电器上所加的电压低于其额定电压,它的功率就会低于额定功率,该工作状态称为轻载,此时工作效率降低,如照明灯的亮度明显比额定状态时要暗,电动机的转速会下降,长期处于这种状态,用电器将不能正常工作,不能充分发挥电气设备的作用,久而久之也会降低用电器的寿命。

如果用电器上所加的电压超过其额定电压,它的功率就会超过额定功率,该工作状态称为过载或超载,此时设备极易发生故障或烧毁,是必须禁止的,所以一般不允许出现过载。在电路中常装设自动开关(术语为断路器)或热继电器,如图1.35所示,用来在过载时自动断开电源,确保设备安全。

图 1.35 常用的保护设备

注意:实际使用时,电压、电流和功率不一定等于它们的额定值。如:发电机发出的功率和电流完全取决于负载的大小;电动机的实际功率和电流取决于它轴上所带机械负载的大小。但它们在运行时不应超过额定值。

(6)负载获得最大功率的条件 在闭合电路中,电源发出的总功率一部分传给负载做功,一部分消耗在电源内阻上,讨论负载为多大时能从电源处获得最大功率具有实际意义。如图 1.36 所示,可得负载的功率为

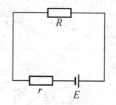

图 1.36 负载获得最大功率的条件

$$P = I^2 R = \left(\frac{E}{R+r}\right)^2 R$$

$$= \frac{E^2 R}{(R-r)^2 + 4rR} \tag{1.10}$$

$$= \frac{E^2}{\dfrac{(R-r)^2}{R} + 4r}$$

因为电源电动势 E、电源内阻 r 是恒量,只有当分母最小时,功率 P 有最大值。所以,当 $R=r$ 时,负载电功率获得最大值,即

$$P_{\text{m}} = \frac{E^2}{4R} = \frac{E^2}{4r} \tag{1.11}$$

把负载电阻等于电源内阻的状态称为负载匹配,这一特点可应用在电子技术中,注重信号的传输,如扬声器获得最大功率。而在电力系统中应避免使用,一方面是因为电源内阻消耗功率过大,易损坏电源;另一方面,电力系统要求高效率地传输电功率,因此应使负载电阻大于电源内阻。但有一点需要注意,负载获得最大功率时,电源的效率只有 50%。

【练一练】 在图 1.37 所示电路中,$R_1 = 2\ \Omega$,电源电动势 $E = 10\ \text{V}$,内阻 $r = 0.5\ \Omega$,R_p 为可变电阻,可变电阻的阻值为多少时它可以获得最大的功率,最大功率为多少? (答案:2.5 Ω,10 W)

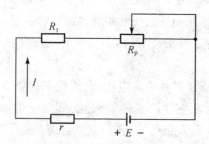

图 1.37 功率最大【练一练】图

(7)能量守恒和功率平衡 电功率和电能是两个相关但又不同的概念。电功率衡量的是转换电能的快慢,至于转换电能的多少,还要看运行的时间长短而定。

能量转换和守恒定律是自然界的基本定律之一,电路也遵循这一定律。一个电路中,所有电源产生的电能总和必定等于所有负载消耗的电能总和。因此,一个电路中,各电源单位时间内产生的电能总和必定等于各负载单位时间内消耗的电能总和。所以,一个电路中,所有电源功率的总和等于所有负载功率的总和,这称为电路的功率平衡。

【想一想】 试分析图 1.30 的电路是否满足功率平衡?

1.3　电路的工作状态

　　电路在不同的工作条件下处于不同的工作状态,也有不同的特点,充分了解电路不同的工作状态和特点对正确使用各种电气设备是十分有益的。根据不同的需要和不同的负载运行情况,电路可能处于通路(有载)、开路(断路)和短路(捷路)三种工作状态。

1.3.1　通路状态(有载)

　　电源与负载接通形成闭合回路,电路中有电流流通。如图 1.38 所示,当 S_1 闭合、S_2 断开、S_3 断开、S_4 闭合时的情况。

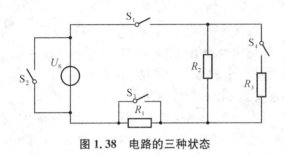

图 1.38　电路的三种状态

1.3.2　开路状态(断路)

　　通常有两种情况,第一种情况是:电源与负载断开,未构成闭合回路,没有电流通过,电源不输出功率,即为空载状态。如图 1.38 所示,当 S_1 断开、S_2 断开、S_3 闭合、S_4 闭合时的情况。第二种情况是:部分电路无电流通过,处于开路状态。如图 1.38 所示,当 S_1 闭合、S_2 断开、S_3 断开、S_4 断开时的情况,此时 R_3 上无电流通过,R_3 不吸收功率。

1.3.3　短路状态(捷路)

　　从广义上说,电路中任何一部分被导线直接连通起来,使电流直接从导线上经过,这种现象就叫短路。短路分为电源短路和元件短路两种情况。

　　第一种情况:如果电源被短路,将形成极大的短路电流(用 I_{SC} 表示),可能将电源立即烧毁。如图 1.38 所示,当 S_2 闭合,S_1、S_3、S_4 断开时,这是一种严重的事故状态,在电路操作中应注意避免。为了迅速排除这种事故,通常在电源开关后面安装有熔断器(FU)或自动断路器,如图 1.6(a)和图 1.35 所示,一旦发生短路,大电流即刻将熔断器或自动断路器烧断,故障电路自动切断,使电源、导线得到保护。

　　第二种情况:在调试电子设备的过程中,将电路中的某一部分短路(常称为短接),这是为了使与调试过程无关的部分电路设备没有电流通过而采取的一种方法。如图 1.38 所示,当 S_1 闭合、S_2 断开、S_3 闭合、S_4 闭合时,图中电阻 R_1 被短路,R_1 没有电流通过,不参与电路工作。所以,并非所有的短路状态都是错误的。

　　【练一练】　某电池组的电动势 $E=24$ V,内阻 $R_0=0.1$ Ω,正常使用时的负载电阻为

$R=1.9\ \Omega$，求额定工作电流 I 及当负载电阻被短路时的电流 I_s。　　（答案：12 A，240 A）

1.4　欧姆定律

为了研究电流、电压和电阻三个物理量之间更精确的关系，德国物理学家欧姆(乔治·西蒙·欧姆，Georg Simon Ohm，1787 年 3 月 16 日—1854 年 7 月 6 日，如图 1.39 所示)做了大量的实验，在 1827 年通过实验科学总结出：一段电路中流过电阻的电流与电阻两端的电压成正比，与这段电路的电阻成反比，这就是欧姆定律。在应用欧姆定律时，R、I、U 三个物理量中，已知任意两个量，就可以计算出第三个量。

图 1.39　乔治·西蒙·欧姆

【想一想】　如果人体电阻的最小值为 $800\ \Omega$，通过人体的电流达到 50 mA 就会引起器官的麻痹，不能自主摆脱电源，试问人体的安全工作电压是多少？

欧姆定律是电路的基本定律之一，反映了线性电阻元件的特性。在分析电路时，根据在电路图中所确定电压和电流的参考方向的不同，欧姆定律的表示式中应带有正号或负号。

当电压和电流的参考方向一致时，如图 1.40(a)所示：

$$U=IR \tag{1.12}$$

当电压和电流的参考方向相反时，如图 1.40(b)所示：

$$U=-IR \tag{1.13}$$

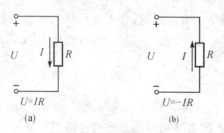

图 1.40　欧姆定律

【例题 1.2】　应用欧姆定律列出图 1.41 中所示各电路的电压、电流关系(VCR)，并求出电阻 R。

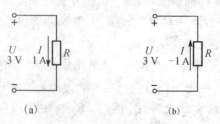

图 1.41　【例题 1.2】图

【解】 (a)图中:U 和 I 参考方向一致,有

$$U=IR$$

$$R=\frac{U}{I}=\frac{3\,\text{V}}{1\,\text{A}}=3\,\Omega$$

(b)图中:U 和 I 参考方向相反,有

$$U=-IR$$

$$R=-\frac{U}{I}=-\frac{3\,\text{V}}{-1\,\text{A}}=3\,\Omega$$

注意:一个式子中有两套正、负号,表达式前的正、负号是由电压和电流的参考方向决定选择式(1.12)或式(1.13)得出的;表达式中数据的正、负号是根据电压、电流本身实际方向和参考方向的关系得出的。一定要加以区别。

【练一练】 应用欧姆定律列出图 1.42 中所示各电路的电压、电流关系(VCR),并求出电阻 R。 (答案:3 Ω,3 Ω)

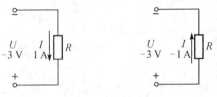

图 1.42 【练一练】图

遵循欧姆定律的电阻称为线性电阻,它的电压、电流关系是一条通过坐标原点的直线,如图 1.43 所示,这表示该段电路的性质(即 R)与电压和电流无关。

如果电阻不是一个常数,而是随着电压或电流变化,那么,这种电阻就称为非线性电阻。如图 1.44 所示是一些非线性电阻的符号。非线性电阻两端的电压与通过的电流关系不遵循欧姆定律,一般不能用数学公式表示,而是用电压与电流的关系曲线 $U=f(I)$ 或 $I=f(U)$ 来表示。如图 1.45 和图 1.46 所示曲线分别为白织灯丝和半导体二极管的伏安特性曲线,非线性电阻元件在生产上应用很广。

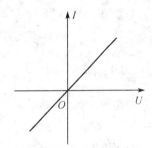

图 1.43 线性电阻的伏安特性

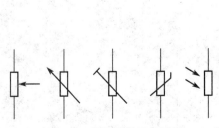

图 1.44 非线性电阻的符号

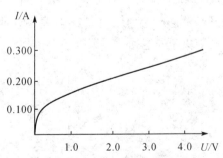

图 1.45 白织灯丝的伏安特性曲线

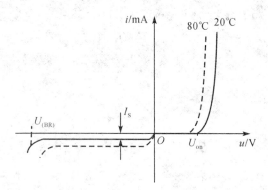

图 1.46 半导体二极管的伏安特性曲线

实际上绝对的线性电阻是没有的,但是,在一定的电流范围内,只要电阻元件的伏安特性接近于过原点的直线,就可以认为是线性的,由此造成的误差不明显。至于非线性电阻元件,将在后续的章节中加以讨论。

1.5 电源模型

常见的电源除了图 1.4 所示的发电机、蓄电池和干电池外,还有直流稳压电源、直流稳流电源、光电池等。广义地讲,一切能给负载提供电能的电路元件都可以看成是负载的电源。电源有两种类型,一种是以电压形式表示的电源模型,称为电压源;另一种是以电流形式表示的电源模型,称为电流源。在实际应用中,发电机、电池等实际电源内阻通常远比负载小,较近似于电压源;在电子线路中有许多内阻远比负载电阻大的情况,例如,晶体管恒流源,以及电唱机晶体唱头等都近似于电流源。

1.5.1 电压源

1) 理想电压源(恒压源)

理想电压源是一个二端元件,在电路图中的符号如图 1.47 所示,其电压用 u_S 或 U_S 表示。

它有两个基本特点:① 无论它的外电路如何变化,两端的输出电压都为恒定值 U_S,即直流电压源,或为一定时间的函数 $u_S(t)$,即正弦交流电压源,如图 1.48 所示。② 通过电压源的电流虽然是任意的,但仅由它本身是不能决定的,还取决于与之相连接的外部电路,有时甚至完全取决于外电路。

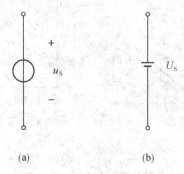

(a)   (b)

图 1.47 理想电压源的符号

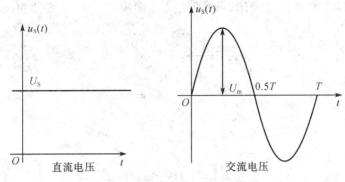

图 1.48 理想电压源的输出特性

理想电压源因其输出电压为恒定,故又称为恒压源。实际的电源,如干电池、蓄电池和直流稳压源等,在其内部功率损耗可以忽略不计时,即电池内阻可以忽略不计时,可以用理想电压源来代替。

2) 实际电压源

一个实际的电源在其内部功率损耗不能忽略不计时,可以看成一个理想电压源与一个电阻的串联组合,即实际电压源的模型,简称电压源,如图 1.49(a)所示。当电压源电压为零($u_S(t)=0$ 或 $U_S=0$)时,可以用一条短路导线来代替理想电压源。

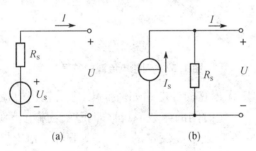

图 1.49 实际电源的符号

3) 电压源电路分析

在实际应用中,多个不同的电压源不可以并联,否则违背基尔霍夫电压定律(该定律的具体内容将在后续章节讲到),但可以串联,如图 1.50(a)所示,其等效电路图如图 1.50(b)所示。这里注意,图 1.50 中,$U_S=-U_{S1}+U_{S2}+U_{S3}$,$U_{S1}$($U_{S2}$ 或 U_{S3})的方向与 U_S 相同取正号,相反取负号;$R_S=R_{S1}+R_{S2}+R_{S3}$。

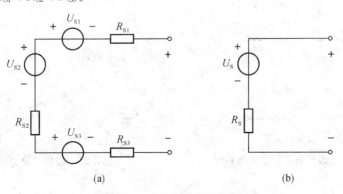

图 1.50 电压源模型的串联

21

【练一练】 电路如图 1.51 所示,求其等效电压源模型。 (答案:9 V,6 Ω)

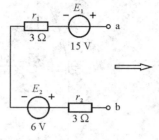

图 1.51 【练一练】图

1.5.2 电流源

1)理想电流源(恒流源)

理想电流源是一个二端元件,在电路图中的符号如图 1.52 所示,其电流用 i_S 或 I_S 表示。

图 1.52 理想电流源的符号

它有两个基本特点:① 无论它的外电路如何变化,它的输出电流为恒定值 I_S,即直流电流源,如图 1.53 所示,或为一定时间的函数 $i_S(t)$,即正弦交流电流源。② 电流源两端的电压虽然是任意的,但仅由它本身是不能决定的,还取决于与之相连接的外部电路,有时甚至完全取决于外电路,如图 1.54 所示。

理想电流源因其输出电流为恒定,故又称为恒流源。实际的电流源,如光电池在一定的光线照射下能产生一定的电流,称为电激流 I_S。当其内部功率损耗可以忽略不计时,可用理想电流源来代替。

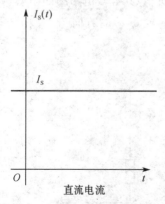

图 1.53 理想电流源的输出特性

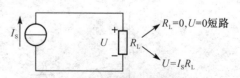

图 1.54 理想电流源的电路

2）实际电流源

一个实际的电源在其内部功率损耗不能忽略不计时，可以看成一个理想电流源与一个电阻的并联组合，简称电流源，如图 1.49（b）所示。当电流源电流为零（$i_S(t)=0$ 或 $I_S=0$）时，可以用开路来代替理想电流源。

3）电流源电路分析

在实际应用中，多个不同的电流源不可以串联，否则违背基尔霍夫电流定律（该定律的具体内容将在后续章节讲到），但可以并联，如图 1.55（a）所示，其等效电路图如图 1.55（b）所示。这里注意，图 1.55 中，$I_S=I_{S1}-I_{S2}+I_{S3}$，I_{S1}（I_{S2} 或 I_{S3}）的方向与 I_S 相同取正号，相反取负号；$R_S=R_{S1}\,/\!/\,R_{S2}\,/\!/\,R_{S3}$。

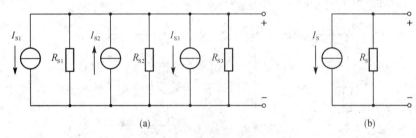

图 1.55　电流源模型的并联

【练一练】　电路如图 1.56 所示，求其等效电流源。　（答案：5 A，2 Ω）

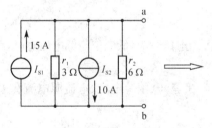

图 1.56　【练一练】图

1.5.3　电源连接的特殊情况

关于电源连接的几种特殊情况处理如图 1.57 所示。

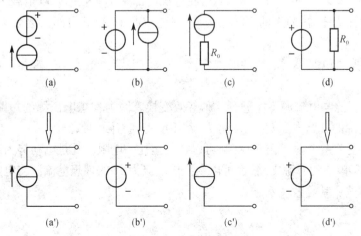

图 1.57　电源连接特殊情况

① 恒流源与恒压源串联，等效时恒压源无用；

② 恒流源与恒压源并联，等效时恒流源无用；

③ 电阻与恒流源串联，等效时电阻无用；

④ 电阻与恒压源并联，等效时电阻无用。

1.5.4　电压源与电流源的等效变换

同一实际电源既可以用电流源模型表示，也可以用电压源模型表示。对于外电路来说，无论采用电压源供电还是电流源供电，只要负载获得的电压和电流相同，就认为这两种电源对外电路的作用相同，也就是说这两种电源可以等效。

电压源与电流源的等效互换如图 1.58 所示。

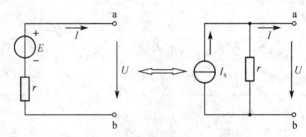

图 1.58　电压源与电流源的等效互换

（1）具体描述

① 端口对应

电压源的高电位与电流源高电位对应，低电位与低电位对应，即 a 与 a 对应，b 与 b 对应。

② 大小对应

电压源内阻与电流源内阻相等，电压源电压、电流源电流和内阻满足欧姆定律，即

$$r=r$$
$$E=I_S r \text{ 或 } I_S=E/r$$

③ 极性对应

电流源的 I_S 方向由电压源的"－"极指向电压源的"＋"极。

（2）两种电源等效变换时，应注意

① 这种等效变换，是对外电路的等效，在电源内部是不等效的。以空载为例，对电压源来说，其内部电流为零，内阻上的损耗亦为零；对电流源来说，其内部电流为 I_S，内阻上的消耗为 $I_S^2 R_0$。

② 变换时两种电路模型的极性必须一致，即电流源流出电流的一端与电压源的正极性端相对应。

③ 理想电压源与电流源不能进行这种等效变换。因为理想电压源的短路电流 I_S 为无穷大，理想电流源的开路电压 U_0 为无穷大，都不能得到有限的数值。

④ 这种变换关系中，r 不限于内阻，可以扩展至任一电阻。凡是电动势为 E 的理想电压源与某一电阻 R 串联的有源支路，都可以变换成电流为 I_S 的理想电流源与电阻 R 并联的有源支路，反之亦然。其等效关系是

$$I_S=E/R$$

【练一练】　将图 1.59 的电压源变换为电流源,电流源变换成电压源。

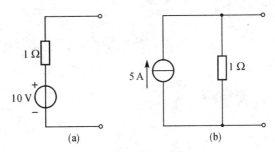

图 1.59　【练一练】图

注意:根据电路分析的需要,当电压源与外电路是并联关系时需要转换为等效的电流源;当电流源与外电路是串联关系时需要转换为等效的电压源。

【例题 1.3】　如图 1.60 所示电路,用电源等效变换法求流过负载 24 Ω 的电流 I。

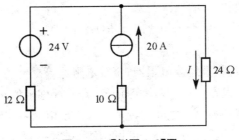

图 1.60　【例题 1.3】图

【解】　由于 10 Ω 电阻与电流源是串联形式,对于电流 I 来说,10 Ω 电阻为多余元件,可去掉,即可得电路如图 1.61(a)所示;

图 1.61(a)所示 12 Ω 电阻与 24 V 电压源串联可等效为一个 2 A 的电流源与 12 Ω 电阻并联,即可得电路如图 1.61(b)所示;

图 1.61(b)所示两个电流源可等效为一个 22 A 的电流源,即可得电路如图 1.61(c)所示;

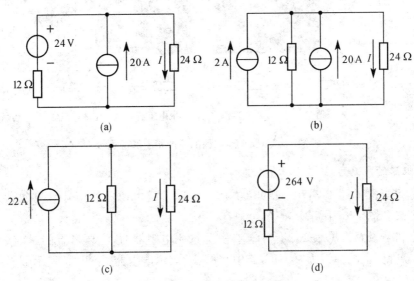

图 1.61　【例题 1.3】答案图

图1.61(c)所示电流源可等效为一个264 V的电压源,即可得电路如图1.61(d)所示;根据图1.61(d)可得

$$I=\frac{264}{12+24}\approx 7.3(\mathrm{A})$$

1.6 电阻、电容和电感

1.6.1 电阻

电阻器(简称电阻)是电路中最常用的元器件。电阻器是耗能元件,在电路中主要用作分流、限流、分压、降压、负载和阻抗匹配等。

电阻器的符号用大写字母 R 表示。电阻的单位是欧姆(Ω),常用的单位还有千欧姆($k\Omega$)、兆欧姆($M\Omega$)。它们之间的换算关系是

$$1\ \mathrm{M}\Omega=10^{3}\ \mathrm{k}\Omega=10^{6}\ \Omega$$

固定电阻器的阻值是固定不变的,阻值的大小即为它的标称阻值。固定电阻器按其材料的不同可分为碳膜电阻器、金属膜电阻器、绕线电阻器等。

可变电阻器的阻值可以在一定的范围内调整,它的标称阻值是最大阻值,其滑动端到任意一个固定端的阻值在零和最大值之间连续可调。可变电阻器又有可调电阻器和电位器两种。可调电阻器有立式和卧式之分,分别用于不同的电路安装。电位器有带开关和不带开关之分,在可调电阻器上加上一个开关,做成同轴联动形式,称为开关电位器。如收音机中的音量旋钮和电源开关就是一个同轴联动的开关电位器。

根据电阻的使用场合不同可分为:精密电阻器、大功率电阻器、适用于高频电话的高频电阻器、应用于高压电话的高压电阻器、热敏电阻器、光敏电阻器、熔断电阻器等。

常见电阻器的外形和图形符号如图1.62所示。

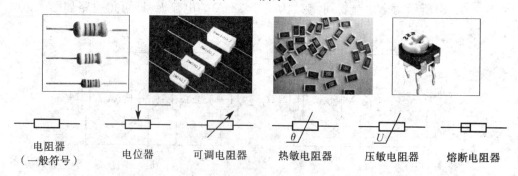

|电阻器
(一般符号)|电位器|可调电阻器|热敏电阻器|压敏电阻器|熔断电阻器|

图1.62 常见电阻器的外形和图形符号

1)电阻器的命名方法

根据国家标准GB/T 2470—1995的规定,电阻器及电位器的型号由四个部分组成,各个部分的意义如图1.63所示。

其文字符号及意义见表1.2所示。在实际选用电阻器时,主要考查的是前3部分。例如,某电阻器外壳上的标识为"RJ-7",其中字母"R"表示电阻器,字母"J"表示金属膜材料,数

字"7"表示精密型,因此可以得到该电阻为金属膜精密型电阻器。

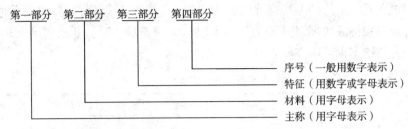

第一部分　第二部分　第三部分　第四部分

序号(一般用数字表示)
特征(用数字或字母表示)
材料(用字母表示)
主称(用字母表示)

图 1.63　电阻器的型号命名方法

表 1.2　电阻(位)器型号文字符号及意义

第一部分		第二部分		第三部分		第四部分
用字母表示主称		用字母表示材料		用数字或字母表示特征		用数字和字母表示序号
符号	意义	符号	意义	数字或符号	意义	意义
R	电阻器	T	碳膜	1,2	普通	若主称、材料、特征相同,仅性能指标略有差别,则给出同一序号。若相差太大,则给出不同序号或再加字母,以示区别
W	电位器	H	合成膜	3	超高频	
		P	硼碳膜	4	高阻	
		U	硅碳膜	5	高温	
		C	沉积膜	7	精密	
		I	玻璃釉膜	8	电阻器—高压	
		J	金属膜	9	电位器—特殊函数	
		Y	氧化膜	G	高功率	
		S	有机实心	T	可调	
		N	无机实心	X	小型	
		X	线绕	L	测量用	
		R	热敏	W	微调	
		G	光敏	D	多圈	
		M	压敏			

2) 主要技术参数

电阻器的主要技术参数有标称阻值,允许误差(精度等级)、额定功率等。

(1) 标称阻值

电阻器表面所标注的阻值叫标称阻值。不同精度等级的电阻器,其阻值系列不同。国家规定的标称阻值系列见表 1.3 所示。

表 1.3　普通电阻器的标称阻值系列

系列	允许误差	精度等级	电阻器标称值
E6	±20%	Ⅲ	1.0　1.5　2.2　3.3　4.7　6.8
E12	±10%	Ⅱ	1.0　1.2　1.5　1.8　2.2　2.7　3.3　3.9　4.7　5.6　6.8　8.2
E24	±5%	Ⅰ	1.1　1.2　1.3　1.5　1.6　1.8　2.0　2.2　2.4　2.7　3.0　3.3　3.6　3.9　4.3　4.7　5.1　5.6　6.2　6.8　7.5　8.2　9.1

表中阻值的单位为欧(Ω),使用时将表中数值乘以 10^n(n 为整数),例如 E24 系列 5.1,可以为 $0.51\ \Omega$、$5.1\ \Omega$、$51\ \Omega$、$510\ \Omega$、$5.1\ k\Omega$ 等。随着电子技术的发展,器件数值的精密度越来越高,所以近年来国家又相继公布了 E48、E96、E192 系列标准,使电阻的系列阻值得以增加。

（2）允许误差

标称阻值和实际阻值的差与标称阻值之比的百分数称为阻值偏差,它表示电阻器的精度。当允许误差用等级法标识时:0级表示±2%;Ⅰ级表示±5%;Ⅱ级表示±10%;Ⅲ级表示±20%。允许误差也可用字母表示,如表1.4所示。

表1.4　电阻器阻值允许误差的字母对照表

字母	允许误差	字母	允许误差	字母	允许误差
B	±0.1%	F	±1%	K	±10%
C	±0.25%	G	±2%	M	±20%
D	±0.5%	J	±5%	N	±30%

（3）额定功率

在正常大气压(90～106.6 kPa)及环境温度为−55 ℃～+70 ℃的条件下,电阻器长期工作所允许耗散的最大功率,称为电阻器的额定功率。线绕电阻器额定功率系列如表1.5所示。各种功率的电阻器在电路图中的符号如图1.64所示。

表1.5　电阻器额定功率系列

种类	电阻器额定功率系列/W
线绕电阻	0.05　0.125　0.25　0.5　1　2　4　8　10　16　25　40　50　75　100　150　250　500
非线绕电阻	0.05　0.125　0.25　0.5　1　2　5　10　25　50　100

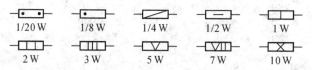

图1.64　电阻器额定功率的符号表示

3）电阻器的标识方法

电阻器的标称电阻、允许误差、额定功率等主要参数一般都直接标在电阻体表面上,具体识别方法有四种:直标法、文字符号法、数标法和色标法。

（1）直标法:用数字和单位符号在电阻器表面标出阻值,其允许误差直接用百分数表示,若电阻上未标注偏差,则偏差均为±20%。读数识别如图1.65所示。

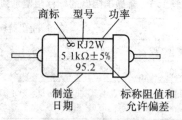

图1.65　电阻器参数直标法示意图

（2）文字符号法:将需要标识的主要参数和技术性能,用数字和字母两者有规律地组合起来,标识在电阻体表面的一种方法,如图1.66所示。字母前面的数字表示整数阻值,后面的数字表示第一位小数阻值和第二位小数阻值,字母所表示的单位如表1.6所示,例如4R7

表示 4.7 Ω。

电阻值为0.33Ω 电阻值为1.8 kΩ 电阻值为4.7Ω
允许误差为±1% 允许误差为±20% 允许误差为±10%

图 1.66 电阻器参数文字符号法示意图

表 1.6 电阻器文字符号表示法中字母所表示的单位

字母	所表示的单位	字母	所表示的单位	字母	所表示的单位
R	欧姆(Ω)	M	兆欧姆(10^6 Ω)	T	兆兆欧姆(10^{12} Ω)
k	千欧姆(10^3 Ω)	G	千兆欧姆(10^9 Ω)		

（3）数标法:用 3 或 4 位阿拉伯数字标注电阻的阻值。最后一位表示电阻阻值的倍率，其余位数表示电阻阻值的有效数字,如图 1.67 所示。例如 162 表示 16×10^2 Ω。

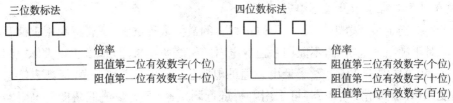

三位数标法　　　　　　　四位数标法

倍率　　　　　　　　　　　倍率
阻值第二位有效数字(个位)　　阻值第三位有效数字(个位)
阻值第一位有效数字(十位)　　阻值第二位有效数字(十位)
　　　　　　　　　　　　　　阻值第一位有效数字(百位)

图 1.67 电阻器参数的数标法示意图

（4）色标法:用不同颜色的带或点在电阻器表面标出标称阻值和允许偏差。国外电阻大部分采用色标法。各种颜色代表的意义见表1.7所示。

表 1.7 电阻器色标符号意义

颜色	有效数字	倍乘($\times10^n$)	允许误差(%)	颜色	有效数字	倍乘($\times10^n$)	允许误差(%)
银色	—	10^{-2}	±10	绿色	5	10^5	±0.5
金色	—	10^{-1}	±5	蓝色	6	10^6	±0.2
黑色	0	10^0	—	紫色	7	10^7	±0.1
棕色	1	10^1	±1	灰色	8	10^8	—
红色	2	10^2	±2	白色	9	10^9	$+5\sim-20$
橙色	3	10^3		无色			±20
黄色	4	10^4					

一般电阻采用 4 色环标识,精密电阻采用 5 色环标识。

当电阻为四环时,前两位为电阻阻值的有效数字,第三位为电阻阻值的倍乘(即 10^n,n 为颜色所表示的数字),第四位为电阻阻值的允许误差(必为金色或银色)。如图 1.68 所示,若四环电阻的颜色分别为橙、白、棕、金,则表示 39×10^1 Ω±5%,即 390 Ω±5%。

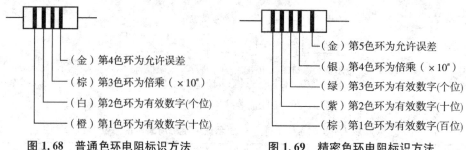

图 1.68　普通色环电阻标识方法　　　　图 1.69　精密色环电阻标识方法

当电阻为五环时,最后一环与前面四环距离较大。前三位为电阻阻值的有效数字,第四位为电阻阻值的倍乘(即 10^n ,n 为颜色所表示的数字),第五位为电阻阻值的允许误差。例如,如图 1.69 所示,若五环电阻的颜色分别为棕、紫、绿、银、金,则表示 $175 \times 10^{-2}\ \Omega \pm 5\%$,即 $1.75\ \Omega \pm 5\%$ 。

4)电阻器的测量

电阻器的阻值及误差无论是直标还是色标,一般在出厂时都已标好。若需要测量电阻器的阻值,常用万用表的欧姆挡。用指针式万用表欧姆挡时,首先要进行调零,选择合适的挡位,使指针尽可能指示在表盘中部,以提高精度。如果用数字式万用表测量电阻器的阻值,其测量精度要高于指针式万用表。

如果不能确定被测电阻的大小,可以选择表的最大量程试测,不合适再根据测量结果变换量程。对于高阻值电阻器,不能用手捏着电阻的引线两端来测量,以防止人体电阻与被测电阻并联,使测量值不准确。对于低电阻值的电阻器,要将引线刮干净,保证表笔与电阻引线良好接触;对于高精度电阻器,可采用电桥进行测量;对于高阻值低精度的电阻器可采用兆欧表进行测量。

1.6.2　电容

电容器(简称电容)是由两个金属电极,中间夹有一层绝缘电介质构成的。电容器是储能元件,其特性可用 12 字口诀来记忆:通交流、隔直流、通高频、阻低频。电容器在电路中常用作交流信号的耦合、交流旁路、电源滤波、谐振选频等。电容器的作用还有很多,要根据其在电路中的位置具体分析。

电容器的文字符号用大写字母 C 表示。电容的单位是法[拉](F),由于法拉这个单位非常大,所以常用的单位还有毫法(mF)、微法(μF)、纳法(nF)、皮法(pF)。它们之间的换算关系是

$$1\ F = 10^3\ mF = 10^6\ \mu F = 10^9\ nF = 10^{12}\ pF$$

电容器按结构可分为固定电容和可变电容,可变电容中又分半可变(微调)电容和全可变电容。电容器按材料介质可分为气体介质电容、纸介电容、有机薄膜电容、瓷介电容、云母电容、玻璃釉电容、电解电容等。电容器还可分为有极性和无极性电容器。

常见电容器的外形和图形符号如图 1.70 所示。

1)电容器的命名方法

根据国家标准 GB/T 2470—1995 的规定,电容器的型号由四个部分组成,各个部分的意义如图 1.71 所示。其文字符号及意义如表 1.8 所示。

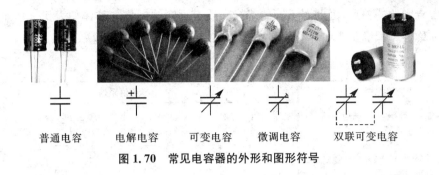

普通电容　　　电解电容　　　可变电容　　　微调电容　　　双联可变电容

图 1.70　常见电容器的外形和图形符号

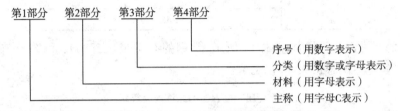

图 1.71　电容器的型号命名方法

表 1.8　电容器型号的文字符号及意义

第一部分		第二部分		第三部分		第四部分
用字母表示主体		用字母表示材料		用字母表示特征		用数字或字母表示序号
符号	意义	符号	意义	符号	意义	意义
C	电容器	C I O Y V Z J B F L S Q H D A G N T M E	瓷介 玻璃釉 玻璃膜 云母 云母纸 纸介 金属化纸 聚苯乙烯 聚四氟乙烯 涤纶 聚碳酸酯 漆膜 纸膜复合 铝电解 钽电解 金属电解 铌电解 钛电解 压敏 其他电解材料	T W J X S D M Y C	铁电 微调 金属化 小型 独石 低压 密封 高压 穿心式	包括：品种、尺寸代号、温度特性、直流工作电压、标称值、允许误差、标准代号等

2）主要技术参数

电容器的主要技术参数有标称容量和允许误差、额定工作电压（耐压）、绝缘电阻（漏电阻）。

（1）标称容值和允许误差

电容器的容量表示电容储存电荷的能力。标在电容器外壳上的电容量数值为标称容量，与电阻器一样，电容器也有规定的标称系列，由于电容器的标称容量、允许误差等，与其绝缘介质有密切的关系,因此对不同的绝缘介质有不同的标称。具体如表 1.9 所示,任何电容器的标称容量都满足表中标称容量系列再乘以 10^n(n 为正或负整数)。

表 1.9　固定电容器容量的标称值系列

电容器类别	标称值系列
高频纸介质、云母介质、玻璃釉介质、高频(无极性)有机薄膜介质	1.0　1.1　1.2　1.3　1.5　1.6　1.8　2.0　2.2　2.4　2.7　3.0 3.3　3.6　3.9　4.3　4.7　5.1　5.6　6.2　6.8　7.5　8.2　9.1
纸介质、金属化纸介质、复合介质、低频(有极性)有机薄膜介质	1.0　1.5　2.0　2.2　3.3　4.0　4.7　5.0　6.0　6.8　8.0
电解电容器	1.0　1.5　2.2　3.3　4.7　6.8

电容器的允许误差等级如表 1.10 所示,常用的有 Ⅰ 级(±5%)、Ⅱ 级(±10%)和 Ⅲ 级(±20%),电解电容的容量误差较大。

表 1.10　电容器的允许误差等级

级别	01	02	Ⅰ	Ⅱ	Ⅲ	Ⅳ	Ⅴ	Ⅵ
允许误差	±1%	±2%	±5%	±10%	±20%	−30%~20%	−20%~50%	−10%~100%

（2）额定工作电压

额定工作电压是指电容器在电路中长期可靠工作时所允许的最高直流电压(又称耐压值)。

（3）绝缘电阻

绝缘电阻是指电容器两电极间的电阻,也称为漏电阻。绝缘电阻的大小取决于电容器的介质性能。电容器的绝缘电阻越大,则漏电流越小,性能越好。

3）电容器标识方法

（1）直标法:如数字部分大于 1 时,单位为 pF,用三位整数表示,第一、二位为电容量的有效数字,第三位为有效数字后面加零的个数,例如 104 表示电容量为 100 000 pF,即 10×10^4 pF。但应注意,当第三位为 9 时,并不表示有效数字后加 9 个 0,而是表示有效数字乘以 10^{-1},这是个特例。如数字部分大于 0 小于 1 时,单位为 μF,例如 0.056 表示电容量为 0.056 μF。

（2）数码表示法:将容量的整数部分写在容量单位标注符号的前面,小数部分写在容量单位标注符号的后面。如 3p3 表示 3.3 pF,1μ1 表示 1.1 μF。

（3）色标法:用不同颜色的带或点在电容器外壳上标出标称电容值和允许误差的方法,方法同电阻器的色标法,标注单位为 pF。

（4）误差的标注方法一般有三种:

① 将容量的允许误差直接标注在电容器上。

② 用罗马数字 Ⅰ、Ⅱ、Ⅲ 分别表示±5%、±10%、±20%。

③ 用英文字母表示误差等级。用 J、K、M、N 分别表示±5%、±10%、±20%、±30%;D、F、G 分别表示±0.5%、±1%、±2%;P、S、Z 分别表示+100%~−20%、+50%~−20%、+80%~−20%。

4）电容器的测量

利用万用表欧姆挡可以检查电容器是否有短路、断路或漏电等情况。

用指针式万用表测量的具体方法是:电容量大于 100 μF 的电容器用 $R \times 100$ 挡测量,电容量在1～100 μF 之间的电容器用 $R \times 1 k$ 挡测量,1 μF 以下的电容器用 $R \times 10 k$ 挡测量。若指针向右偏转,再缓慢返回,返回位置接近无穷大,说明该电容器正常。指针稳定时的读数为电容器的绝缘电阻,阻值越大,漏电越小。若指针向右偏转,指示接近于零欧,且不返回,则说明该电容器已击穿。若指针不偏转,说明该电容器开路(0.01 μF 以下的小电容,指针偏转极小,不易看出,需用其他仪器测量)。

用数字式万用表测量的具体方法是:将万用表置于欧姆挡的较大挡位,其表笔接到电容器的两端(注意手不要接触电容体),这时看到显示数字,然后逐渐变到显示"1"的状态,则说明电容的漏电流基本正常。如果再将两表笔反过来接到电容器的两端,若看到显示的数字首先为负,然后变成正的,最后也显示"1"的状态,则说明电容储存电荷的功能正常。以上测量如果看不到显示数字的变化,应增大万用表的欧姆挡量程再做测量。如果所有量程都看不到显示数字变化,则说明电容器已开路、失效,或者该电容器的电容量太小。另外,可以直接使用数字万用表的电容测试挡位对其电容量进行测量。

这里还需要指出,电解电容器是有极性电容(在使用时电容器的正极应接高电位端,负极接低电位端),当万用表黑表笔(接万用表内附电池的正极)接电解电容的正极、红表笔接负极时测得的绝缘电阻比黑表笔接电解电容器的负极、红表笔接正极时的大,电解电容器使用时极性不能搞错,否则会导致电容器损坏。

1.6.3　电感

电感器是依照电磁感应原理,由绝缘导线(如漆包线、纱包线)绕制而成。电感器与电容器一样,也是储能元件。在电路中具有通直流、阻交流、通低频、阻高频的作用,它广泛地应用于调谐、振荡、耦合、滤波、均衡、延时、匹配、补偿等电路。

电感器的文字符号用大写字母 L 表示。电感的单位是亨［利］(H),常用的单位还有 mH(毫亨)和 μH(微亨)。它们之间的换算关系是

$$1 \text{ H} = 10^3 \text{ mH} = 10^6 \mu H$$

电感元件可制成电感线圈和变压器。常见电感器和变压器的外形和图形符号如图1.72所示。

1）电感器的命名方法

根据国家标准 GB/T 2470—1995 的规定,电感器的型号由四个部分组成:

第一部分:主称,用字母表示,其中 L 代表电感线圈,ZL 代表阻流圈。

第二部分:特征,用字母表示,其中 G 代表高频。

第三部分:形式,用字母表示,其中 X 代表小型。

第四部分:区别代号,用数字或字母表示。

各个部分的意义如图1.73所示,例如 LGX1 为小型高频电感线圈。

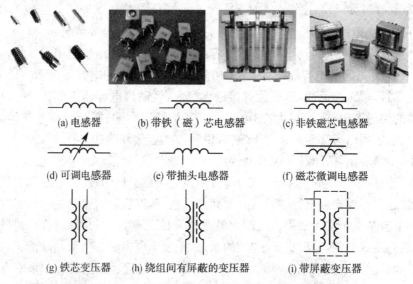

(a) 电感器　(b) 带铁（磁）芯电感器　(c) 非铁磁芯电感器

(d) 可调电感器　(e) 带抽头电感器　(f) 磁芯微调电感器

(g) 铁芯变压器　(h) 绕组间有屏蔽的变压器　(i) 带屏蔽变压器

图 1.72　常见电感器和变压器的外形和图形符号

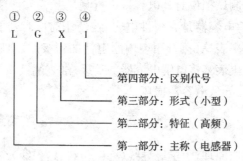

第四部分：区别代号

第三部分：形式（小型）

第二部分：特征（高频）

第一部分：主称（电感器）

图 1.73　电感器的型号命名方法

2）主要技术参数

电感器的主要技术参数有电感量、允许误差、品质因数和额定电流等。

（1）电感量

电感量是电感线圈的一个重要参数，电感量的大小与电感线圈的匝数、几何尺寸，以及线圈内部有无铁芯、磁芯有关。

（2）品质因数

品质因数是表示电感器质量的因数，常用 Q 来表示，它是指电感器在某一频率的交流电压下工作时电感器的感抗和电阻的比值。通常品质因数 Q 越大越好。

（3）额定电流

额定电流是指电感器正常工作时允许通过的最大电流。若电感器的工作电流超过额定电流，电感器会因发热致使参数改变，严重时会烧毁。

3）电感器的标识方法

除专门的电感线圈（色码电感）外，电感量一般不专门标注在线圈上，而以特定的名称标注。

（1）直标法：在小型电感器的外壳上直接标出电感器的电感量、误差等参数值，如图 1.74 所示。

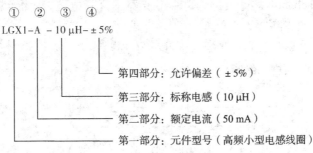

图 1.74　固定电感器规格参数标识法

（2）数码表示法：在电感器的外壳上用三位数字表示元件的参数。前两位数字是电感值的有效数字，第三位数字表示倍率，即 0 的个数，小数点用 R 表示，单位为 μH。例如，电感上标识 330，则表示电感值为 $33 \times 10^0\ \mu H$，即 $33\ \mu H$；电感上标识 4R7，则表示电感值为 $4.7\ \mu H$。

（3）色标法：在电感器的外壳上有不同的色环，用来标注其主要参数。对应的关系与色环电阻相同，色标法默认单位为 μH。例如，某电感器的色环标志分别为黄、紫、金、银，表示电感量为 $47 \times 10^{-1} \pm 10\%\ \mu H$。

4）电感器的测量

若要准确地测量电感器的电感量 L 和品质因数 Q，需要用专门测量电感的电桥来进行。也可以先进行外观检查，看是否有线圈松散、引脚折断、线圈烧毁或外壳烧焦等现象，若有，则表明电感已损坏。另外，电感的直流电阻值一般很小，匝数多、线径细的线圈能达几十欧，有抽头的线圈仅有几欧，粗略地一般可用万用表 $R \times 1$ 或 $R \times 10$ 挡测量电感器的阻值 R。若阻值很大，或指针不动，则说明线圈（或引出线间）已经开路损坏；若阻值比规定的阻值小得多，则说明存在局部短路或者严重短路情况；若阻值为零，说明线圈完全短路。

1.7　基尔霍夫定律

分析与计算电路的基本定律除了欧姆定律外，还有基尔霍夫定律（Kirchhoff's Law）。1845 年，德国物理学家基尔霍夫（古斯塔夫·罗伯特·基尔霍夫，Gustav Robert Kirchhoff，1824～1887，如图 1.75 所示）发现电路元件之间的互联必然迫使元件中的电流之间和元件的电压之间有一定的约束关系，从而总结出了基尔霍夫电流定律和电压定律。

图 1.75　基尔霍夫

1.7.1　基尔霍夫电流定律(Kirchhoff's Current Law，KCL)

1）电路的基本术语

在叙述 KCL 之前，先学习几个电路基本术语：

（1）支路：由一个或几个元件依次相接构成的无分支电路称为支路。在同一支路中，流过所有元件的电流相等，即一条支路一个支路电流。

图 1.76 中 ab、acb、adb 均是支路，其中 ab 支路不含有电源，称为无源支路，acb、adb 支路含有电源，称为有源支路。

（2）结点：电路中两条以上支路的连接点称为结点。

图 1.76 中 a、b 两点均为结点。

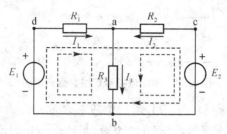

图 1.76　电路举例

2）基尔霍夫电流定律及应用

基尔霍夫电流定律，又称基尔霍夫第一定律。它的内容是：对于电路中的任意一个结点来说，在任何瞬间流入结点的电流之和，等于流出结点的电流之和。即：

$$\sum I_入 = \sum I_出 \tag{1.14}$$

依据 KCL，图 1.76 所示电路中结点 a 处的电流关系为：

$$I_1 + I_2 = I_3$$

这个定律也可用另一种方式叙述，若规定流入结点的电流为正，流出结点的电流为负，则对于电路中的任意一个结点，在任何瞬间流入结点的电流代数和等于零。则式（1.14）就可变为

$$\sum I = 0 \tag{1.15}$$

则图 1.76 所示电路中结点 a 处的电流关系可以表示为：

$$I_1 + I_2 - I_3 = 0$$

列写基尔霍夫电流方程的步骤为：

（1）选定结点。

（2）标出各支路电流的参考方向。

（3）针对结点应用 KCL（即式（1.14）或（1.15））列出方程。

3）基尔霍夫电流定律的扩展应用

KCL 通常应用于电路的任一结点上，但也可扩展到包围几个结点的一个闭合面（也称广义结点），如图 1.77 虚线所示。对广义结点运用 KCL，即有：电路中流入闭合面的电流等于流出闭合面的电流，或流入闭合面的电流代数和为零。在图 1.77 所示电路中，有

$$I_1 + I_2 + I_3 = 0$$

【例题 1.4】　在图 1.78 中，已知 $I_3 = -1$ A，$I_4 = 2$ A，

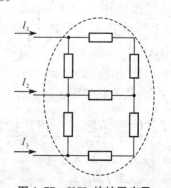

图 1.77　KCL 的扩展应用

$R_8=10\ \Omega$。试计算电阻 R_8 两端电压 U_8。

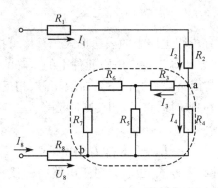

图 1.78　【例题 1.4】图

【解】　对结点 a 列 KCL 方程

$$I_2=I_3+I_4=-1+2=1(\mathrm{A})$$

按照 KCL 的扩展应用，a、b 间的电路可以看做一个闭合面，相当于一个广义结点，则有

$$I_2+I_8=0$$

$$I_8=-I_1=-1(\mathrm{A})$$

故　　　　　　　　　　$U_8=I_8R_8=(-1)\times10=-10(\mathrm{V})$

【想一想】　I_8、U_8 所求数值中负号的意义是什么？

1.7.2　基尔霍夫电压定律(Kirchhoff's Voltage Law, KVL)

1) 电路基本术语

在叙述 KVL 之前，先学习几个电路基本术语：

(1) 回路：电路中任一闭合路径称为回路。

图 1.76 中 abda、acba、acbda 均为回路。

(2) 网孔：内部不含其他支路的回路称为网孔。

图 1.76 中的回路 abda、acba 均为网孔。

2) 基尔霍夫电压定律及应用

基尔霍夫电压定律，又称基尔霍夫第二定律。它的具体内容是：对于电路中的任一回路，沿同一方向(顺时针或逆时针)循环一周，同一瞬间电压的代数和恒等于零。即

$$\sum U=0 \tag{1.16}$$

式(1.16)中电压 U 的参考方向与回路绕行方向一致取正号，相反取负号。

在图 1.76 所示回路中，若以顺时针方向作回路绕行方向，对回路 acbda 列 KVL 方程为

$$U_{ac}+U_{cb}+U_{bd}+U_{da}=0$$

如果直接用电动势和电阻来列方程，由图 1.76 可得到

$$U_{ac}=-I_2R_2,\quad U_{cb}=E_2,\quad U_{bd}=-E_1,\quad U_{da}=I_1R$$

再代入之前的 KVL 方程，有

$$-I_2R_2+E_2-E_1+I_1R_1=0$$

$$E_1-E_2=I_1R_1-I_2R_2$$

或写成

$$\sum (IR) = \sum E \qquad (1.17)$$

式(1.17)是 KVL 方程在电阻电路中的表达形式。具体可描述为:在任一瞬间,电路中的任一回路中的电动势的代数和等于各个电阻元件上的压降的代数和,其中正负号的确定原则是:凡电动势的正方向与回路绕行方向一致时取正号,相反则取负号;电阻元件上的电流参考方向与回路绕行方向一致时取正号,相反则取负号。

把式(1.17)再次变换,可得

$$E_1 + I_2 R_2 = I_1 R_1 + E_2$$

即这个定律还有另一种叙述方式,也就是对于电路中的任一回路,沿同一方向(顺时针或逆时针)循行一周,电位升等于电位降,即

$$\sum U_{升} = \sum U_{降} \qquad (1.18)$$

在应用式(1.18)时,需要说明:电动势的正方向与回路绕行方向一致视为升,反之视为降;电阻元件上的电流参考方向与回路绕行方向一致视为降,反之视为升。

列写基尔霍夫电压方程的步骤为:

(1) 选定回路,并标出回路绕行方向,顺时针或逆时针。

(2) 标出各支路电流、电压的参考方向。

(3) 针对回路应用 KVL(即式(1.16)、(1.17)或(1.18))列出方程。

3) 基尔霍夫电压定律的扩展应用

KVL 通常应用于电路中任一闭合的回路,但也可以推广到任何假想闭合的一段电路(即开口电路)。如图 1.79 所示电路,应用 KVL 可得:

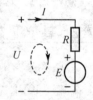

图 1.79　假想回路

$$U = IR + E$$

【例题 1.5】　在图 1.80 所示电路中,已知 $R_1 = 4\ \Omega, R_2 = 6\ \Omega$。试计算 a、b 间电压 U_{ab}。

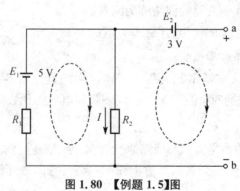

图 1.80　【例题 1.5】图

【解】　对左边回路列 KVL 方程

$$E_1 = IR_1 + IR_2$$

代入数据可得:　　　　　　　　　　$I = 0.5\ \text{A}$

对右边开口电路列 KVL 方程

$$U_{ab} = IR_2 + E_2 = 6\ \text{V}$$

注意:基尔霍夫定律是电路分析的基本定律,具有普遍的适用性,它适用于由任何元件构成的任何结构的电路。应用基尔霍夫定律列写方程时,首先要在电路图上对各结点和支路进行编号,同时标明各支路电流、电压的参考方向(通常取关联参考方向)及回路绕行方向。

思考与练习

1. 图1.81表示的是某电路中的一条支路,支路电流 $I=-5$ A。电流负值表示什么意义? 试计算电压 U_{AB} 和 U_{DC} 的数值。

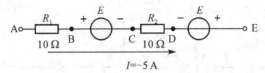

图1.81　习题1图

2. 在图1.82所示电路中,四个方框分别代表电源或负载,电流及电压的参考方向已在图中标出,已知 $I=-2$ A,$U_1=3$ V,$U_2=8$ V,$U_3=-2$ V,$U_4=7$ V。

(1) 用(双线)箭头标出各电压、电流的实际方向。

(2) 判断哪些方框是电源? 哪些方框是负载?

(3) 每个负载消耗的功率是多少? 验证电源发出的功率和负载吸收的功率是否平衡。

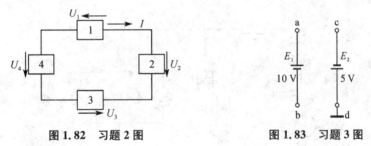

图1.82　习题2图　　　　　　图1.83　习题3图

3. 在图1.83所示电路中,分别求出当a点与d点相连和b点与c点相连两种情况下,a、b、c三点的电位。

4. 有两只电阻,其额定参数分别为"40 Ω、10 W"和"200 Ω、40 W",试问它们各自允许通过的最大电流是多少? 如果将两者串联起来,其两端最高允许承受多少电压?

5. 如图1.84所示电路,试求:

(1) 若 $V_a=10$ V,$V_b=-10$ V,$I=1$ A,求电压 U_{ab} 和功率 P,判断该元件是电源还是负载?

(2) 若 $V_a=10$ V,$U_{ab}=40$ V,$I=1$ A,求电位 V_b 和功率 P,判断该元件是电源还是负载?

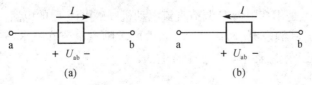

图1.84　习题5图

6. 一只标有"110 V、5 W"的指示灯,现在要接在 220 V 的电源上,需要串联多大阻值的电阻? 该电阻应该选用多大瓦数的?

7. 如图 1.85 所示电路,试求:

(1) 开关 S 断开时的电压 U_{ab} 和 U_{cd};

(2) 开关 S 闭合时的电压 U_{ab} 和 U_{cd}。

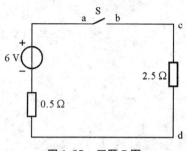
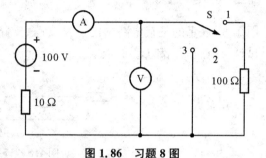

图 1.85 习题 7 图   图 1.86 习题 8 图

8. 如图 1.86 所示电路,问开关 S 处于 1、2 和 3 位置时电压表和电流表的读数分别是多少?

9. 在图 1.87 所示电路中,如果电灯组中有一盏电灯发生短路,求:

(1) 电源中通过的电流 I;

(2) 电炉中通过的电流 I_L;

(3) 电源的端电压 U,并问此时电灯亮否?

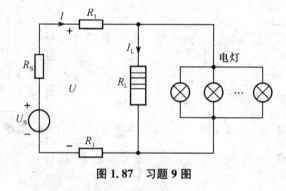

图 1.87 习题 9 图

10. 求如图 1.88 所示各电路中的电压 U 或电流 I。

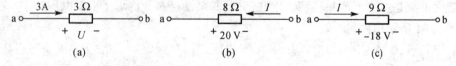

图 1.88 习题 10 图

11. 如图 1.89 所示,是用变阻器 R 调节直流电动机励磁电流 I_f 的电路。设电动机励磁绕组的电阻为 35 Ω,其额定电压为 220 V,如果要求励磁电流在 0.35～0.7 A 的范围内变动,试在下列三个变阻器中选用一个合适的:

(1) 1 000 Ω、0.5 A;

(2) 700 Ω、1 A;

(3) 200 Ω、1 A。

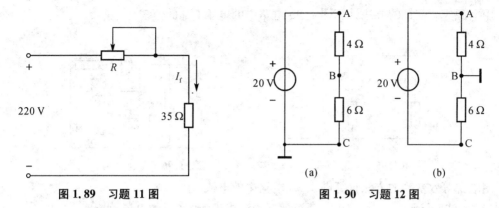

图 1.89　习题 11 图　　　　　　　　图 1.90　习题 12 图

12. 如图 1.90 所示两电路,试求 A、B、C 三点的电位。

13. 如图 1.91 所示电路,试求电阻两端的电压和两电源的功率。

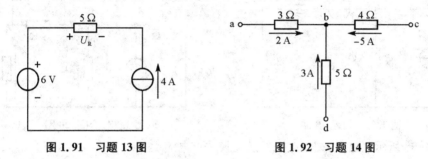

图 1.91　习题 13 图　　　　　　　图 1.92　习题 14 图

14. 如图 1.92 所示电路,试求电路中电压 U_{ab}、U_{bd} 和 U_{ad}。

15. 如图 1.93 所示电路,试求电路中的未知量。

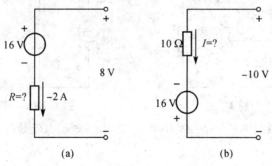

图 1.93　习题 15 图

16. 如图 1.94 所示电路,试求各电路中电压 U 和电流 I。

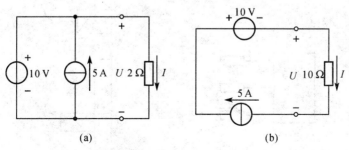

图 1.94　习题 16 图

17. 用电源等效变换的方法计算图 1.95 电路中的电压 U_{AB} 的值。

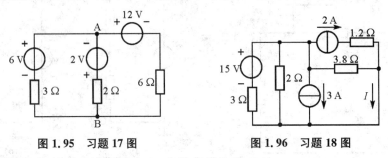

图 1.95　习题 17 图　　　　　　图 1.96　习题 18 图

18. 用电源等效变换的方法计算图 1.96 电路中的电流 I。

19. 如图 1.97 所示电路中,试用电源等效变换法求 R_3 中通过的电流。

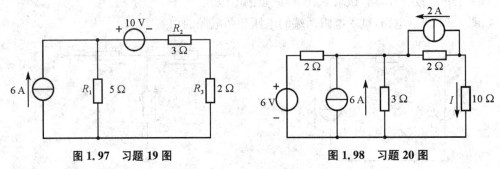

图 1.97　习题 19 图　　　　　　图 1.98　习题 20 图

20. 如图 1.98 所示电路中,试用电源等效变换法求电流 I。

21. 如图 1.99 所示电路中,电阻 R 为何值时获得功率最大,最大功率是多少?

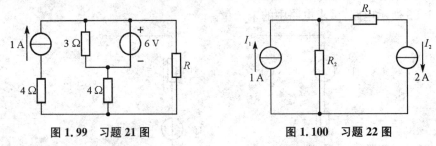

图 1.99　习题 21 图　　　　　　图 1.100　习题 22 图

22. 如图 1.100 所示电路中,$R_1 = 20\ \Omega$,$R_2 = 10\ \Omega$,求各理想电流源的端电压、功率及各电阻上消耗的功率。

23. 已知电路如图 1.101(a)所示,其中 $i_2(t)$ 和 $i_3(t)$ 的波形见图 1.101(b),试画出 $i_1(t)$ 的波形。

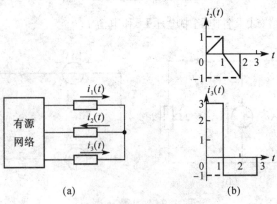

(a)　　　　　　(b)

图 1.101　习题 23 图

24. 已知电路结构和元件参数如图 1.102 所示,试求电流 I_3 和电压 U_{12}。

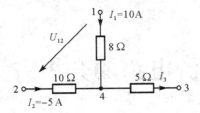

图 1.102　习题 24 图

25. 如图 1.103 所示电路,试求电路中电流 I。

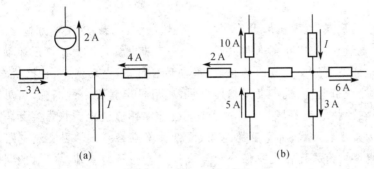

(a)　　　　　　　　　(b)

图 1.103　习题 25 图

26. 如图 1.104 所示电路,试求电路中电流 I、电压 U_S 和电阻 R。

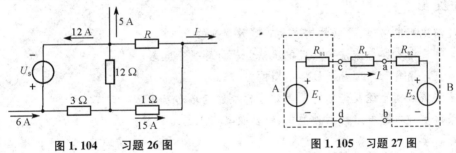

图 1.104　习题 26 图　　　　**图 1.105　习题 27 图**

27. 如图 1.105 所示电路中,A、B 为两组电池,已知 A 的电动势 $E_1 = 30$ V,内电阻 $R_{01} = 1$ Ω;B 的电动势 $E_2 = 24$ V,内电阻 $R_{02} = 1.5$ Ω,导线电阻 $R_L = 0.5$ Ω。求:

(1) I、U_{ab}、U_{cd};

(2) A、B 电池的功率,并说明哪一个充电,哪一个放电;

(3) E_1、E_2 的功率。

28. 试求图 1.106 电路中 A 点的电位 V_A。

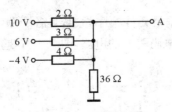

图 1.106　习题 28 图

第2章

直流电路的分析方法

　　直流电有它的优点,主要应用于各种电子仪器、电解、电镀、直流电力拖动等方面。如在化学工业上,像电镀等,就非要直流电不可。另外,直流电机是用直流电压驱动的,一般运用在不能用交流电或不便用交流电的场合,比如电动自行车、电动汽车、铁路机车直流牵引电机、地铁机车直流牵引电机、机车直流辅助电机、矿用机车直流牵引电机、船用直流电机、轧钢电机,以及用在手持电动工具上等。电子设计上也常用直流电。根据实际需求的不同,电路的结构可分为很多种形式,如单回路电路、复杂回路电路等。学习直流电路的连接方式、电路的特点和电路的有关定律是我们分析与设计直流电路的基础,本章内容将带你走进直流电路的纷繁世界。

- 理解电阻电路串、并联的构成及其等效变换的方法;
- 掌握应用支路电流法和结点电压法分析计算复杂电路;
- 掌握应用叠加原理分析线性电路的方法;
- 掌握戴维南定理及诺顿定理等效分析线性电路的方法;
- 了解受控电源电路的四种类型、特征及其常见电路分析。

2.1 电阻的连接

2.1.1 电阻的串、并联

　　为了满足电路对不同电阻值及功能的需求,电阻间必须进行串联、并联或串、并联共存。

1) 电阻的串联

　　电路中两个或两个以上的电阻元件顺序相连,且各个联结点没有分支的连接方式称为串联。如图 2.1(a)所示为 n 个电阻串联的电路,图 2.1(b)是它的等效电路。

　　串联电路具有以下特点:

$$U = IR = U_1 + U_2 + \cdots + U_n = I_1 R_1 + I_2 R_2 + \cdots + I_n R_n \tag{2.1}$$

因为 $\qquad\qquad\qquad I = I_1 = I_2 = \cdots = I_n$

所以 $\qquad\qquad\qquad R = R_1 + R_2 + \cdots + R_n$

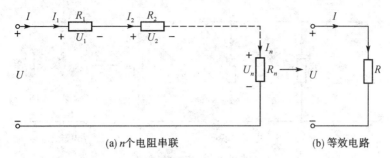

(a) n 个电阻串联　　　　　　　　　(b) 等效电路

图 2.1　电阻的串联

即 $$R=\sum R_i \tag{2.2}$$

$$\begin{cases} U_1=IR_1=\dfrac{R_1}{R_1+R_2+\cdots+R_n}U=\dfrac{R_1}{R}U \\[2mm] U_2=IR_2=\dfrac{R_2}{R_1+R_2+\cdots+R_n}U=\dfrac{R_2}{R}U \\[2mm] \vdots \\[2mm] U_n=IR_n=\dfrac{R_n}{R_1+R_2+\cdots+R_n}U=\dfrac{R_n}{R}U \end{cases} \tag{2.3}$$

其功率 $$P=P_1+P_2+\cdots+P_n \tag{2.4}$$

串联电路起分压作用,电阻越大,所分电压越大。

【例题 2.1】　在图 2.2 所示电路中,$R_1=100\ \Omega$,$R_2=200\ \Omega$,$R_3=300\ \Omega$,输入电压 $U_i=12\ V$,试求输出电压 U_o 的变化范围。(这是一个电压在一定范围内连续可调的分压器)

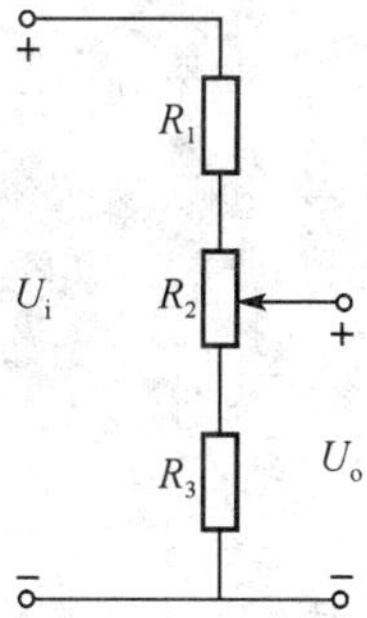

【解】　当触点在 R_2 最上端处时,由分压公式得

$$U_{o1}=\frac{R_2+R_3}{R_1+R_2+R_3}U_i=\frac{200+300}{100+200+300}\times12=10(V)$$

当触点在 R_2 最下端处时,由分压公式得

$$U_{o2}=\frac{R_3}{R_1+R_2+R_3}U_i=\frac{300}{100+200+300}\times12=6(V)$$

图 2.2　【例题 2.1】图

即输出电压 U_o 的变化范围为 6 V～10 V。

【练一练】　用一个量程为 50 μA 的电流计和适当的电阻搭建一个单量程的电压表电路,同时验证分压定理。

2) 电阻的并联

将两个或两个以上的元件的一端连接在电路的同一点上,另一端连接在另一共同点上的连接方式称为并联。如图 2.3(a)所示为 n 个电阻并联的电路,图 2.3(b)为其等效电路。

并联电路的特点有:

$$I=I_1+I_2+\cdots+I_n \tag{2.5}$$

$$\frac{U}{R}=\frac{U_1}{R_1}+\frac{U_2}{R_2}+\cdots+\frac{U_n}{R_n}$$

因为 $$U=U_1=U_2=\cdots=U_n$$

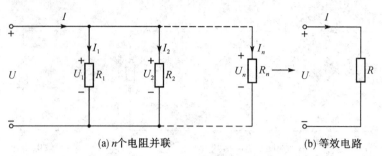

(a) n个电阻并联　　　　　(b) 等效电路

图 2.3　电阻的并联

所以

$$\frac{1}{R}=\frac{1}{R_1}+\frac{1}{R_2}+\cdots+\frac{1}{R_n}$$

即

$$\frac{1}{R}=\sum\frac{1}{R_i} \tag{2.6}$$

特殊情况,两个电阻并联时,并联总电阻为

$$R=\frac{R_1\times R_2}{R_1+R_2}$$

另在并联电路中,常用"//"表示并联关系,即有:

$$R=R_1 /\!/ R_2\cdots /\!/ R_n$$

又

$$\begin{cases}I_1=\dfrac{U}{R_1}=\dfrac{IR}{R_1}=\dfrac{I}{1+\dfrac{R_1}{R_2}+\dfrac{R_1}{R_3}+\cdots+\dfrac{R_1}{R_n}}\\[3mm] I_2=\dfrac{U}{R_2}=\dfrac{IR}{R_2}=\dfrac{I}{\dfrac{R_2}{R_1}+1+\dfrac{R_2}{R_3}+\cdots+\dfrac{R_2}{R_n}}\\[3mm] \vdots\\[2mm] I_n=\dfrac{U}{R_n}=\dfrac{IR}{R_n}=\dfrac{I}{\dfrac{R_n}{R_1}+\dfrac{R_n}{R_2}+\dfrac{R_n}{R_3}+\cdots+1}\end{cases} \tag{2.7}$$

同样

$$P=P_1+P_2+\cdots+P_n$$

并联电路起分流作用,电阻越大,分得电流越小。

【例题 2.2】　如图 2.4 所示,求并联电路的等效电阻。

【解】　等效电阻为:

$$\frac{1}{R}=\frac{1}{R_1}+\frac{1}{R_2}+\frac{1}{R_3}=\frac{1}{30}+\frac{1}{15}+\frac{1}{0.8}=1.35(\text{S})$$

$$R=\frac{1}{1.35}\ \text{k}\Omega\approx0.74\ \text{k}\Omega\approx0.8\ \text{k}\Omega$$

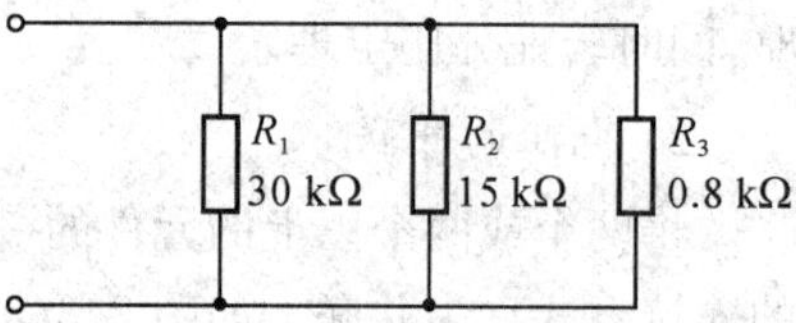

【练一练】　请用电阻两两并联的方法,求出上述
【例题 2.2】中的等效电阻。

图 2.4　【例题 2.2】图

从【例题 2.1】中可以看出串联时,电阻的分压作用与阻值的大小成正比,电阻的阻值越小
分压越少。如果是并联,则电阻的分流作用与阻值的大小成反比,电阻的阻值越小分流越大。

【练一练】　用一个量程为 $50\ \mu A$ 的电流计和适当的电阻搭建一个单量程的电流表电
路,同时验证分流定理。

3）电阻的混联

电路中既有串联又有并联的连接方式称为混联,如图 2.5 为一简单的混联电路。通常分析混联电路必须根据电阻串、并联的特征进行简化。

【例题 2.3】　如图 2.5 所示,求各支路电流。

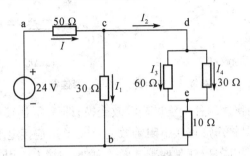

图 2.5 【例题 2.3】图

【解】　de 段电阻可等效为 30 Ω 与 60 Ω 并联:

$$R_{de}=\frac{30\times60}{30+60}=20(\Omega)$$

db 段电阻可等效为 10 Ω 与 R_{de} 串联:

$$R_{db}=20+10=30(\Omega)$$

cb 段电阻可等效为 30 Ω 与 R_{db} 并联:

$$R_{cb}=\frac{30\times30}{30+30}=15(\Omega)$$

ab 段电阻可等效为 50 Ω 与 R_{cb} 串联:

$$R_{ab}=15+50=65(\Omega)$$

根据欧姆定律得:

$$I=\frac{24}{R_{ab}}=\frac{24}{65}\approx0.37(A)$$

由并联电路特点可得:

$$I_2=\frac{30}{30+R_{db}}I=\frac{30}{30+30}\times0.37=0.185(A)$$

$$I_1=I-I_2=0.37-0.185=0.185(A)$$

$$I_3=\frac{30}{30+60}I_2=\frac{30}{30+60}\times0.185\approx0.06(A)$$

$$I_4=I_2-I_3=0.185-0.06=0.125(A)$$

2.1.2　电阻的星形连接与三角形连接

在图 2.6(a)中,电阻 R_1、R_2、R_3 为 Y 形(或称 T 形、星形)连接。在 Y 形连接中,三个电阻都有一端接在一个公共点上,另一端接在三个对外端子上。图 2.6(b)中,电阻 R_{12},R_{23},R_{31} 为△形(或称 π 形,三角形)连接。在△形连接中,三个电阻首尾相连后接在 3 个对外端子之间。

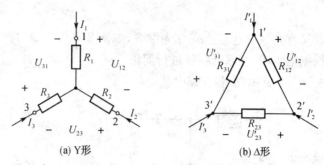

图2.6　电阻的Y形与△形连接

在电路分析中常需要将这两种电路进行等效变换,即Y形连接的电阻可由△形连接电阻等效替代。反之,也可以将△形连接电阻等效变换成Y形连接电阻。如前所述,等效变换是指它们对外电路的作用相同,也就是要求二者的对外特性完全相同。具体讲,两个端子间电压和电流分别对应相等,即 $U_{12}=U'_{12}$,$U_{23}=U'_{23}$,$U_{31}=U'_{31}$;$I_1=I'_1$,$I_2=I'_2$,$I_3=I'_3$。由此条件可以导出△形连接和Y形连接电阻等效变换的具体条件。

为了分析方便,现分别假设两种电路的同一个端子开路,然后分别计算另两个端子间的等效电阻。由于△形连接与Y形连接电阻互为等效电路,则在两种电路中,同一个端子开路时,得到另两个端子间的等效电阻应该相等。具体分析如下:

当 $I_1=0$ 和 $I'_1=0$ 时,Y形连接电阻电路中,2、3端等效电阻等于△形连接电阻电路的2′、3′端等效电阻,即

$$R_2+R_3=\frac{(R_{12}+R_{31})\cdot R_{23}}{R_{12}+R_{23}+R_{31}} \tag{2.8}$$

同理,当 $I_2=0$ 和 $I'_2=0$ 时,则有

$$R_1+R_3=\frac{(R_{12}+R_{23})\cdot R_{31}}{R_{12}+R_{23}+R_{31}} \tag{2.9}$$

当 $I_3=0$ 和 $I'_3=0$ 时,则有

$$R_1+R_2=\frac{(R_{31}+R_{23})\cdot R_{12}}{R_{12}+R_{23}+R_{31}} \tag{2.10}$$

将式(2.8)、(2.9)、(2.10),分别两两相加,减去另一式再除以2,可得

$$\begin{cases} R_1=\dfrac{R_{12}\cdot R_{31}}{R_{12}+R_{23}+R_{31}} \\[2mm] R_2=\dfrac{R_{12}\cdot R_{23}}{R_{12}+R_{23}+R_{31}} \\[2mm] R_3=\dfrac{R_{23}\cdot R_{31}}{R_{12}+R_{23}+R_{31}} \end{cases} \tag{2.11}$$

式(2.11)是△形连接的三个电阻等效变换为Y形连接的三个电阻的公式。

将式(2.11)两两相乘后相加,再除以其中一式,即可得到Y形连接变换为△形连接等效电阻的公式。

$$\begin{cases} R_{12}=\dfrac{R_1R_2+R_2R_3+R_3R_1}{R_3}=R_1+R_2+\dfrac{R_1R_2}{R_3} \\[3mm] R_{23}=\dfrac{R_1R_2+R_2R_3+R_3R_1}{R_1}=R_2+R_3+\dfrac{R_2R_3}{R_1} \\[3mm] R_{31}=\dfrac{R_1R_2+R_2R_3+R_3R_1}{R_2}=R_1+R_3+\dfrac{R_3R_1}{R_2} \end{cases} \quad (2.12)$$

根据电阻与电导关系 $R_1=\dfrac{1}{G_1}$，$R_2=\dfrac{1}{G_2}$，$R_3=\dfrac{1}{G_3}$，$R_{12}=\dfrac{1}{G_{12}}$，$R_{23}=\dfrac{1}{G_{23}}$，$R_{31}=\dfrac{1}{G_{31}}$，如果采用电导代替电阻，式(2.12)又可以写为

$$\begin{cases} G_{12}=\dfrac{G_1G_2}{G_1+G_2+G_3} \\[3mm] G_{23}=\dfrac{G_2G_3}{G_1+G_2+G_3} \\[3mm] G_{31}=\dfrac{G_3G_1}{G_1+G_2+G_3} \end{cases} \quad (2.13)$$

式(2.12)三式和式(2.13)三式是等价的。

为了便于记忆，式(2.11)和式(2.12)可以归纳为：

$$\text{Y 形电阻}=\frac{\triangle\text{形相邻电阻的乘积}}{\triangle\text{形各边电阻之和}}$$

$$\triangle\text{形电阻}=\frac{\text{Y 形电阻两两乘积之和}}{\text{Y 形不相邻电阻}}$$

若 Y 形连接中三个电阻相等，即 $R_1=R_2=R_3=R$，则等效变换为△形连接的三个电阻也相等，其值为 $R_{12}=R_{23}=R_{31}=3R$ 或写为

$$R_\triangle=3R_{\mathrm{Y}} \text{ 或 } R_{\mathrm{Y}}=\frac{1}{3}R_\triangle$$

【练一练】 如图 2.7 为三相异步电动机的"Y"和"△"连接示意图，运用斯沃软件分别按照两种连接方式搭建三相异步电机的绕组，并运用电压表和电流表测量相关物理量，分析两种连接的差别。

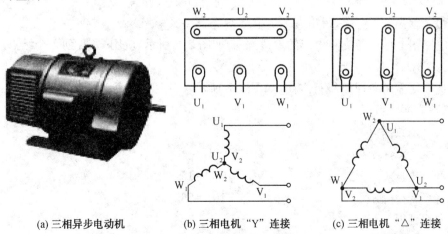

(a) 三相异步电动机　　(b) 三相电机"Y"连接　　(c) 三相电机"△"连接

图 2.7 三相异步电动机的"Y"和"△"连接

2.2 支路电流法

当无法直接用串联和并联电路的规律求出整个电路的电阻时,这类电路称之为复杂电路。对于复杂电路,目前已有很多简化计算方法,支路电流法是计算复杂电路的各种方法中的一种最基本的方法。它通过应用基尔霍夫电流定律和电压定律分别对结点和回路列出所需要的方程组,而后解出各未知支路电流。

当具有 m 个结点, n 条支路的电路中所有电动势和电阻均已知时,以各支路的电流为未知数,根据基尔霍夫电流定律和电压定律列出所需方程,联立求解的方法称为支路电流法。其解题步骤为:

(1)分析电路的结点数和支路条数,确定未知量的个数。

(2)标出各支路电流的参考方向。

(3)根据基尔霍夫电流定律列出 $(m-1)$ 个独立的结点电流方程。

(4)标出所需 $n-(m-1)$ 个回路(通常选择网孔)的绕行方向,再根据基尔霍夫电压定律列出 $n-(m-1)$ 个回路(通常选择网孔)的电压方程。

(5)联立(3)、(4)方程,组成方程组并求解,得出各支路电流,进一步可根据欧姆定律求出各段电压。

【例题 2.4】 已知电路如图 2.8 所示,其中 $E_1=15$ V, $E_2=65$ V, $R_1=5$ Ω, $R_2=R_3=10$ Ω。试用支路电流法求电流 I_1、I_2、I_3。

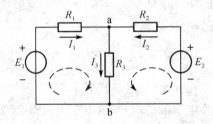

图 2.8 【例题 2.4】图

【解】 首先分析电路,得出有 2 个结点,3 条支路。

在电路图上标出各支路电流的参考方向,如图 2.8 所示,应用 KCL 列 1 个结点(a)的电流方程: $I_1+I_2-I_3=0$。

再选取所需两条回路绕行方向,如图 2.8 所示,应用 KVL 列两个方程,左回路: $I_1R_2+I_3R_3=E_1$;右回路: $I_2R_2+I_3R_3=E_2$。

代入已知数据得

$$\begin{cases} I_1+I_2-I_3=0 \\ 5I_1+10I_3=15 \\ 10I_2+10I_3=65 \end{cases}$$

解方程可得

$$I_1=-\frac{7}{4} \text{ A}, \quad I_2=\frac{33}{8} \text{ A}, \quad I_3=\frac{19}{8} \text{ A}。$$

【例题 2.5】　试列出图 2.9 所示电路的支路电流法所需方程。

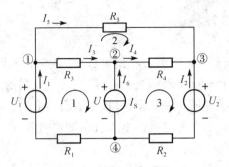

图 2.9　【例题 2.5】图

【解】　(1) 从图中可以得到,该电路具有 4 个结点,并标出结点编号;具有 6 条支路,标出支路电流的参考方向,如图 2.9 所示。

(2) 根据结点①、②、③依次列出 KCL 方程如下:

$$\begin{cases} I_1 - I_3 - I_5 = 0 \\ I_3 - I_4 + I_6 = 0 \\ I_2 + I_4 + I_5 = 0 \end{cases}$$

(3) 选取 3 个网孔为独立回路,回路绕行方向为顺时针,并设电流源两端电压为 U,极性如图 2.9 所示,依次列 KVL 方程如下:

$$\begin{cases} -U_1 + I_3 R_3 + U + I_1 R_1 = 0 \\ -I_3 R_3 + I_5 R_5 - I_4 R_4 = 0 \\ -U + I_4 R_4 + U_2 - I_2 R_2 = 0 \end{cases}$$

(4) 联立(2)(3)方程,并将附加方程 $I_6 = I_S$ 代入并整理得

$$\begin{cases} I_1 - I_3 - I_5 = 0 \\ I_3 - I_4 + I_S = 0 \\ I_2 + I_4 + I_5 = 0 \\ I_3 R_3 + I_1 R_1 = U_1 - U \\ -I_3 R_3 + I_5 R_5 - I_4 R_4 = 0 \\ I_4 R_4 - I_2 R_2 = U - U_2 \end{cases}$$

【例题 2.5】中的电路含有一个理想电流源(即无并联电阻),由于没有与之并联的电阻,因此无法进行等效变换。通过以上的解题步骤可知,由于电流源的存在使得电路多出了 1 个变量 U(电流源两端电压 U),但是因为有 $I_6 = I_S$ 为已知,所以在上述线性方程组中,有未知电流 5 个,未知电压 1 个,未知量个数仍然为 6 个,因而 6 个方程求解 6 个未知量,完全可以求出正确结果。

【想一想】　【例题 2.5】是一种含有恒流源的特殊电路,由于支路电流法是以未知电流数作为未知量个数的,显然分析这种电路就会比正常电路少一个未知量,那方程也是可以少一个的,究竟是少哪一个方程呢?

2.3 结点电压法

在电路分析计算时,我们经常遇到一些结点较少、支路很多的电路,此时,使用支路电流法就会显得很麻烦,而利用结点电压法将会使电路的解题过程简单化。

以各结点对参考结点的电压为未知量,只根据 KCL 列出独立结点的电流方程求解的方法称为结点电压法。因结点对参考结点的电压就是结点的电位,所以又可称为结点电位法。

结点电压法解题的一般步骤:

(1) 在电路的 n 个结点中任选一点作为参考点;

(2) 应用 KCL 列出除参考点以外的其余 $n-1$ 个结点的电流方程;

(3) 应用 KVL 和欧姆定律,以结点电压表达支路电流,得出 $n-1$ 个结点的独立电压方程;

(4) 求解结点电压联立方程式;

(5) 求各个支路电流及其他待求量。

【例题 2.6】 如图 2.10 所示电路中,已知 $E_1=12$ V,$E_2=-12$ V,$R_1=2$ kΩ,$R_2=4$ kΩ,$R_3=1$ kΩ,$R_4=4$ kΩ,$R_5=2$ kΩ,试用结点电压法求解各支路电流。

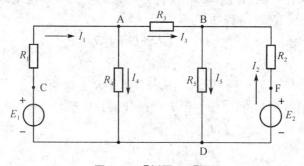

图 2.10 【例题 2.6】图

【解】 首先选定 D 为参考点,设 $V_D=0$,根据各支路电流正方向分析结点 A、B 列电流方程。

在结点 A 处得

$$I_1-I_3-I_4=0 \tag{2.14}$$

在结点 B 处得

$$I_2+I_3-I_5=0 \tag{2.15}$$

由图 2.10 可知,C 点的电位值为 $V_C=E_1$,F 点的电位值为 $V_F=E_2$,各电流可以分别表示为

$$I_1=\frac{V_C-V_A}{R_1}, \quad I_2=\frac{V_F-V_B}{R_2}, \quad I_3=\frac{V_A-V_B}{R_3}, \quad I_4=\frac{V_A-V_D}{R_4}, \quad I_5=\frac{V_B-V_D}{R_5}$$

将各电流表达式代入式(2.14)和(2.15),得

$$V_A\left(\frac{1}{R_1}+\frac{1}{R_3}+\frac{1}{R_4}\right)-V_B\frac{1}{R_3}=E_1\frac{1}{R_1} \tag{2.16}$$

$$-V_A \frac{1}{R_3} + V_B \left(\frac{1}{R_2} + \frac{1}{R_3} + \frac{1}{R_5} \right) = E_2 \frac{1}{R_2} \qquad (2.17)$$

将已知各电阻值及电动势代入式(2.16)和式(2.17),可求得 A、B 两点电位值为

$$V_A = 3.64 \text{ V}, \quad V_B = 0.36 \text{ V}$$

把 A、B 两点电位值带入各支路电流表达式可得

$$I_1 = 4.18 \text{ mA}, \quad I_2 = -3.09 \text{ mA}, \quad I_3 = 3.28 \text{ mA}, \quad I_4 = 0.91 \text{ mA}, \quad I_5 = 0.18 \text{ mA}$$

结点电压法特别适用于结点少而支路数较多的电路问题的分析,对于多支路并连接于两个结点之间的电路应用结点电压法分析特别方便。

【例题 2.7】 如图 2.11 所示的电路,求各支路的电流。

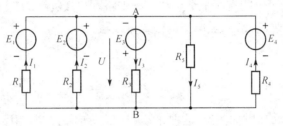

图 2.11 【例题 2.7】图

【解】 该电路有两个结点,5 条支路,如果用支路电流法要联立 5 个方程,若用结点电位法求只需一个方程。设 A、B 两点间的电压为 U,则

$$I_1 = \frac{E_1 - U}{R_1}, \quad I_2 = \frac{E_2 - U}{R_2}, \quad I_3 = \frac{E_3 + U}{R_3}, \quad I_4 = \frac{E_4 - U}{R_4}, \quad I_5 = \frac{U}{R_5}$$

根据 KCL,对结点 A,有

$$I_1 + I_2 - I_3 + I_4 - I_5 = 0$$

$$\frac{E_1 - U}{R_1} + \frac{E_2 - U}{R_2} - \frac{E_3 + U}{R_3} + \frac{E_4 - U}{R_4} - \frac{U}{R_5} = 0$$

整理后得:

$$U = \frac{\dfrac{E_1}{R_1} + \dfrac{E_2}{R_2} - \dfrac{E_3}{R_3} + \dfrac{E_4}{R_4}}{\dfrac{1}{R_1} + \dfrac{1}{R_2} + \dfrac{1}{R_3} + \dfrac{1}{R_4} + \dfrac{1}{R_5}} = \frac{\sum \dfrac{E}{R}}{\sum \dfrac{1}{R}} \qquad (2.18)$$

式(2.14)为两个结点的结点电压公式,也称为弥尔曼定理。式中,分母为各支路电导(电导在数值上等于电阻的倒数,单位为西门子"S")之和,分子为实际电源流入或流出结点的电流值,因此有正、有负,若电动势的方向与电压 U 的参考方向一致,则为负,反之为正。

注意:式(2.18)给出了电路含有电压源的两个结点的结点电压公式,如被分析电路中除了含有电压源还包含电流源时,则应为

$$U = \frac{\sum \dfrac{E}{R} + \sum I_S}{\sum \dfrac{1}{R}}$$

其中,分子各项正负判断为:若电动势的方向或电流源的电流方向与电压 U 的参考方向一致,则为负,反之为正。

【例题 2.8】 如图 2.12 所示电路中,已知 $I_{S1} = 7$ A,$E_2 = 90$ V,$R_1 = 20$ Ω,$R_2 = 5$ Ω,

$R_3 = 6 \ \Omega$，试用结点电压法计算电路中的电压 U_{ab}。

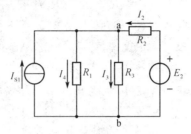

图 2.12　【例题 2.8】图

【解】　图 2.12 所示电路有两个结点和 4 条支路，但与**【例题 2.7】**不同的是，该题图中有一条支路是理想电流源 I_{S1}，故结点电压的公式可改写为

$$U_{ab} = \frac{I_{S1} + \dfrac{E_2}{R_2}}{\dfrac{1}{R_1} + \dfrac{1}{R_2} + \dfrac{1}{R_3}}$$

在此，I_{S1} 与 U_{ab} 的参考方向相反，故取正；E_2 与 U_{ab} 的参考方向相反，故取正。

将已知数据代入上式，则得

$$U_{ab} = \frac{7 + \dfrac{90}{5}}{\dfrac{1}{20} + \dfrac{1}{5} + \dfrac{1}{6}} \ \text{V} = 60 \ \text{V}$$

2.4　叠加定理

在线性电路中，任一支路的电流（或电压）可以看成是电路中每一个独立电源独立作用于电路时，在该支路产生的电流（或电压）的代数和，这就是叠加定理。

叠加性是线性电路的基本属性，叠加定理是反映线性电路特性的重要定理，是电路分析中普遍适用的重要原理。

应当注意，上述的电源单独作用，是指一个电源作用时，其他电源都不作用，即输出为零。理想电压源的电压置零，即在该电压源处用短路代替，理想电流源的电流置零，即在该电流源处用开路代替。

如图 2.13(a) 是两个电源共同作用的电路，图 2.13(b) 为 E_1 单独作用时的电路，图 2.13(c) 为 E_2 单独作用时的电路。

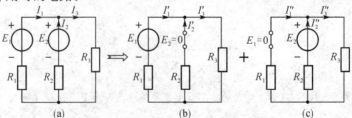

图 2.13　叠加定理分析图

由叠加定理知：

$$I_1 = I_1' + I_1''$$
$$I_2 = I_2' + I_2''$$
$$I_3 = I_3' + I_3''$$

【例题 2.9】　如图 2.14(a)所示电路中，已知 $U_S = 8$ V，$I_S = 2$ A，$R_1 = 1$ Ω，$R_2 = 4$ Ω，试用叠加定理求图 2.14(a)所示电路中的电流 I 和电压 U。

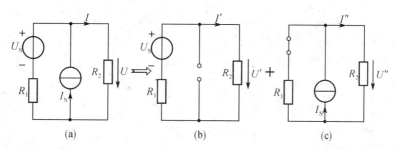

图 2.14　【例题 2.9】图

【解】　根据叠加定理，将图 2.14(a)原电路转换为图 2.14(b)、(c)子电路。

在图 2.14(b)电路中

$$I' = \frac{U_S}{R_1 + R_2} = \frac{8}{1+4} = 1.6 (A)$$
$$U' = I'R_2 = 1.6 \times 4 = 6.4 (V)$$

在图 2.14(c)电路中

$$I'' = \frac{I_S R_1}{R_1 + R_2} = \frac{2 \times 1}{1+4} = 0.4 (A)$$
$$U'' = I'' \times R_2 = 0.4 \times 4 = 1.6 (V)$$

所以

$$I = I' + I'' = 1.6 + 0.4 = 2 (A)$$
$$U = U' + U'' = 6.4 + 1.6 = 8 (V)$$

注意：电压、电流能够叠加，功率不能叠加。

【例题 2.10】　试用叠加定理求解图 2.15(a)所示电路中 40 Ω 电阻两端的电压 U。

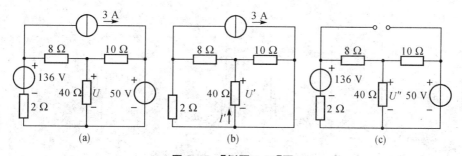

图 2.15　【例题 2.10】图

【解】　将图 2.15(a)所示电路独立电源分成两组，如图 2.15(b)、(c)所示。

(1) 分析图 2.15(b)，136 V 和 50 V 电压源均置零(短路)，图中 40 Ω 电阻与 10 Ω 先并

联,然后与 8 Ω 电阻串联,最后再与 2 Ω 电阻并联(((10 Ω//40 Ω)+8 Ω)//2 Ω),故 40 Ω 电阻上的电流 I' 为

$$I'=3\times\frac{2}{\left(8+\frac{40\times10}{40+10}\right)+2}\times\frac{10}{40+10}\ A=\frac{1}{15}\ A$$

由 3 A 电流源在 40 Ω 电阻上形成的电压 U' 为

$$U'=-I'\times40=-\frac{1}{15}\times40\ V=-\frac{8}{3}\ V$$

(2)分析图 2.15(c),3 A 电流源置零(开路),采用结点电压法,则 136 V 和 50 V 电压源共同作用下 40 Ω 电阻上形成的电压 U'' 为

$$U''=\frac{\frac{136}{2+8}+\frac{50}{10}}{\frac{1}{2+8}+\frac{1}{40}+\frac{1}{10}}\ V=\frac{248}{3}\ V$$

(3)根据叠加定理有

$$U=U'+U''=80\ V$$

2.5 戴维南定理和诺顿定理

在分析计算电路时,有时只需计算某一支路的电流或电压,为简化计算通常采用等效电源的方法。

2.5.1 戴维南定理

戴维南定理又叫有源二端网络定理。所谓二端网络就是具有两个输出端的电路。如果二端网络中含有电源,就称为有源二端网络。不含电源的二端网络就称为无源二端网络。

戴维南定理的内容:任何一个有源线性二端网络都可以用一个实际电压源模型来等效替代。其中:等效电压源的电压 U_S 等于有源二端口网络的开路电压 U_{abo},等效电压源的内电阻 R_0 等于有源二端网络中所有独立电源(保留电源内阻)都等于零时的二端口的等效电阻 R_{abo},如图 2.16 所示。

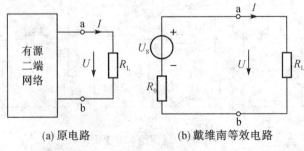

(a) 原电路   (b) 戴维南等效电路

图 2.16 戴维南定理电路

用戴维南定理解题的一般步骤：

(1) 将所求支路画出，余下部分组成一个二端口网络；

(2) 求出二端口网络的端口开路电压；

(3) 将二端口网络中的独立源置零，求取其入口端等效电阻；

(4) 用实际电压源模型代替原二端口网络，对该等效电路进行计算，求出待求量。

【例题 2.11】 如图 2.17(a)所示，用戴维南定理求解电路中 4 Ω 的电流 I。

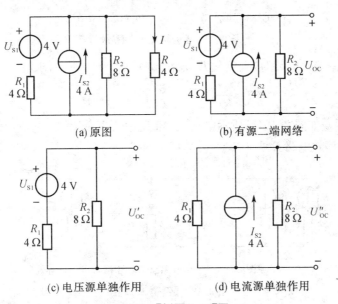

(a) 原图

(b) 有源二端网络

(c) 电压源单独作用

(d) 电流源单独作用

图 2.17 【例题 2.11】图

【解】 (1) 将图 2.17(a)中待求支路电阻 R 作为负载断开，电路的剩余部分构成有源二端网络，如图 2.17(b)所示。

(2) 本题运用叠加定理求解二端网络的开路电压 U_{OC}。

电压源和电流源单独作用时的电路如图 2.17(c)、(d)所示。

分析图 2.17(c)，有

$$U'_{OC} = \frac{U_{S1}}{R_1 + R_2} \times R_2 = \frac{4}{4+8} \times 8 \approx 2.667(\text{V})$$

分析图 2.17(d)，有

$$U''_{OC} = \frac{R_1 \times R_2}{R_1 + R_2} \times I_{S2} = \frac{4 \times 8}{4+8} \times 4 \approx 10.667(\text{V})$$

根据叠加定理，得二端网络的开路电压为

$$U_S = U_{OC} = U'_{OC} + U''_{OC} = 2.667 + 10.667 = 13.334(\text{V})$$

(3) 求等效电压源内阻 R_0。

将图 2.17(b)所示电路中的电压源短路、电流源开路，得到如图 2.18(a)所示无源二端网络，其等效电阻为

$$R_0 = \frac{R_1 \times R_2}{R_1 + R_2} = \frac{4 \times 8}{4+8} \approx 2.667(\Omega)$$

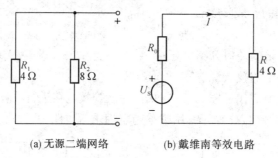

（a）无源二端网络　　　　　　　（b）戴维南等效电路

图 2.18 【例题 2.11】图（续）

（4）画出戴维南等效电路，接入负载 R 支路，如图 2.18（b）所示，求得

$$I = \frac{U_S}{R_0 + R} = \frac{13.334}{2.667 + 4} = 2(A)$$

【例题 2.12】 如图 2.19（a）所示电路，已知 $E_1 = 10\ V$，$E_2 = 20\ V$，$R_1 = 4\ \Omega$，$R_2 = 1\ \Omega$，求该电路的戴维南等效电路。

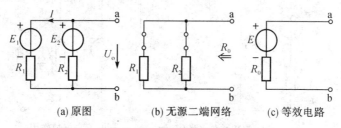

（a）原图　　　　　（b）无源二端网络　　　　（c）等效电路

图 2.19 【例题 2.12】图

【解】 （1）求如图 2.19（a）所示开口电压 U_o。

因为
$$I = \frac{E_2 - E_1}{R_1 + R_2} = \frac{20 - 10}{4 + 1} = 2(A)$$

有
$$U_o = U_{abo} = E_2 - IR_2 = 20 - 2 \times 1 = 18(V)$$

（2）将图 2.19（a）中的电压源都短接，如图 2.19（b）所示，求等效电阻，有：

$$R_0 = R_{abo} = \frac{R_1 R_2}{R_1 + R_2} = \frac{4 \times 1}{4 + 1} = 0.8(\Omega)$$

（3）最后求得的等效电路如图 2.19（c）所示，其中，$E = 18\ V$，$R_o = 0.8\ \Omega$。

【练一练】 搭建电路，用万用表分别测量某一负载的端电压和通过它的电流。然后断开该条负载支路，测其开路电压和短路电流，计算出等效电阻。再将开路电压作为电源电压，等效电阻作为电源内阻，重新接入对应负载测端电压和电流，验证戴维南定理。

2.5.2 诺顿定理

诺顿定理的内容：任何一个有源线性二端网络都可以用一个实际电流源的模型来替代，如图 2.20 所示。其中：等效电流源的电流 I_S 等于有源二端网络的短路电流，等效电流源的内电阻 R_0 等于有源二端网络中所有独立电源（保留电源内阻）都等于零时的二端口的等效电阻 R_{abo}。等效之后的电路比较简单，如图 2.20（b）所示，可用下式计算负载电流：

$$I = \frac{R_0}{R_0 + R_L} I_S$$

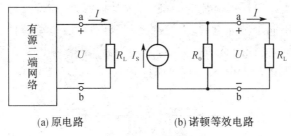

(a) 原电路   (b) 诺顿等效电路

图 2.20 诺顿定理电路

【**例题 2.13**】 在如图 2.21(a)所示电路中,试用诺顿定理求电流 I。

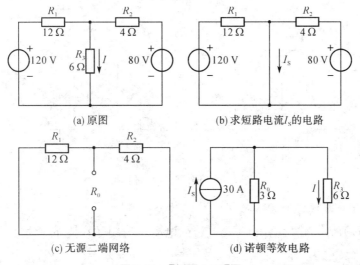

(a) 原图   (b) 求短路电流 I_S 的电路

(c) 无源二端网络   (d) 诺顿等效电路

图 2.21 【例题 2.13】图

【**解**】 根据诺顿定理将待求支路短路,如图 2.21(b)所示,可求得短路电流 I_S。

$$I_S = \frac{120}{R_1} + \frac{80}{R_2} = \frac{120}{12} + \frac{80}{4} = 30 (\text{A})$$

将图 2.21(a)中待求支路断路,理想电压源短路,得无源二端网络如图 2.21(c)所示,由图可求得等效电阻 R_0 为

$$R_0 = \frac{R_1 R_2}{R_1 + R_2} = \frac{12 \times 4}{12 + 4} = 3 (\Omega)$$

根据 I_S 和 R_0 画出诺顿等效电路并接上待求支路,得到 2.21(a)的等效电路,如图 2.21(d)所示,由图可求得

$$I = \frac{R_0}{R_0 + R_3} I_S = \frac{3}{3 + 6} \times 30 = 10 (\text{A})$$

2.6 受控电源电路的分析

前面所讨论的电压源或电流源,其电压源的电压和电流源的电流具有不受外电路的控制而独立存在的特性,此类电源称为独立电源。除此之外,还有一类电源,电压源的电压和

电流源的电流受其他支路电压或电流的控制,称为受控源,受控源又称为非独立电源。受控源在线性电路分析中不同于独立电源,受控源具有双重特性:电源特性和电阻特性。根据控制量和被控制量的不同,受控源有四种类型,分别为:电压控制电压源(VCVS),电流控制电压源(CCVS),电压控制电流源(VCCS),电流控制电流源(CCCS)。

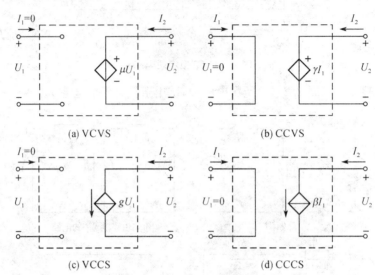

(a) VCVS   (b) CCVS

(c) VCCS   (d) CCCS

图 2.22　理想受控电源模型

1)电压控制电压源(VCVS)

如图 2.22(a)所示,输出电压 U_2 是受输入电压 U_1 控制的,其外特性为

$$U_2 = \mu U_1$$

式中,μ 称为转移电压比,或电压放大系数,它没有量纲。

2)电流控制电压源(CCVS)

如图 2.22(b)所示,输出电压 U_2 是受输入电流 I_1 控制的,其外特性为

$$U_2 = \gamma I_1$$

式中,γ 是输出电压与输入电流的比值,它具有电阻的量纲,称为转移电阻,其基本单位为 Ω。

3)电压控制电流源(VCCS)

如图 2.22(c)所示,输出电流 I_2 是受输入电压 U_1 控制的,其外特性为

$$I_2 = g U_1$$

式中,g 是输出电流与输入电压的比值,具有电导的量纲,称为转移电导,其基本单位是 S。

4)电流控制电流源(CCCS)

如图 2.22(d)所示,输出电流 I_2 是受输入电流 I_1 控制的,其外特性为

$$I_2 = \beta I_1$$

式中,β 称为转移电流比,或电流放大倍数,它没有量纲。

注意:图 2.22 所示受控电源用菱形符号表示,以便与独立电源的圆形符号相区别。受控电源的参考方向的表示方法与独立源一样。

【例题 2.14】 求图 2.23 所示电路中的电压 U_2。

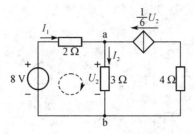

图 2.23 【例题 2.14】图

【解】 图 2.23 所示的电路中,含有一个电压控制电流源 $\frac{1}{6}U_2$,$\frac{1}{6}$ 即为图 2.22(c)中的 g,其单位为 S。在求解时,它和其他电路元件一样。

根据支路电流法解题,对 a 点列出 KCL 方程,对左边网孔列 KVL 方程,有

$$\begin{cases} I_1 - I_2 + \dfrac{1}{6}U_2 = 0 \\ 2I_1 + 3I_2 = 8 \end{cases}$$

因 $U_2 = 3I_2$,故

$$\begin{cases} I_1 - I_2 + \dfrac{1}{2}I_2 = 0 \\ 2I_1 + 3I_2 = 8 \end{cases}$$

解得 $I_2 = 2$ A,$U_2 = 3I_2 = 6$ V。

思考与练习

1. 如图 2.24 所示电路,$R_1 = 12\ \Omega$,$R_2 = 6\ \Omega$,$R_3 = R_4 = R_5 = 2\ \Omega$,$R_6 = 1\ \Omega$,$R_7 = 5\ \Omega$,求 ab 端等效电阻。

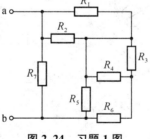

图 2.24 习题 1 图

2. 求图 2.25 所示两电路中的各支路电流。

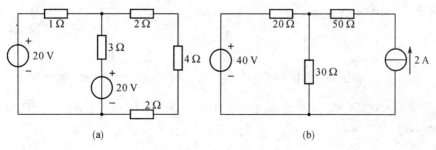

(a)　　　　　　　　　(b)

图 2.25 习题 2 图

3. 如图 2.26 所示电路，求各支路电流。

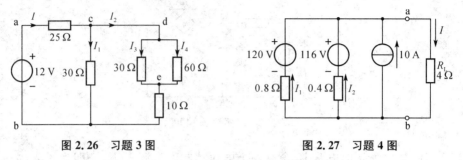

图 2.26   习题 3 图   图 2.27   习题 4 图

4. 试用支路电流法和结点电压求图 2.27 电路中各支路的电流。

5. 计算图 2.28 所示电路中的电流 I_3。

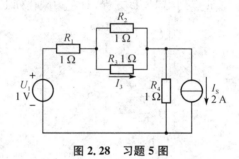

图 2.28   习题 5 图

6. 试用结点电压法求图 2.29 所示电路中的各支路电流。

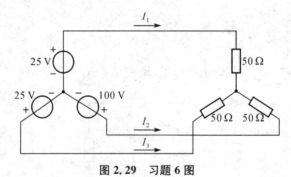

图 2.29   习题 6 图

7. 如图 2.30 所示，用叠加定理求电路中的电压 U。

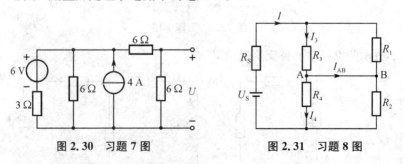

图 2.30   习题 7 图   图 2.31   习题 8 图

8. 如图 2.31 所示，已知 $R_1 = 100\ \Omega, R_2 = 200\ \Omega, R_3 = 100\ \Omega, R_4 = 50\ \Omega, R_S = 60\ \Omega, U_S = 12\ V$。求电流 I_{AB}。

9. 试用叠加定理求图 2.32 电路中各支路的电流、各元件两端的电压,并说明功率平衡关系。

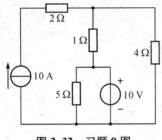

图 2.32　习题 9 图

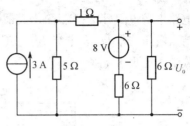

图 2.33　习题 10 图

10. 用叠加定理求图 2.33 中的电压 U_0。

11. 两个相同的有源二端网络 N 与 N′ 的连接如图 2.34(a)所示,测得 $U_1 = 4$ V。若连接如图(b)所示,测得 $I_1 = 4$ A。试求连接成如图(c)所示时的电流 I_1 等于多少?

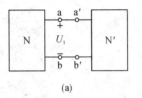

(a)

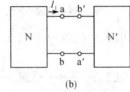

(b)

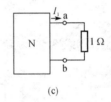

(c)

图 2.34　习题 11 图

12. 用叠加定理求解图 2.35 所示电路中的 I 和 U。已知 $I_S = 3.125$ A,$E = 120$ V,$R_1 = 10$ Ω,$R_2 = 40$ Ω,$R_3 = 36$ Ω,$R_4 = R_5 = 60$ Ω。

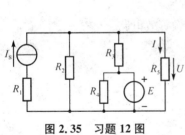

图 2.35　习题 12 图

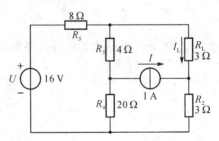

图 2.36　习题 13 图

13. 试用戴维南定理和诺顿定理分别计算图 2.36 桥式电路中电阻 R_L 上的电流。

14. 用戴维南定理计算图 2.37 中的电流 I。

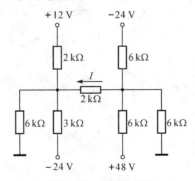

图 2.37　习题 14 图

15. 图 2.38 所示电路中,已知 $E_1=6$ V,$E_2=24$ V,$R_1=R_3=1$ Ω,$R_2=4$ Ω,$R_4=R_5=3$ Ω,$R_6=6$ Ω。试求:

(1) 将电路中的电阻($R_3 \sim R_6$)简化成最简电路;

(2) 用结点电压法求 U_{ab} 及电流 I_3;

(3) 用戴维南定理求 I_3。

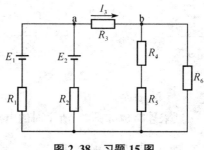

图 2.38　习题 15 图

16. 试用叠加定理求图 2.39 所示电路中的电流 I_1。

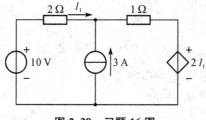

图 2.39　习题 16 图

17. 试求图 2.40 所示电路中的戴维南等效电路和诺顿等效电路。

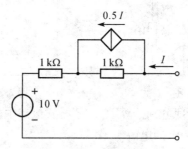

图 2.40　习题 17 图

第3章

正弦交流电路的分析

任务引入

众所周知,在电子技术、实际生产和日常生活中广泛使用交流设备,如变压器、电机、各种生活家电等。本章将从电路的角度,结合工程应用来讨论设备运行中所用正弦交流电及其表示法、常用正弦交流电路的分析方法,同时介绍正弦交流电路中设备的功率、功率因数及三相交流电路等内容,并对它们较为严格地定义和系统地阐述,以便在实际生产中能充分地加以应用。

任务导航

- 熟悉正弦量的三要素、相量、阻抗的概念;
- 掌握用相量法分析求解正弦交流电路的方法;
- 熟悉和掌握正弦交流电路的功率及功率因数的概念和计算;
- 掌握三相电路的概念及相关计算分析方法。

3.1 正弦交流电的概念

3.1.1 正弦交流电的定义及描述

随时间按正弦规律变化的电压或电流,称为正弦交流电。通常所说的交流电就是指正弦交流电,对正弦交流电的数学描述,可采用正弦函数,也可以用余弦函数。本书对正弦交流电采用正弦函数描述。

以正弦电流为例,其瞬时表达式为

$$i = I_\mathrm{m}\sin(\omega t + \psi_i) \tag{3.1}$$

波形如图 3.1 所示(假设 $\psi_i \geq 0$),横轴可用 ωt 表示,也可用 t 表示。

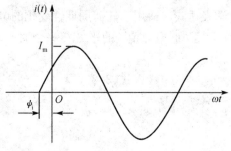

图 3.1 正弦电流波形图

3.1.2 正弦量的三要素

以电流为例,式(3.1)中三个常数 I_m、ω、ψ_i 称为正弦量的三要素。

I_m——正弦量的振幅,也称为最大值或幅值。正弦量是一个等幅振荡、正负交替变化的周期函数。振幅是正弦量在整个振荡过程中达到的最大值,在一定程度上反映正弦量的大小。

ω——正弦量的角频率,表示正弦量每秒钟变化的角度大小。在国际单位制(SI)中,角频率的单位是弧度·秒$^{-1}$(rad·s^{-1})。角频率 ω 与正弦量的周期 T 和频率 f 之间的关系是 $T=\dfrac{2\pi}{\omega}$,$\omega=2\pi f$,$f=\dfrac{1}{T}$。周期 T 的单位为秒(s),频率 f 的单位为赫兹(Hz),简称赫。我国工业用电频率为 50 Hz,称为工频。

$\omega t+\psi_i$——正弦量的相位角,简称为相位,是随时间变化的角度。ψ_i 是 $t=0$ 时的相位角,称为初相位角,简称初相位。初相位的单位用弧度或度表示,通常在主值范围内取值,即 $|\psi_i|\leqslant\pi$,初相位的值与计时零点有关。在工程上有时习惯以"度"为单位计量 ψ_i,因此在计算中应注意将 ωt 与 ψ_i 变换成相同的单位。

3.1.3 正弦量的有效值和相位差

交流电的大小和方向随时间变化,如果随意取值,不能反映它在电路中的实际效果,如果采用最大值,夸大交流电,这就需要一个数值能等效反映交流电做功的能力。因此在电工技术中,常用有效值来衡量正弦交流电的大小。有效值用大写字母表示,如 I 和 U,与直流量的形式相同。交流电的有效值是根据它的热效应确定的。

有效值的定义:以交流电流为例,当某一交流电流和一直流电流分别通过同一电阻 R 时,如果在一个周期 T 内产生的热量相等,那么这个直流电流 I 的数值叫做交流电流的有效值。

正弦交流电流 $i=I_m\sin(\omega t+\psi_i)$ 一个周期 T 内在电阻 R 上产生的能量为

$$W=\int_0^T i^2 R\mathrm{d}t$$

直流电流 I 在相同时间 T 内,在电阻 R 上产生的能量为

$$W=I^2 RT$$

根据有效值的定义,有

$$I^2 RT=\int_0^T i^2 R\mathrm{d}t$$

于是得

$$I=\sqrt{\frac{1}{T}\int_0^T i^2\mathrm{d}t} \tag{3.2}$$

式(3.2)为有效值定义的数学表达式。适用于任何周期性变化的电流、电压及电动势。

正弦电流的有效值 I 等于其瞬时电流值 i 的平方在一个周期内积分的平均值再取平方根,所以有效值又称为均方根值。

将正弦交流电流 $i=I_m\sin(\omega t+\psi_i)$ 代入式(3.2),得

$$I=\sqrt{\frac{1}{T}\int_0^T I_m^2\sin^2(\omega t+\psi_i)\mathrm{d}t}$$

$$= \sqrt{\frac{1}{T}\int_0^T I_{\mathrm{m}}^2 \left[\frac{1}{2} - \frac{1}{2}\cos 2(\omega t + \psi_{\mathrm{i}})\right]\mathrm{d}t}$$

$$= \frac{1}{\sqrt{2}} I_{\mathrm{m}} \approx 0.707 I_{\mathrm{m}} \tag{3.3}$$

同理
$$U = \frac{1}{\sqrt{2}} U_{\mathrm{m}} \approx 0.707 U_{\mathrm{m}} \tag{3.4}$$

可知,正弦量的最大值与有效值之间有固定的 $\sqrt{2}$ 倍的关系。用有效值表示正弦电流的瞬时表达式为:

$$i = \sqrt{2} I \sin(\omega t + \psi_{\mathrm{i}}) \tag{3.5}$$

注意:我们通常所说的交流电的数值都是指有效值。交流电压表、电流表的表盘读数及电气设备铭牌上所标的电压、电流也都是有效值。

【练一练】　一个正弦电压的初相角为 $45°$,最大值为 537 V,角频率 $\omega = 314$ rad/s,试求它的有效值及解析式,并求 $t = 0.03$ s 时的瞬时值。

在分析和计算正弦电路时,电路中常引用"相位差"的概念描述两个同频率正弦量之间的相位关系,两个同频率正弦量相位之差,称为相位差,用 φ 表示。

例如:设电流、电压分别为 $i = I_{\mathrm{m}}\sin(\omega t + \psi_{\mathrm{i}})$,$u = U_{\mathrm{m}}\sin(\omega t + \psi_{\mathrm{u}})$ 时,则电压与电流的相位差为

$$\varphi_{\mathrm{ui}} = (\omega t + \psi_{\mathrm{u}}) - (\omega t + \psi_{\mathrm{i}}) = \psi_{\mathrm{u}} - \psi_{\mathrm{i}} \tag{3.6}$$

可见,同频率正弦量的相位差始终不变,它等于两个正弦量初相角之差。相位差也是在主值范围内取值 $|\varphi| \leqslant \pi$,共有如下几种情况:

若 $\varphi_{\mathrm{ui}} > 0$,则电压 u 超前电流 i,大小为 φ_{ui},见图 3.2 所示。

若 $\varphi_{\mathrm{ui}} < 0$,则电压 u 滞后电流 i,大小为 $-\varphi_{\mathrm{ui}}$,见图 3.3 所示。

若 $\varphi_{\mathrm{ui}} = 0$,则电压 u 与电流 i 同相位,见图 3.4 所示。

若 $\varphi_{\mathrm{ui}} = \pm\pi$,则称 u 与 i 反相,见图 3.5 所示。

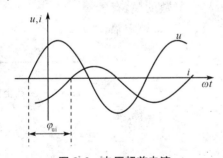

图 3.2　电压超前电流

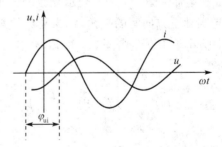

图 3.3　电压滞后电流

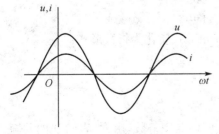

图 3.4　电压与电流同相

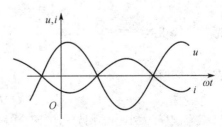

图 3.5　电压与电流反相

若 $\varphi_{ui} = \pm\dfrac{\pi}{2}$，则称 u 与 i 正交，见图 3.6 所示。

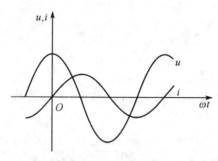

图 3.6　电压与电流正交

当两个同频率正弦量的计时起点改变时，它们的初相角也随之改变，但两者之间的相位差却保持不变。对于两个频率不相同的正弦量，其相位差随时间而变化，不再是常量，需要指出只有两个同频率正弦量之间的相位差才有意义。

【练一练】　有两个正弦电流分别为 $i_1(t) = 100\sqrt{2}\sin(\omega t + 35°)$ A，$i_2(t) = 50\sqrt{2}\sin(\omega t - 35°)$ A，问两个电流的相位关系如何？

3.2　正弦交流电的相量表示

3.2.1　复数的概念及计算

如图 3.7 所示，复数 F 的代数表达式为 $F = a + jb$，式中 $j = \sqrt{-1}$，为虚数单位（与数学中常用的虚数单位 i 等同），a、b 为复数 F 的实部和虚部。图 3.7 中 r 表示复数的大小，称为复数的模，有向线段与实轴正方向间的夹角，称为复数的角，用 φ 表示，规定辐角的绝对值小于 $180°$。由图 3.7 可知，有

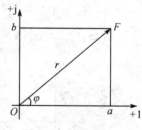

图 3.7　复数坐标

$$\begin{cases} r = \sqrt{a^2 + b^2} \\ \varphi = \arctan\left(\dfrac{b}{a}\right) \\ a = r\cos\varphi \\ b = r\sin\varphi \end{cases} \tag{3.7}$$

由式（3.7）可将复数的代数式 $F = a + jb$ 转化为三角形式：

$$F = r(\cos\varphi + j\sin\varphi) \tag{3.8}$$

根据欧拉公式 $e^{j\varphi} = \cos\varphi + j\sin\varphi$，将复数的三角形式转化为指数形式：

$$F = re^{j\varphi}$$

还有极坐标形式：

$$F = r\angle\varphi$$

实部相等、虚部大小相等而异号的两个复数叫做共轭复数，用 F^* 表示 F 的共轭复数，则

有 $F=a+jb$；$F^*=a-jb$。

复数可以进行四则运算。两个复数进行乘除运算时，将其化为指数形式或极坐标形式来进行计算比较方便。

如将两个复数 $F_1=a_1+jb_1=r_1\angle\varphi_1$，$F_2=a_2+jb_2=r_2\angle\varphi_2$ 相除，得：

$$\frac{F_1}{F_2}=\frac{r_1\angle\varphi_1}{r_2\angle\varphi_2}=\frac{|r_1|}{|r_2|}\angle(\varphi_1-\varphi_2) \tag{3.9}$$

【练一练】　将复数 $A_1=re^{j\varphi}$ 乘以另一个复数 $e^{j\omega t}$ 可得 A_2，试求 A_2。

两个复数进行加减运算时，用代数形式计算比较方便。例如：$F_1\pm F_2=(a_1\pm a_2)+j(b_1\pm b_2)$。也可以按平行四边形法则在复平面上作图求得，如图 3.8 所示。

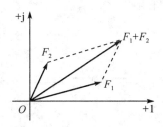

图 3.8　复数运算的矢量图

【练一练】　计算 $5\angle 37°+10\angle-45°=?$

3.2.2　正弦量的相量表示方法

正弦量的数学表达式，如 $i=I_m\sin(\omega t+\psi_1)$，能准确表示任意时刻 t 正弦量的值，但两个同频率正弦量之间进行加、减、乘、除运算时不方便，采用相量表示正弦量，可以使其运算得到简化。

用复数形式表示正弦量称为正弦量的相量表示形式，为了与一般的复数相区别，在大写字母上打"·"表示。在三要素中，频率可以作为已知量，要确定电路中的电压或电流，只需把电压或电流的辐值和初相角两个要素用复数来描述即可。具体形式是模为正弦量的辐值（或有效值），辐角为正弦量的初相位。

于是表示正弦电压 $u=U_m\sin(\omega t+\varphi)$ 的相量为：

$$\dot{U}_m=U_m\angle\varphi$$

或

$$\dot{U}=U\angle\varphi$$

其中，$\dot{U}_m$——电压的辐值相量；

$\dot{U}$——电压的有效值相量。

一般情况用有效值相量表示正弦量。

相量和复数一样，也可以在复平面上用矢量表示，即相量的长度等于正弦量的辐值（或有效值），相量的起始位置与横轴之间的夹角等于正弦量的初相位。如图 3.9 所示，称之为交流量的相量图。如果需要在同一张图上表示多个相量，则用其初始位置的有向线段逐一画出。同理，相量的表达以及之间的运算也可借用复数的知识完成。

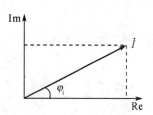

图 3.9　交流电流相量图

注意:相量是正弦量的一种表示方法,相量不等于正弦量! 即 $i \neq \dot{I}$, $\dot{I} \neq I_m \sin(\omega t + \varphi_i)$。

【练一练】 已知 $i = 141.4\cos(314t + 30°)\text{A}$, $u = 311.1\cos(314t - 60°)\text{V}$,试用相量表示 i 和 u。

3.3 单一参数电压与电流相量关系

3.3.1 电阻元件的电压与电流相量关系

如图 3.10(a)所示为电阻元件电路。

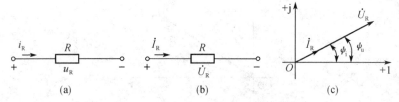

图 3.10 电阻元件电路及伏安关系的相量图

当电阻元件流过正弦电流 $i_R = I_m \sin(\omega t + \psi_i)$ 时,稳态下的伏安关系为:

$$u_R = Ri_R = RI_m \sin(\omega t + \psi_i) \tag{3.10}$$

显然,u_R 和 i_R 是同频率的正弦量,电阻元件伏安关系的相量形式为

$$\dot{U}_R = R\dot{I}_R \tag{3.11}$$

或写成

$$U_R \angle \psi_u = RI_R \angle \psi_i \tag{3.12}$$

由式(3.12)我们可得出:$U_R = RI_R$,即电阻电压有效值等于电流有效值乘以电阻值;$\angle \psi_u = \angle \psi_i$,即电阻上电压与电流同相位。

图 3.10(b)所示的电路给出了电阻元件的端电压、电流相量形式的示意图,电阻元件伏安关系的相量图如图 3.10(c)所示。

3.3.2 电感元件的电压与电流相量关系

如图 3.11(a)所示的电感元件电路,设通过电感的电流 $i_L = I_m \sin(\omega t + \psi_i)$,在正弦稳态下伏安关系为:

$$u_L = L\frac{\mathrm{d}i_L}{\mathrm{d}t} = LI_m \omega \cos(\omega t + \psi_i) = LI_m \omega \sin(\omega t + \psi_i + 90°)$$

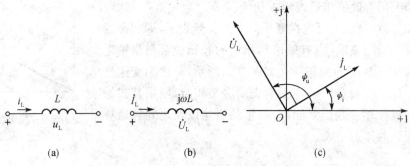

图 3.11 电感元件电路及伏安关系的相量图

由此得电感元件伏安关系的相量形式为

$$\dot{U}_L = j\omega L \dot{I}_L \tag{3.13}$$

或写成

$$U_L \angle \psi_u = \omega L I_L \angle (\psi_i + 90°) \tag{3.14}$$

由式(3.14)的相量形式,我们可得出:$U_L = \omega L I_L$,电感元件的端电压有效值等于电流有效值、角频率和电感三者之积;$\psi_u = \psi_i + 90°$,电感上电压相位超前电流相位 90°。

图 3.11(b)所示的电路给出了电感元件的端电压、电流相量形式的示意图,图 3.11(c)给出了电感元件的端电压与电流的相量图。

由式(3.14),得

$$\frac{U_L}{I_L} = \omega L,$$

或

$$\frac{I_L}{U_L} = \frac{1}{\omega L}$$

记 $X_L = \omega L$,称之为电感元件的感抗,国际单位制(SI)中,其单位为欧姆(Ω)。$B_L = 1/X_L$,称为感纳,其单位为西(S)。

感抗是用来表示电感元件对电流阻碍作用的一个物理量。在电压一定的条件下,感抗越大,电路中的电流越小,其值正比于频率 f。感抗随频率变化的情况如图 3.12 所示。两种特殊情况如下:

(1) $f \to \infty$ 时,$X_L = \omega L \to \infty$,$I_L \to 0$。即电感元件对高频率的电流有极强的抑制作用,在极限情况下,它相当于开路。因此,在电子电路中,常用电感线圈作为高频扼流圈。

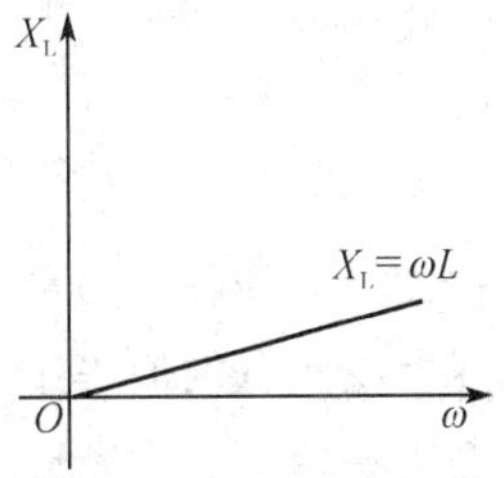

图 3.12　感抗随频率变化曲线

(2) $f \to 0$ 时,$X_L = \omega L \to 0$,$U_L \to 0$。即电感元件对于直流电流相当于短路。

一般的,电感元件具有通直流隔交流的作用。

必须注意:感抗是电压、电流有效值之比,而不是它们的瞬时值之比。

【例题 3.1】　一个 $L = 10$ mH 的电感元件,其两端电压瞬时表达式为 $u(t) = 100\sin\omega t$,当电源频率分别为 50 Hz 和 50 kHz 时,求流过电感元件的电流 I。

【解】　当 $f = 50$ Hz 时

$$X_L = 2\pi f L = 2\pi \times 50 \times 10 \times 10^{-3} = 3.14(\Omega)$$

通过线圈的电流为

$$I = \frac{U}{X_L} = \frac{100}{\sqrt{2}} \times \frac{1}{3.14} = 22.5(A)$$

当 $f = 50$ kHz 时

$$X_L = 2\pi f L = 2\pi \times 50 \times 10^3 \times 10 \times 10^{-3} = 3\,140(\Omega)$$

通过线圈的电流为

$$I = \frac{U}{X_L} = \frac{100}{\sqrt{2}} \times \frac{1}{3140} = 22.5(mA)$$

可见,电感线圈能有效阻止高频电流通过。

3.3.3 电容元件的电压与电流相量关系

如图 3.13(a)所示为正弦稳态下的电容元件电路。设加在电容两端的电压瞬时表达式为 $u_C=U_m\sin(\omega t+\psi_u)$。

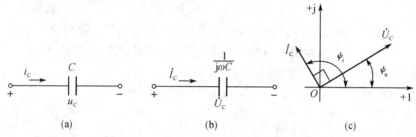

图 3.13 电容元件电路及伏安关系的相量图

在正弦稳态下的伏安关系为：

$$i_C=C\frac{\mathrm{d}u_C}{\mathrm{d}t}=CU_m\omega\cos(\omega t+\psi_u)=CU_m\omega\sin(\omega t+\psi_u+90°)$$

其相量形式为

$$\dot{I}_C=\mathrm{j}\omega C\dot{U}_C \tag{3.15}$$

或写成

$$I_C\angle\psi_i=\omega CU_C\angle(\psi_u+90°) \tag{3.16}$$

式(3.15)和(3.16)称为电容元件伏安关系的相量形式。由式(3.16)可得出 $I_C=\omega CU_C$，即电容上电流有效值等于电压有效值、角频率、电容量之积；$\psi_i=\psi_u+90°$，即电容上电流相位超前电压相位 90°。

如图 3.13(b)所示为电容元件的电压、电流相量形式的示意图，如图 3.13(c)所示为电容元件端电压、电流的相量图。

由式(3.16)，得

$$\frac{U_C}{I_C}=\frac{1}{\omega C},$$

或

$$\frac{I_C}{U_C}=\omega C$$

记 $X_C=\frac{1}{\omega C}$，称之为电容元件的容抗，国际单位制(SI)中，其单位为欧姆(Ω)，其值与频率成反比；$B_C=\omega C$，称之为电容元件的容纳，其单位为西(S)。容抗随频率变化的情况如图 3.14 所示。对于两种极端的情况，有

(1) $f\rightarrow\infty$时，$X_C=\frac{1}{\omega C}\rightarrow0$，$U_C\rightarrow0$。电容元件对高频率电流有极强的导流作用，在极限情况下，它相当于短路。因此，在电子线路中，常用电容元件作旁路高频电流元件使用。

(2) $f\rightarrow0$时，$X_C=\frac{1}{\omega C}\rightarrow\infty$，$I_C\rightarrow0$。即电容对于直流电流

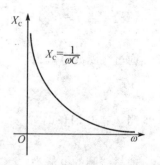

图 3.14 容抗随频率变化曲线

相当于开路。在电子线路中,常用电容元件作隔离直流元件使用。

因此,电容元件具有隔直流通交流的作用。

必须注意:容抗是电压、电流有效值之比,而不是它们的瞬时值之比。

【练一练】 把一个 25 μF 的电容接到 $f=50$ Hz,$U=10$ V 的正弦电源上,求 I,如保持 U 不变,而电源 $f=5\,000$ Hz,这时 I 为多少?

本节所讲的电路元件均是指理想元件,电阻元件是耗能元件,电感元件和电容元件是储能元件。重要特性:电感中电流不能跃变,电容中电压不能跃变。直流电路中,电感视作短路,电容视作开路。为了方便电路分析,我们把三个元件放在一起做如下比较:

(1)把三个元件基本特征归纳如表 3.1 所示。

表 3.1 元件特征

特征 \ 元件	R 元件	L 元件	C 元件
电压电流关系式	$u=Ri$	$u=L\dfrac{di}{dt}$	$i=C\dfrac{du}{dt}$
参数意义	$R=\dfrac{u}{i}$	$L=\dfrac{N\Phi}{i}$	$C=\dfrac{q}{u}$
参数与几何尺寸关系	$R=\rho\dfrac{l}{S}$	$L=\dfrac{\mu SN^2}{l}$	$C=\dfrac{\varepsilon S}{d}$
元件常用单位	$\Omega,k\Omega,M\Omega$	$H,mH,\mu H$	$F,\mu F,pF$
能量	$\displaystyle\int_0^t Ri^2\,dt$	$\dfrac{1}{2}Li^2$	$\dfrac{1}{2}Cu^2$

(2)单一元件交流电路特性基本关系如表 3.2 所示,设 $i=\sqrt{2}\,I\sin\omega t=I_m\sin\omega t$。

表 3.2 单一元件交流电路特性基本关系

	电路参数	R	L	C
电压电流关系	瞬时值	$u_R=Ri=RI_m\sin\omega t$	$u_L=L\dfrac{di}{dt}$ $=X_L I_m\sin(\omega t+90°)$	$u_C=\dfrac{1}{C}\int i\,dt$ $=X_C I_m\sin(\omega t-90°)$
	有效值	$U_R=IR$	$U_L=I\omega L=IX_L$	$U_C=I\dfrac{1}{\omega C}=IX_C$
	相量式	$\dot{U}_R=\dot{I}R$	$\dot{U}_L=j\dot{I}X_L$	$\dot{U}_C=-j\dot{I}X_C$
	相量图			
	相位差	u_R 和 i 同相	u_L 超前 i 90°角	u_C 滞后 i 90°角

3.4 基尔霍夫基本定律相量表示和阻抗串并联

3.4.1 KCL 和 KVL 的相量形式

在第 1 章所学的基尔霍夫电流、电压定律是一个普遍适用的定律,对于正弦交流电也是适用的,正弦交流电路中各支路电流、电压都是同频率的正弦量,因此可以用相量法将原有 KCL 和 KVL 转化为相量形式。

基尔霍夫电流定律指出:在电路中,任何时刻,有任意结点的各支路电流瞬时值的代数和为零。

KCL 对正弦交流电每一瞬间都适用,即在电路任一结点的各支路正弦电流的解析式代数和为零。

有
$$\sum i = 0$$

由于所有支路的电流都是同频率的正弦量,所以 KCL 的相量形式为

$$\sum \dot{I} = 0 \tag{3.17}$$

同理,KVL 的相量形式为

$$\sum \dot{U} = 0 \tag{3.18}$$

需要注意:在正弦稳态下,电流、电压的有效值一般情况下不满足式(3.17)及式(3.18)。

在正弦交流电路分析中,画出一种能反映 KCL、KVL 及电压与电流之间相量关系的图,即为电路的相量图。电路相量图能够直观地显示电路中各相量的关系,在相量图上除了按比例反映各相量的模(有效值)以外,还可以根据各相量在图上的位置相对地确定各相量的相位。

当电路元件串联连接时,以电流为参考相量,根据电路中有关元件电流与电压之间的相位关系,画出相应电压、电流的相量,需要求和的相量用平行四边形法则计算。

当电路元件并联连接时,以电压为参考相量,根据电路中有关元件电流与电压之间的相位关系,画出相应电压、电流的相量,需要求和的相量用平行四边形法则计算。

【例题 3.2】 图 3.15(a)所示正弦稳态电路中,$I_2 = 10$ A,$U_S = \dfrac{10}{\sqrt{2}}$ V,求电流 $\dot{I}$ 和电压 $\dot{U}_S$,并画出电路的相量图。

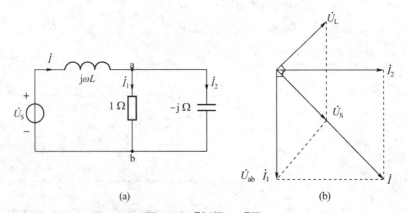

图 3.15 【例题 3.2】图

【解】 设 $\dot{I}_2$ 为参考相量,即 $\dot{I}_2 = 10\angle 0°$,则 ab 两端的电压相量为

$$\dot{U}_{ab} = -j \times \dot{I}_2 = -j \times 10 = -j10(V)$$

电流
$$\dot{I}_1 = \frac{\dot{U}_{ab}}{1} = -j10(A)$$

由 KCL,得　　　　　　　$\dot{I}=\dot{I}_1+\dot{I}_2=-\mathrm{j}10+10=10\sqrt{2}\angle-45°(\mathrm{A})$

由 KVL,得　　　　　　　$\dot{U}_\mathrm{S}=\mathrm{j}X_\mathrm{L}\dot{I}+\dot{U}_{ab}=\mathrm{j}10(X_\mathrm{L}-1)+10X_\mathrm{L}$

根据已知条件　　　　　　$U_\mathrm{S}=\dfrac{10}{\sqrt{2}}(\mathrm{V})$

$$\left(\frac{10}{\sqrt{2}}\right)^2=\left[10(X_\mathrm{L}-1)\right]^2+(10X_\mathrm{L})^2$$

从中解得　　　　　　　　$X_\mathrm{L}=\dfrac{1}{2}(\Omega)$

$$\dot{U}_\mathrm{S}=\mathrm{j}X_\mathrm{L}\dot{I}+\dot{U}_{ab}=\mathrm{j}10(X_\mathrm{L}-1)+10X_\mathrm{L}$$

$$=5-\mathrm{j}5=\frac{10}{\sqrt{2}}\angle-45°(\mathrm{V})$$

相量图如图 3.15(b)所示,在水平方向作 $\dot{I}_2$,其初相角为零,称为参考相量,电容的电流超前电压 90°,所以 $\dot{U}_{ab}$ 垂直于 $\dot{I}_2$,并滞后 $\dot{I}_2$ 90°,电阻上电压与电流同相,所以 $\dot{I}_1$ 与 $\dot{U}_{ab}$ 同相,$\dot{I}$ 和 $\dot{U}_\mathrm{S}$ 可由平行四边形法则求解。

3.4.2　RLC 串联电路的阻抗

图 3.16 所示为 RLC 串联电路,由 KVL 得该电路中 $u=u_\mathrm{R}+u_\mathrm{L}+u_\mathrm{C}$,如图 3.17 所示为 RLC 串联电路的相量形式,用 KVL 相量形式表示有:

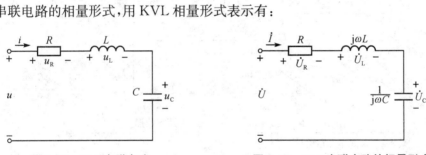

图 3.16　RLC 串联电路　　　　　　图 3.17　RLC 串联电路的相量形式

$$\dot{U}=\dot{U}_\mathrm{R}+\dot{U}_\mathrm{L}+\dot{U}_\mathrm{C}=R\dot{I}+\mathrm{j}\,\omega L\dot{I}-\mathrm{j}\frac{1}{\omega C}\dot{I}$$

$$=\left(R+\mathrm{j}\omega L-\mathrm{j}\frac{1}{\omega C}\right)\dot{I}=[R+\mathrm{j}(X_\mathrm{L}-X_\mathrm{C})]\dot{I}$$

$$=(R+\mathrm{j}X)\dot{I}$$

其中 $X_\mathrm{L}=\omega L$ 为感抗,$X_\mathrm{C}=\dfrac{1}{\omega C}$ 为容抗,$X=X_\mathrm{L}-X_\mathrm{C}=\omega L-\dfrac{1}{\omega C}$ 称为串联电路的电抗。

令　　　　$Z=\dfrac{\dot{U}}{\dot{I}}=R+\mathrm{j}\omega L+\dfrac{1}{\mathrm{j}\omega C}=R+\mathrm{j}\left(\omega L-\dfrac{1}{\omega C}\right)$

$$=R+\mathrm{j}(X_\mathrm{L}-X_\mathrm{C})=R+\mathrm{j}X=|Z|\mathrm{e}^{\mathrm{j}\varphi_Z}=|Z|\angle\varphi_Z \qquad (3.19)$$

Z 定义为电路的复阻抗,单位为欧姆(Ω)。$|Z|$ 为阻抗模,φ_Z 为阻抗角。按阻抗 Z 的代数形式,R、X、$|Z|$ 之间的关系可以用一个直角三角形表示,如图 3.18 所示,这个三角形称为阻抗

三角形。由图3.18可以看出如下关系：

$$\begin{cases} |Z| = \sqrt{R^2 + X^2}, \\ \varphi_Z = \arctan\left(\dfrac{X}{R}\right), \\ R = |Z|\cos\varphi_Z, \\ X = |Z|\sin\varphi_Z \end{cases}$$

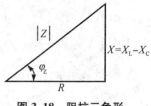

图3.18　阻抗三角形

根据分析，φ_Z的值不同，电路会表现出不同的特性。$\varphi_Z > 0$，电压超前电流，电路呈感性；$\varphi_Z < 0$，电压滞后电流，电路呈容性；$\varphi_Z = 0$，电压与电流同相，电路呈阻性。

为了便于分析应用，把上述RLC串联交流电路特点总结如表3.3所示，令$i = I_m\sin\omega t$ A。

表3.3　RLC串联交流电路

电路图	电路图
瞬时值关系式	$u = u_R + u_L + u_C = iR + L\dfrac{di}{dt} + \dfrac{1}{C}\int i\,dt$

相量关系	$\begin{aligned}\dot{U} &= \dot{U}_R + \dot{U}_L + \dot{U}_C \\ &= \dot{I}R + j\dot{I}X_L - j\dot{I}X_C \\ &= \dot{I}[R + j(X_L - X_C)] = \dot{I}Z\end{aligned}$	复阻抗	$Z = R + j(X_L - X_C) = R + jX =	Z	\angle\varphi$
		阻抗模	$	Z	= \sqrt{R^2 + (X_L - X_C)^2}$
		阻抗角	$\varphi = \arctan\dfrac{X_L - X_C}{R} = \arctan\dfrac{U_L - U_C}{U_R}$

有效值关系	$U = \sqrt{U_R^2 + (U_L - U_C)^2} = I\sqrt{R^2 + (X_L - X_C)^2} = I|Z|$
相量图	阻抗三角形　　　电压三角形
相位角φ及电路特性	$X_L > X_C$，$\varphi > 0$，u超前i，电路呈电感性
	$X_L < X_C$，$\varphi < 0$，u滞后i，电路呈电容性
	$X_L = X_C$，$\varphi = 0$，u与i同相位，电路呈电阻性

【例题3.3】　电路如图3.19(a)所示，已知$R = 15\ \Omega$，$L = 0.3$ mH，$C = 0.2\ \mu$F，$u_S = 5\sqrt{2}\sin(\omega t + 60°)$ V，$f = 3 \times 10^4$ Hz。求i, u_R, u_L, u_C。

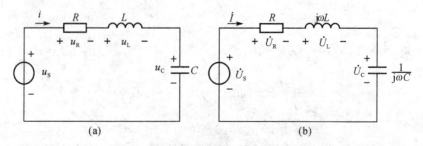

图3.19　【例题3.3】图

【解】 画出原电路的相量模型如图 3.19(b)所示,根据已知条件得到,

电源电压有效值相量:
$$\dot{U}=5\angle 60°(V)$$

感抗:
$$X_\mathrm{L}=\omega L=2\pi\times 3\times 10^4\times 0.3\times 10^{-3}\approx 56.5(\Omega)$$

容抗:
$$X_\mathrm{C}=\frac{1}{\omega C}=\frac{1}{2\pi\times 3\times 10^4\times 0.2\times 10^{-6}}\approx 26.5(\Omega)$$

阻抗:
$$Z=R+\mathrm{j}X_\mathrm{L}-\mathrm{j}X_\mathrm{C}=15+\mathrm{j}56.5-26.5=33.54\angle 63.4°(\Omega)$$

电流有效值相量:
$$\dot{I}=\frac{\dot{U}}{Z}=\frac{5\angle 60°}{33.54\angle 63.4°}=0.149\angle -3.4°(A)$$

电阻电压有效值相量:
$$\dot{U}_\mathrm{R}=R\dot{I}=15\times 0.149\angle -3.4°=2.235\angle -3.4°(V)$$

电感电压有效值相量:
$$\dot{U}_\mathrm{L}=\mathrm{j}X_\mathrm{L}\dot{I}=56.5\angle 90°\times 0.149\angle -3.4°=8.42\angle 86.6°(V)$$

电容电压有效值相量:
$$\dot{U}_\mathrm{C}=-\mathrm{j}X_\mathrm{C}\dot{I}=26.5\angle -90°\times 0.149\angle -3.4°=3.95\angle -93.4°(V)$$

电流瞬时表达式:
$$i=0.149\sqrt{2}\sin(\omega t-3.4°)(A)$$

电阻电压瞬时表达式:
$$u_\mathrm{R}=2.235\sqrt{2}\sin(\omega t-3.4°)(V)$$

电感电压瞬时表达式:
$$u_\mathrm{L}=8.42\sqrt{2}\sin(\omega t+86.6°)(V)$$

电容电压瞬时表达式:
$$u_\mathrm{C}=3.95\sqrt{2}\sin(\omega t-93.4°)(V)$$

3.4.3 阻抗的串并联

在分析交流电路时,常会遇到计算复阻抗(复导纳)的串联或并联,在计算时可把它们等效为一个复阻抗(复导纳),计算方法与电阻的串并联相似。

1) 阻抗的串联

如图 3.20 所示为 n 个复阻抗串联的电路。

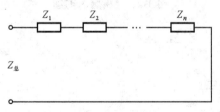

图 3.20 n个复阻抗串联的电路

$$Z_\text{总}=Z_1+Z_2+\cdots+Z_n$$

每个复阻抗的电压分别为

$$\dot{U}_\mathrm{K}=\frac{Z_\mathrm{K}}{Z_\text{总}}\dot{U} \tag{3.20}$$

其中 $K=1,2,3,\cdots,n$。

2) 阻抗的并联

如图 3.21 所示为 n 个复阻抗并联的电路。

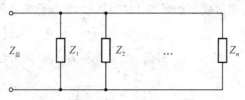

图 3.21　n 个复阻抗并联的电路

$$\frac{1}{Z_{总}}=\frac{1}{Z_1}+\frac{1}{Z_2}+\cdots+\frac{1}{Z_n}$$

当两个复阻抗并联时

$$Z=\frac{Z_1 \cdot Z_2}{Z_1+Z_2}$$

各阻抗的电流分别为

$$\dot{I}_K=\frac{Z_{总}}{Z_K}\dot{I} \tag{3.21}$$

其中 $K=1,2,3,\cdots,n$。

【例题 3.4】　电路如图 3.22 所示，$R_1=20\ \Omega$，$R_2=15\ \Omega$，$X_L=15\ \Omega$，$X_C=15\ \Omega$，电源电压 $\dot{U}=220\angle0°$ V。试求：(1) 电路的等效阻抗 Z；(2) 电流 $\dot{I}_1$、$\dot{I}_2$ 和 $\dot{I}$。

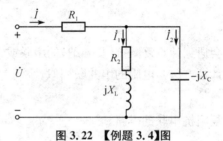

图 3.22　【例题 3.4】图

【解】　(1) $Z=R_1+\dfrac{(R_2+jX_L)(-jX_C)}{(R_2+jX_L)+(-jX_C)}$

$\qquad\ =20+\dfrac{(15+j15)(-j15)}{(15+j15)+(-j15)}$

$\qquad\ =20+\dfrac{(15\sqrt{2}\angle45°)(15\angle-90°)}{15}$

$\qquad\ =20+15\sqrt{2}\angle-45°=35-j15$

$\qquad\ =38.1\angle-23.2°(\Omega)$

(2) $\dot{I}=\dfrac{\dot{U}}{Z}=\dfrac{220\angle0°}{38.1\angle-23.2°}=5.77\angle23.2°(\text{A})$

由分流公式得：$\dot{I}_1=\dfrac{-jX_C}{(R_2+jX_L)+(-jX_C)}\dot{I}$

$\qquad\qquad\quad\ =\dfrac{-j15}{(15+j15)+(-j15)}\times5.77\angle23.2°$

$\qquad\qquad\quad\ =5.77\angle-66.8°\text{ A}$

$$\dot{I}_2 = \frac{R_2 + jX_L}{(R_2 + jX_L) + (-jX_C)} \dot{I}$$
$$= \frac{15 + j15}{(15 + j15) + (-j15)} \times 5.77\angle 23.2°$$
$$= 8.16\angle 68.2°(A)$$

3.5　电路功率和功率因数的提高

3.5.1　单一元件的电路功率

1) 电阻电路的功率

在任一瞬间,电阻两端电压瞬时值与流过电流瞬时值的乘积称为瞬时功率,用小写字母 p 表示。波形如图 3.23 所示。

根据式(3.10)假设的电流、电压表达式,有

$$p_R = u_R i = U_{Rm} I_m \sin^2(\omega t + \Psi_i)$$
$$= U_R I [1 - \cos 2(\omega t + \Psi_i)] \tag{3.22}$$

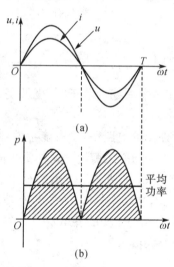

(a)

(b)

图 3.23　纯电阻交流电路的电压、电流和功率波形图

由瞬时功率的表达式(3.22)及曲线图 3.23 可知,$p \geq 0$,表明电阻元件在除过零点的任一瞬间均从电源吸取能量,并将电能转化为热能,可见电阻元件是耗能元件。实际上瞬时功率实用意义不大,通常电路的功率是指瞬时功率在一个周期内的平均值,称为平均功率(也称有功功率),用大写字母 P 表示,即

$$P = \frac{1}{T}\int_0^T U_R I[1 - \cos(2\omega t + \psi_i)]dt$$
$$= U_R I = I^2 R \tag{3.23}$$

2) 电感电路的功率

假设电流的初相角 $\psi_i = 0$,电感瞬时功率的表达式:

$$p_L = u_L i = \sqrt{2}U_L \cos\omega t \sqrt{2}I\sin\omega t$$
$$= U_L I \sin 2\omega t \tag{3.24}$$

由表达式(3.24)可见,电感的瞬时功率 p 是一个以 2ω 为角频率,随时间交变的正弦量,其变化曲线如图 3.24(b)所示。

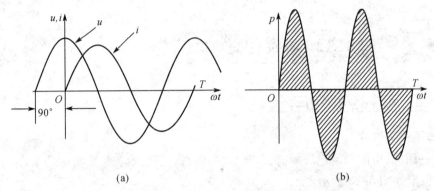

图 3.24 纯电感交流电路电压、电流和功率波形图

在第一和第三个 1/4 周期内,p 为正值,这表示电感从电源吸收电能并把它转换为磁能储存起来,电感相当于负载。在第二和第四个 1/4 周期内,p 为负值,表明电感将储存的磁场能转换为电能送还给电源,电感起着一个电源的作用。

电感电路的平均功率为:

$$P = \frac{1}{T}\int_0^T p\mathrm{d}t = \frac{1}{T}\int_0^T U_L I \sin 2\omega t\, \mathrm{d}t = 0 \tag{3.25}$$

可见电感电路的平均功率在一个周期内等于零,也就是说电感从电源吸收的能量全部送回电源,本身没有能量消耗。

从上述分析可知,在电感元件交流电路中,没有能量消耗,只有电源与电感元件的能量互换。这种能量互换的规模,用无功功率来衡量。无功功率是相对于有功功率而言,也是一些电气设备正常工作所必需的指标。无功功率表示的是电感与电源之间能量交换的最大值,用 Q 表示,无功功率的量纲与有功功率相同,为了与有功功率区别,国际单位制(SI)中,单位为乏(var)或千乏(kvar)(乏是无功伏安的意思)。

由式(3.24)可知,能量互换最大值为

$$Q = U_L I = I^2 X_L = \frac{U_L^2}{X_L}$$

3)电容电路的功率

对于电容电路,假设电容电压的初相角 $\psi_u = 0$,瞬时功率的表达式为:

$$p = u_C i = 2U_C I \sin\omega t \cos\omega t = U_C I \sin 2\omega t$$

瞬时功率 p 的波形如图 3.25(b)所示,可知在第一和第三个 1/4 周期内,p 为正值,这表示电容从电源吸收电能并把它储存起来。在第二和第四个 1/4 周期内,p 为负值,表明电容将储存的电能送还给电源。

在电容元件电路中,平均功率为:

$$P = \frac{1}{T}\int_0^T p\mathrm{d}t = \frac{1}{T}\int_0^T U_C I \sin 2\omega t\, \mathrm{d}t = 0$$

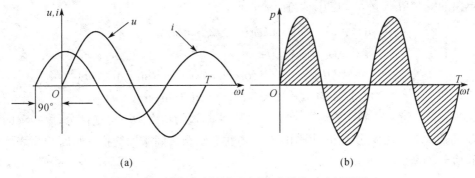

图 3.25　纯电容交流电路电压、电流和功率波形图

　　电容电路的平均功率在一个周期内也等于零,故也没有能量消耗,只与电源进行能量交换。这说明电容元件跟电感元件相似,只在电源和电容元件之间发生了能量互换,并未消耗能量,而能量互换的规模也可用无功功率来衡量。

　　为了与电感的无功功率相比,取 $i = I_m \sin\omega t$ 为参考正弦量,则:

$$u_C = U_{Cm} \sin(\omega t - 90°) \tag{3.26}$$

　　这样,得出的电容瞬时功率为:$p = u_C i = -U_C I \sin 2\omega t$,由此,电容元件的无功功率为:$Q = -U_C I = -I^2 X_C$。

注意:电容性电路无功功率为负值,电感性电路无功功率取正值。

　　应当指出,电感元件和电容元件都是储能元件,它们与电源之间进行能量交换是工作所需。这对电源来讲,也是一种负担。但对储能元件本身来说,没有消耗能量,故将往返于储能元件之间的功率命名为无功功率。相对于无功功率,平均功率是消耗能量的体现,因此也称之为有功功率。

3.5.2　RLC 电路的功率

1) 瞬时功率 p

如图 3.26(a)所示,无源的 RLC 单向负载电路,在正弦稳态下,设

$$u = \sqrt{2}U \sin(\omega t + \psi), \quad i = \sqrt{2}I \sin\omega t$$

因此,电压与电流的相位差为 $\varphi = \psi$。

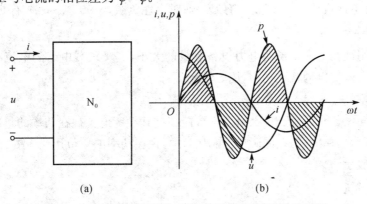

图 3.26　RLC 电路框图和电压、电流、瞬时功率的波形图

电路的瞬时功率 p 等于电压 u 与电流 i 的乘积,有

$$p(t)=ui=\sqrt{2}U\sin(\omega t+\varphi)\sqrt{2}I\sin\omega t$$
$$=UI\cos\varphi-UI\cos(2\omega t+\varphi)$$
$$=UI\cos\varphi-[UI\cos\varphi\cos(2\omega t)-UI\sin\varphi\sin(2\omega t)]$$

故

$$p(t)=UI\cos\varphi[1-\cos(2\omega t)]+UI\sin\varphi\sin(2\omega t) \tag{3.27}$$

式(3.27)中第一项的值始终大于或等于零,它是瞬时功率中不可逆部分;第二项的值正负交替,是瞬时功率中可逆部分,说明能量在电源和负载之间来回交换。瞬时功率表示任一瞬间的功率,实际意义不大。

2) 有功功率 P

有功功率(又称平均功率)是瞬时功率在一个周期内的平均值。即

$$P=\frac{1}{T}\int_0^T p(t)\mathrm{d}t=\frac{1}{T}\int_0^T[UI\cos\phi-UI\cos(2\omega t+\phi)]\mathrm{d}t$$
$$P=UI\cos\varphi \tag{3.28}$$

式(3.28)代表正弦稳态电路平均功率的一般形式,它表明负载电路实际消耗的功率不仅与电压、电流的大小有关,而且与电压、电流的相位差有关。

式中电压与电流的相位差 $\varphi=\psi_u-\psi_i$ 称为该端口的功率因数角,$\cos\varphi$ 称为该端口的功率因数,通常用 λ 表示,即 $\lambda=\cos\varphi$。

对电阻元件 R:$\cos\varphi=1$,$P_R=U_R I_R$,电阻元件的有功功率等于电压与电流有效值的乘积。

对电感元件 L、电容元件 C:$\cos\varphi=0$,$P_L=P_C=0$,电感、电容是储能元件,不消耗能量。

3) 无功功率 Q

在工程上我们引入无功功率的概念,用 Q 表示,用来衡量一端口网络与电源之间能量交换的规模,是瞬时功率中可逆部分的辐值,其表达式为

$$Q=UI\sin\varphi \tag{3.29}$$

对电阻元件 R:$\sin\varphi=0$,$Q_R=0$,电阻是耗能元件,不与电源进行能量交换。

对电感元件 L:$\sin\varphi=1$,$Q_L=U_L I_L$。

对电容元件 C:$\sin\varphi=-1$,$Q_C=-U_C I_C$。

一般的,对感性负载,$0<\varphi\leqslant90°$,有 $Q>0$;对容性负载,$-90°\leqslant\varphi<0°$,有 $Q<0$。

4) 视在功率 S

工程上引用视在功率来说明电力设备容量的大小,定义负载电路的电流有效值与电压有效值的乘积为该端口的视在功率,用 S 表示。即

$$S=UI \tag{3.30}$$

在使用电气设备时,一般电压、电流都不能超过其额定值。视在功率的量纲与有功功率相同,为了与有功功率区别,在国际单位制(SI)中,视在功率的单位用伏·安(V·A)或千伏·安(kV·A)表示。

5) 功率三角形

有功功率 P、无功功率 Q、视在功率 S 之间存在着下列关系

$$P = UI\cos\varphi = S\cos\varphi$$
$$Q = UI\sin\varphi = S\sin\varphi$$
$$S^2 = P^2 + Q^2$$

故 $$\varphi = \arctan\left(\frac{Q}{P}\right)$$ (3.31)

可见 P、Q、S 可以构成一个直角三角形,称之为功率三角形,如图 3.27 所示。

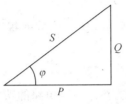

图 3.27　功率三角形

在正弦稳态电路中所说的功率,如不加特殊说明,均指平均功率亦即有功功率。综上所述,交流电路各功率总结如表 3.4 所示。

表 3.4　交流电路的功率

瞬时功率	$p = ui$	
平均功率 (有功功率)	$P = UI\cos\varphi = I^2 R$ 单位:W,kW	
无功功率	$Q = UI\sin\varphi = I^2(X_L - X_C) = Q_L - Q_C$ 单位:var,kvar	功率三角形
视在功率	$S = UI = \sqrt{P^2 + Q^2}$ 单位:V·A,kV·A	

【**例题 3.5**】 R、L 串联电路中,已知 $f = 50$ Hz,$R = 300\ \Omega$,电感 $L = 1.65$ H,端电压的有效值 $U = 220$ V。试求电路的功率因数、有功功率及无功功率。

【**解**】 电路的阻抗

$$Z = R + j\omega L = (300 + j2\pi \times 50 \times 1.65)$$
$$= 300 + j518.1 \approx 598.7\angle 60°(\Omega)$$

由阻抗角 $\varphi = 60°$,得功率因数为 $\cos\varphi = \cos 60° = 0.5$。

电路中电流的有效值为

$$I = \frac{U}{|Z|} = \frac{220}{598.7} \approx 0.367(\text{A})$$

$$P = UI\cos\varphi = 220 \times 0.367 \times 0.5 \approx 40.4(\text{W})$$

$$Q = UI\sin\varphi = 220 \times 0.367 \times 0.866 \approx 69.9(\text{kvar})$$

3.5.3　功率因数的提高

1) 提高功率因数的意义

由有功功率的计算公式 $P = UI\cos\varphi$ 可知,电气设备输出的有功功率,与负载的功率因数有关,$\cos\varphi$ 越大,输出的功越多,电源的利用率越高。反之,电源利用率低。如一台 1 000

kV·A 的变压器,当负载的功率因数 $\cos\varphi = 0.95$ 时,变压器提供的有功功率为 950 kW;当负载的功率因数 $\cos\varphi = 0.5$ 时,变压器提供的有功功率为 500 kW。可见若要充分利用设备的容量,应提高负载的功率因数。

功率因数还影响输电线路电能损耗和电压损耗,根据 $I = \dfrac{P}{U\cos\varphi}$ 可知,功率因数越小,电流 I 越大,线路功率损耗 $\Delta P = I^2 r$ 大大升高;而且输电线路上的压降 $\Delta U = Ir$ 增加,加到负载上的电压降低,影响负载的正常工作。

可见,提高功率因数是十分必要的,功率因数的提高可充分利用电气设备,提高供电质量。

2) 提高功率因数的方法

用在感性负载两端并联电容的方法来提高电路的功率因数。如图 3.28 所示,一感性负载 Z,接在电压为 $\dot{U}$ 的电源上,其有功功率为 P,功率因数为 $\cos\varphi_1$,如要将电路的功率因数提高到 $\cos\varphi_2$,就应采用在负载 Z 的两端并联电容 C 的方法实现。下面介绍并联电容 C 的计算方法。

设并联电容 C 之前,电路的无功功率 $Q_1 = P\tan\varphi_1$,电路的有功功率为 P,功率因数角为 φ_1;并联电容 C 之后,功率因数角减为 φ_2,电路的无功功率为 $Q_2 = P\tan\varphi_2$,则电路吸收的无功功率减少量为

$$\Delta Q = Q_1 - Q_2 = P(\tan\varphi_1 - \tan\varphi_2)$$

亦即电源发出的无功功率减少,如图 3.29 所示。

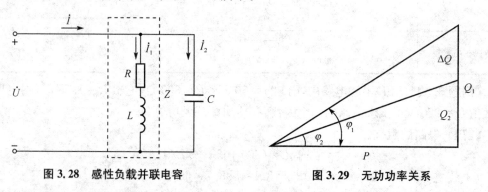

图 3.28　感性负载并联电容　　　　　　图 3.29　无功功率关系

并联电容提供的无功功率 $Q_C = I_2^2 X_C = U^2 \omega C$,但由于负载 Z 的电流 $\dot{I}$ 与电压 $\dot{U}$ 均未变,因此负载 Z 吸收的无功功率 $Q_1 = Q_2 + \Delta Q$ 不变,有 $\Delta Q = Q_C$,进而可算出需要并联的电容值为

$$C = \frac{P}{\omega U^2}(\tan\varphi_1 - \tan\varphi_2) \tag{3.32}$$

【例题 3.6】　有一台 220 V,50 Hz,100 kW 的电动机,功率因数为 0.8。(1) 在使用时,电源提供的电流是多少?无功功率是多少?(2) 欲使功率因数提高到 0.85,需要并联的电容器电容值是多少?此时电源提供的电流是多少?无功功率是多少?

【解】　(1) 由于 $P = UI\cos\varphi$,所以电源提供的电流

$$I_L = \frac{P}{U\cos\varphi} = \frac{100 \times 10^3}{220 \times 0.8} \approx 568.18(A)$$

无功功率　　$Q_L = UI_L \sin\varphi = 220 \times 568.18 \times \sqrt{1 - 0.8^2} \approx 75 (\text{kvar})$

使功率因数提高到 0.85 时所需电容容量为

$$C = \frac{P}{\omega U^2}(\tan\varphi_1 - \tan\varphi_2)$$

$$= \frac{100 \times 10^3}{314 \times 220^2} \times (0.75 - 0.62) \approx 855.4 (\mu\text{F})$$

此时电源提供的电流

$$I = \frac{P}{U\cos\varphi} = \frac{100 \times 10^3}{220 \times 0.85} \approx 534.76 (\text{A})$$

可见,用电容进行无功补偿时,可以使电路的电流减小,提高供电质量。

3.6　三相交流电源

各种发电厂的发电机发出的电是三相正弦交流电,与单相交流电相比,具有如下优点:三相交流发电机比同功率的单相交流发电机体积小、重量轻、成本低;在远距离输电时,输送相同的功率、电压,采用三相输电比单相输电可以节省 25% 左右的材料;驱动的负载三相异步电动机具有结构简单、价格低廉、性能良好、工作可靠等优点。因此,生产和生活中广泛使用三相交流电。

所谓三相交流电源就是由三相交流发电机产生的三个频率相同、辐值相等、初相互差120°的正弦交流电动势组成的供电电源。这样一组电动势也称对称三相电动势。

3.6.1　对称三相电动势的产生和特征

三相交流发电机原理示意图如图 3.30(a)所示,它是由定子和转子组成的。有三个完全相同的绕组,分别为 $U_1 U_2$、$V_1 V_2$、$W_1 W_2$,每个绕组称为一相,三相绕组在空间位置上彼此相隔120°,嵌放在禁止不动的定子中。绕有励磁绕组的磁极为转子,做成特殊的极靴形状,这样定子和转子的气隙磁场可按正弦规律变化。当原动机拖动发电机转子转动时,三相绕组与气隙中的磁场相互作用,切割磁力线感应出最大值相等、角频率相同、相位互差120°的对称三相电动势。

三相电动势的参考方向规定为绕组的末端指向始端,每相的始端(也叫相头)分别标以英文字母 U_1、V_1、W_1,末端(也叫相尾)分别标以英文字母 U_2、V_2、W_2,如图 3.30(b)所示。

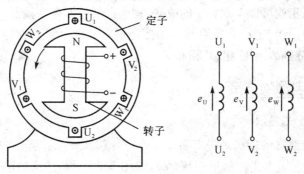

(a) 三相交流发电机示意图　　(b) 三相绕组及其电动势

图 3.30　三相交流发电机

若以 U 相电动势作为参考正弦量（即初相设为零），则对称三相电动势的瞬时表达式为：

$$\begin{cases} e_U = E_m \sin\omega t \\ e_V = E_m \sin(\omega t - 120°) \\ e_W = E_m \sin(\omega t + 120°) \end{cases} \tag{3.33}$$

对称三相电动势的相量表达式为：

$$\begin{cases} \dot{E}_U = E\angle 0° = E \\ \dot{E}_V = E\angle -120° = E\left(-\dfrac{1}{2} - j\dfrac{\sqrt{3}}{2}\right) \\ \dot{E}_W = E\angle 120° = E\left(-\dfrac{1}{2} + j\dfrac{\sqrt{3}}{2}\right) \end{cases} \tag{3.34}$$

对称三相电动势如用波形和相量图表示，则如图 3.31(a)、(b)所示。

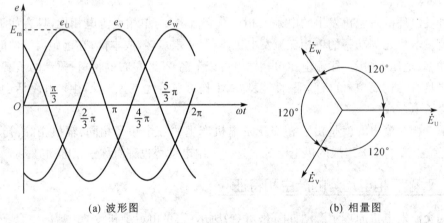

(a) 波形图   (b) 相量图

图 3.31　对称三相电动势的波形图和相量图

由图 3.31 可知，对称三相电动势的瞬时值之和以及相量之和都等于零，即

$$e_U + e_V + e_W = 0 \tag{3.35}$$

和
$$\dot{E}_U + \dot{E}_V + \dot{E}_W = 0 \tag{3.36}$$

在实际工作中经常提到三相交流电的相序问题，所谓相序就是各相电动势到达零值或正峰值的先后次序。在图 3.31(a)中，三相电动势到达零值或正峰值的顺序为 e_U、e_V、e_W，其相序为 U—V—W—U，这样的相序称为正序（或称顺序）。反之称为负序（或称逆序）。只要任意对调其中的两相就可以实现相序的改变，相序在某些场合很重要，如可决定电动机正转或反转。如果不加说明，工程上通用的相序都是正序。在变配电所的母线上一般都涂以黄、绿、红三种颜色，分别表示 U 相、V 相和 W 相。

3.6.2　三相对称电源的连接

1）三相电源的 Y 形连接

发电机三个绕组通常的接法是将末端 U₂、V₂、W₂ 接成一点，这一点称为中性点或零点，用字母 N 表示，这种连接方式称星形连接（Y），如图 3.32 所示。这种连接不改变各相产生电动势的大小，而且比单独用三个电源供电省线，所以一般电源均采用 Y 形连接。

该种供电系统中，从中性点引出的导线称为中线或零线，若中线接地也称地线。从三个绕组始端 U_1、V_1、W_1 引出的三根导线称为相线或端线，俗称火线，分别用字母 L_1、L_2、L_3 表示。因为是用四根导线供电（三根相线和一根中线），所以称三相四线制。也有不引出中线的供电方式，称为三相三线制，后面小节会讲到。

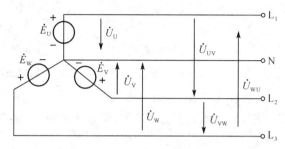

图 3.32　三相电源的 Y 形连接

由图 3.32 可见，该种供电系统有两种电压可供给负载。其中，任意两端线间的电压称为线电压 u_{UV}，u_{VW}，u_{WU}，也就是两火线间的电压，相量形式为 $\dot{U}_{UV}$，$\dot{U}_{VW}$，$\dot{U}_{WU}$，其有效值用 U_{UV}、U_{VW}、U_{WU} 表示，当三个线电压对称时一般用 U_L 表示线电压有效值。而每一相绕组始末端的电压称为相电压 u_U，u_V，u_W，也就是火线与零线之间的电压，相量形式为 $\dot{U}_U$，$\dot{U}_V$，$\dot{U}_W$，其有效值用 U_U、U_V、U_W 表示，当三个相电压对称时一般用 U_P 表示相电压有效值。

各电动势、电压正方向用相量表示如图 3.32 所示，其中规定：电动势 e_U，e_V，e_W 的正方向由绕组末端指向始端；相电压 u_U，u_V，u_W 的正方向由绕组始端指向中性点；线电压 u_{UV}，u_{VW}，u_{WU} 的正方向按下标顺序。

当忽略发电机绕组的内阻时，可认为：

$$u_U = e_U\,; u_V = e_V\,; u_W = e_W$$

因为三相电动势是对称的，所以相电压也是对称的，有

$$\begin{cases} \dot{U}_U = U_P \angle 0° = U_P \\ \dot{U}_V = U_P \angle -120° = U_P \left(-\dfrac{1}{2} - j\dfrac{\sqrt{3}}{2} \right) \\ \dot{U}_W = U_P \angle 120° = U_P \left(-\dfrac{1}{2} + j\dfrac{\sqrt{3}}{2} \right) \end{cases} \tag{3.37}$$

根据基尔霍夫电压定律，分析图 3.32 可得出，三相电源 Y 形连接时线电压和相电压的相量关系有：

$$\begin{cases} \dot{U}_{UV} = \dot{U}_U - \dot{U}_V \\ \dot{U}_{VW} = \dot{U}_V - \dot{U}_W \\ \dot{U}_{WU} = \dot{U}_W - \dot{U}_U \end{cases} \tag{3.38}$$

根据式(3.38)可作出线电压和相电压的相量图，如图 3.33 所示。由图可见线电压也是对称的。且在相位上，线电压超前对应的相电压 $30°$，线电压有效值是相电压有效值的 $\sqrt{3}$ 倍。

因此,线电压和相电压的相量关系可表示为

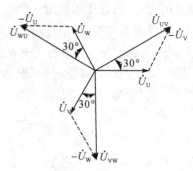

$$\begin{cases} \dot{U}_{UV}=\sqrt{3}\dot{U}_U\angle 30°=\sqrt{3}U_p\angle 30° \\ \dot{U}_{VW}=\sqrt{3}\dot{U}_V\angle 30°=\sqrt{3}U_p\angle -90° \quad (3.39) \\ \dot{U}_{WU}=\sqrt{3}\dot{U}_W\angle 30°=\sqrt{3}U_p\angle 150° \end{cases}$$

三相发电机(或三相变压器)的三相绕组接成星形,可以提供两种不同的供电电压给负载。如不特别说明,一般所说的三相电源电压,均指三相对称线电压。在我国低压供电系统中,线电压大多为 380 V(380=220$\sqrt{3}$),作为动力用电,供三相电动机和额定电压为 380 V 的负载使用;相电压大多为 220 V,作为照明用电,供白炽灯、日光灯等额定电压为 220 V 的负载使用。

图 3.33 线电压和相电压相量关系图

2)三相电源的△形连接

把发电机三绕组首尾相接,构成闭合回路,然后从三个连接点引出三根供电线,就构成三相电源的三角形(△)连接,如图 3.34 所示。由于只需要接出三根线,因此,构成的是三相三线制输出电路。

很明显,当三相绕组三角形(△)连接时,线电压就是相应的相电压。

若三相电动势为三相对称电动势,则三个线电压之和为零,所以当采用这种连接方法时,在绕组内部不会产生环形电流。反之,如果绕组始末端接反,将导致电流过大,烧坏电源绕组,产生不良后果。

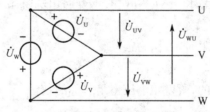

3.34 三相电源形的连接

注意:实际应用时,发电机三绕组一般都接成星形而不接成三角形;三相变压器的三相绕组,则两种接法都有。

3.7 三相负载电路

交流电路中有需要单相电源供电的单相负载,如电灯和许多家用电器等;还有需要三相电源供电的负载,如三相异步电机、三相变压器等,如图 3.35 所示。三相负载是由三个部分组成的,每一个部分称为一相负载,三相负载在电路中可接成星形(又称"Y"接),也可接成三角形(又称"△"接)。三相负载中,如果 $Z_U=Z_V=Z_W$,称为对称三相负载,如三相异步电动机等。

三相电路中,通过每一个绕组的电流就是相电流,流过端线中的电流是线电流,中性线中的电流称为中线电流,负载两端的电压称为负载的相电压。

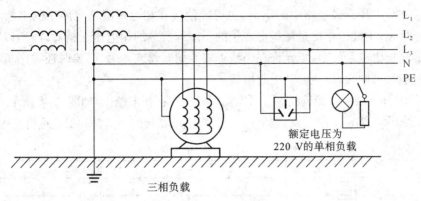

额定电压为
220 V 的单相负载

三相负载

图 3.35　三相电路负载的连接

3.7.1　负载作 Y 形连接的三相电路

把三相负载分别接在三相电源的一根相线和中线的连接方式,称为三相负载的星形(Y形)连接,如图 3.36 所示。

若忽略输电线上的电压降,则由图 3.36 可见负载的相电压等于电源的相电压,因此,负载相电压是对称的;线电流等于相电流,负载不对称时,各相可当作单相交流电路分析,有

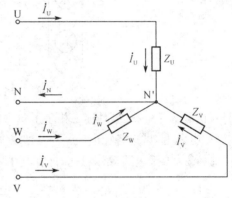

图 3.36　三相负载的星形连接

$$\begin{cases} \dot{I}_U = \dfrac{\dot{U}_U}{Z_U} \\[2mm] \dot{I}_V = \dfrac{\dot{U}_V}{Z_V} \\[2mm] \dot{I}_W = \dfrac{\dot{U}_W}{Z_W} \end{cases} \qquad (3.40)$$

如果三相负载为三相对称负载,那么流过每相负载的相电流也是对称的,其有效值相等,相位互差 120°,这种情况,只需计算一相电流,其他两相电流可根据对称性直接写出。而且,因三个相电流之和为零,得出中线电流也等于零,即

$$\dot{I}_N = \dot{I}_U + \dot{I}_V + \dot{I}_W = 0$$

在这种情况下,由于中线没有电流,中线可以省去,成为星形连接的三相三线制供电电路,如图 3.37 所示。

在实际应用中,除了电机绝大部分与电源连接的为不对称负载,因此,各相电流的大小不一定相等,相位差不一定为 120°,中线电流也不为零。这时,中线的存在保证三相电路成为三个独立回路,不会因负载的变动而相互影响,且负载相电压恒为电源相电压。当中线断开后,各负载相电压就不再相等了,计算和测量都证明,阻抗较小的负载相电压低,阻抗较大的负载相电压高,这

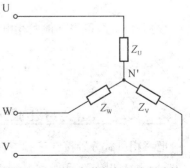

图 3.37　对称负载三相三线制连接

可能烧坏接在相电压升高电路中的电器,也可能使接在相电压降低电路中的电器不能正常工作。综上所述,中线的作用是使星形连接的不对称负载的相电压保持对称,所以在三相负载不对称的低压供电系统中,不允许在中线上安装熔断器或开关,必要时还需用机械强度高的导线(如钢丝)做中线,以免断开引起事故。

在设计电路时,照明三相负载应尽可能均匀分配在各相电路中,如图 3.38 所示,使三相四线制供电系统尽可能在三相对称负载下运行,这对供电系统的经济性和安全运行是很有益的。

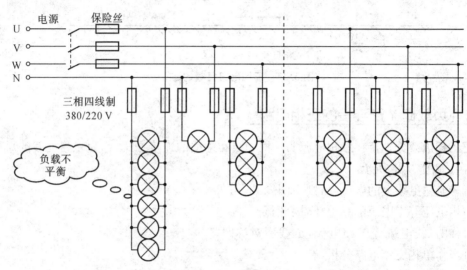

图 3.38　照明电路的分配

【例题 3.7】　一组对称三相星形负载,每相阻抗 $Z=6+j8\ \Omega$,接在线电压为 380 V 的对称三相电源上,试求各相电流。

【解】　由于电路对称,只需计算其中一相电流,然后推出其余两相电流。

$$\because U_L=380\ V,\therefore U_P=\frac{U_L}{\sqrt{3}}=\frac{380\ V}{\sqrt{3}}=220\ V。$$

设 U 相为参考相量,则

$$\dot{U}_U=220\angle0°(V)$$

U 相电流为

$$\dot{I}_U=\frac{\dot{U}_U}{Z}=\frac{220\angle0°}{6+j8}=\frac{220\angle0°}{10\angle53°}=22\angle-53°(A)$$

根据对称性,可得其他两相电流为

$$\dot{I}_V=22\angle-53°\angle-120°=22\angle-173°(A)$$

$$\dot{I}_W=22\angle-53°\angle120°=22\angle67°(A)$$

3.7.2　负载作△形连接的三相电路

把三相负载分别接在三相电源的每两根相线之间的连接方式,称为三相负载的三角形(△形)连接,如图 3.39 所示。

若忽略输电线上的电压降,则由图 3.39 可见负载的相电压等于电源的线电压,因此,负载相电压是对称的;线电流不等于相电流,图 3.39 中所标的 $\dot{I}_{UV}$,$\dot{I}_{VW}$,$\dot{I}_{WU}$ 为相电流,$\dot{I}_U$,$\dot{I}_V$,$\dot{I}_W$ 为线电流,负载不对称时,各相可当做单相交流电路分析,根据欧姆定律可求得相电流为

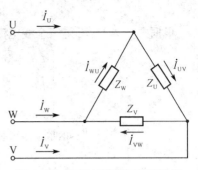

图 3.39　三相负载的三角形连接

$$\begin{cases} \dot{I}_{UV}=\dfrac{\dot{U}_{UV}}{Z_U} \\[2mm] \dot{I}_{VW}=\dfrac{\dot{U}_{VW}}{Z_V} \\[2mm] \dot{I}_{WU}=\dfrac{\dot{U}_{WU}}{Z_W} \end{cases} \qquad (3.41)$$

如果三相负载为三相对称负载,那么流过每相负载的相电流也是对称的,其有效值相等,相位互差 120°,这种情况,只需计算一相电流,其他两相电流可根据对称性直接写出。再根据基尔霍夫电流定律,可得线电流和相电流的相量关系为:

$$\begin{cases} \dot{I}_U=\dot{I}_{UV}-\dot{I}_{WU} \\[1mm] \dot{I}_V=\dot{I}_{VW}-\dot{I}_{UV} \\[1mm] \dot{I}_W=\dot{I}_{WU}-\dot{I}_{VW} \end{cases} \qquad (3.42)$$

根据式(3.42)可作出线电流和相电流的相量图,如图 3.40 所示,可见线电流也是对称的。且在相位上,线电流滞后对应的相电流 30°,线电流的有效值是相电流有效值的 $\sqrt{3}$ 倍。

因此,线电流和相电流的相量关系可表示为

$$\begin{cases} \dot{I}_U=\sqrt{3}\,\dot{I}_{UV}\angle-30°=\sqrt{3}\,I_p\angle-30° \\[1mm] \dot{I}_V=\sqrt{3}\,\dot{I}_{VW}\angle-30°=\sqrt{3}\,I_p\angle-150° \\[1mm] \dot{I}_W=\sqrt{3}\,\dot{I}_{WU}\angle-30°=\sqrt{3}\,I_p\angle90° \end{cases} \quad (3.43)$$

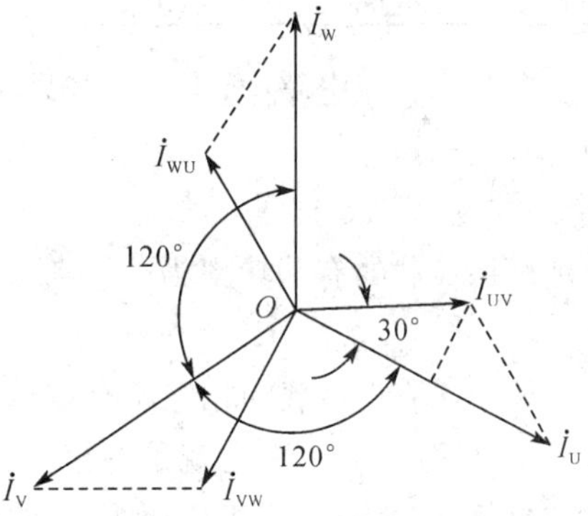

图 3.40　线电流和相电流的相量关系图

【例题 3.8】　一组对称三相三角形负载,每相阻抗 $Z=6+j8\ \Omega$,接在线电压为 380 V 的对称三相电源上,试求各相电流以及线电流。

【解】　由于电路对称,只需计算其中一相电流,然后可推出其余两相。

设 UV 相为参考相量,则

$$\dot{U}_{UV}=380\angle0°(\text{V})$$

UV 相电流为

$$\dot{I}_{UV}=\frac{\dot{U}_{UV}}{Z}=\frac{380\angle0°}{6+j8}=\frac{380\angle0°}{10\angle53°}=38\angle-53°(\text{A})$$

根据对称性,可得其他两相电流为

$$\dot{I}_{VW}=38\angle-53°\angle-120°=38\angle-173°(\text{A})$$

$$\dot{I}_{WU} = 38\angle-53° \angle 120° = 38\angle 67°(A)$$

根据式(3.43),可得三个线电流为

$$\begin{cases} \dot{I}_U = \sqrt{3}\,\dot{I}_{UV}\angle-30°=38\sqrt{3}\angle-83°(A) \\ \dot{I}_V = \sqrt{3}\,\dot{I}_{VW}\angle-30°=38\sqrt{3}\angle 157°(A) \\ \dot{I}_W = \sqrt{3}\,\dot{I}_{WU}\angle-30°=38\sqrt{3}\angle 37°(A) \end{cases}$$

实际应用中,我们如何选择负载的连接方式取决于负载的额定电压和电源电压的关系,具体为:

(1) 当使用额定电压为 220 V 的单相负载时,应把它接在电源的端线与中线之间;

(2) 当使用额定电压为 380 V 的单相负载时,应把它接在电源的端线与端线之间;

(3) 如果对称三相负载的额定电压为 220 V 时,要想把它们接入线电压 380 V 的电源上则应接成星形连接;

(4) 如果对称三相负载的额定电压为 380 V 时,要想把它们接入线电压 380 V 的电源上则应接成三角形连接。

注意:在电动机铭牌上也有相应的标识,如:380 V △接法或 380 V Y 接法。Y/△,380 V/220 V,则表示电动机在电源线电压为 380 V 时,作 Y 接法;当电源电压为 220 V 时作△接法,可见该电动机额定电压是 220 V。

3.7.3 三相电路中的功率

在三相交流电路中,不论负载采用哪种连接方式,三相负载总有功功率都为各相负载有功功率之和,有

$$P = P_U + P_V + P_W \tag{3.44}$$

每相负载的有功功率为

$$P_P = U_P I_P \cos\varphi_P$$

其中,U_P 是负载的相电压有效值,I_P 是负载的相电流有效值,φ_P 是同一相负载中相电压与相电流的相位差,也就是各相负载的阻抗角。

当负载对称时,每相负载的有功功率相等,式(3.44)可写成

$$P = 3U_P I_P \cos\varphi_P \tag{3.45}$$

一般情况下,相电压和相电流的测量不如线电压和线电流测量方便。

当三相负载星形连接时,有 $U_L=\sqrt{3}U_P$,$I_L=I_P$,代入式(3.45),得

$$P = 3U_P I_P \cos\varphi_P = 3\frac{U_L}{\sqrt{3}}I_L\cos\varphi_P$$

$$= \sqrt{3}U_L I_L \cos\varphi_P$$

当三相负载三角形连接时,有 $U_L=U_P$,$I_L=\sqrt{3}I_P$,代入式(3.45),得

$$P = 3U_P I_P \cos\varphi_P = 3U_L\frac{I_L}{\sqrt{3}}\cos\varphi_P$$

$$= \sqrt{3}U_L I_L \cos\varphi_P$$

由此可见,不论是星形连接还是三角形连接,如果用线电压、线电流表示有功功率都为

$$P = \sqrt{3} U_{\mathrm{L}} I_{\mathrm{L}} \cos \varphi_{\mathrm{P}} \tag{3.46}$$

注意:式(3.46)中的 φ_{P} 仍是是同一相负载中相电压与相电流的相位差,不是线电压与线电流的相位差,实质也就是各相负载的阻抗角。

同理,可得到三相对称负载的无功功率和视在功率的表达式为

$$Q = 3 U_{\mathrm{P}} I_{\mathrm{P}} \sin \varphi_{\mathrm{P}} = \sqrt{3} U_{\mathrm{L}} I_{\mathrm{L}} \sin \varphi_{\mathrm{P}} \tag{3.47}$$

$$S = 3 U_{\mathrm{P}} I_{\mathrm{P}} = \sqrt{3} U_{\mathrm{L}} I_{\mathrm{L}} \tag{3.48}$$

注意:在求各种对称三相电路的三相功率时关键看用线电压、线电流还是相电压、相电流表示。另外,不对称三相电路中三相电流不对称,每相功率要分别计算,各相功率之和为电路总的三相功率。

【例题 3.9】　对称三相三线制的线电压为 380 V,每相负载的阻抗为 $Z = 10 \angle 53° \ \Omega$,求负载为星形和三角形连接时的三相有功功率。

【解】　负载为星形连接时,相电压为

$$U_{\mathrm{P}} = \frac{U_{\mathrm{L}}}{\sqrt{3}} = \frac{380}{\sqrt{3}} = 220(\mathrm{V})$$

线电流为

$$I_{\mathrm{L}} = I_{\mathrm{P}} = \frac{U_{\mathrm{P}}}{|Z|} = \frac{220}{10} = 22(\mathrm{A})$$

则三相有功功率为

$$P = \sqrt{3} U_{\mathrm{L}} I_{\mathrm{L}} \cos \varphi_{\mathrm{P}} = \sqrt{3} \times 380 \times 22 \times \cos 53° \approx 8\ 688(\mathrm{W})$$

负载为三角形连接时,相电流为

$$I_{\mathrm{P}} = \frac{U_{\mathrm{L}}}{|Z|} = \frac{380}{10} = 38(\mathrm{A})$$

线电流为

$$I_{\mathrm{L}} = \sqrt{3} I_{\mathrm{P}} = 38\sqrt{3}(\mathrm{A})$$

则三相有功功率为

$$P = \sqrt{3} U_{\mathrm{L}} I_{\mathrm{L}} \cos \varphi_{\mathrm{P}} = \sqrt{3} \times 380 \times 38\sqrt{3} \times \cos 53° \approx 26\ 064(\mathrm{W})$$

由此可见,在电源电压一定的情况下,三相负载的连接方式不同,负载的有功功率不同,无功功率和视在功率也有相同的结论。因此,三相负载在电源一定的情况下,都有确定的连接方式,不能任意连接,否则会损坏设备。

由上述例题也可以看出,对于同一负载接到同一电源上,三角形连接的线电流是星形连接的线电流的 3 倍,三角形连接的相电流是星形连接的相电流的 $\sqrt{3}$ 倍,三角形连接的功率是星形连接的功率的 3 倍。若正常工作是星形连接而误接成三角形连接,将因每相负载承受过高电压,导致功率过大而烧毁;若正常工作是三角形连接而误接成星形连接,则因功率过小而不能正常工作。

对于大功率电动机,启动时电流过大,易烧坏电机,应采用星形启动法,以减少启动电流,正常运行时再接成三角形方式。

【例题 3.10】　如图 3.41 所示参数三相负载,求:

(1) 负载 Y 形连接,线电流、相电流和相电压各为多少?

(2) 负载△形连接,线电流、相电流和相电压各为多少?

【解】 （1）负载 Y 形连接，有 $U_P = \frac{1}{\sqrt{3}} U_L = 220$（V）。

$\because P = \sqrt{3} U_L I_L \cos\varphi$，$5\,000 = \sqrt{3}\,380 I_L \times 0.8$，

$\therefore I_L = 9.5$（A），$I_P = I_L = 38$（A）。

（2）负载 △ 形连接，有 $U_L = U_P = 380$（V）。

$\because P = \sqrt{3} U_L I_L \cos\varphi$，$5\,000 = \sqrt{3}\,I_L 380 \times 0.8$，

$\therefore I_L = 9.5$（A），$I_P = \frac{I_L}{\sqrt{3}} = \frac{38}{\sqrt{3}} = 22$（A）。

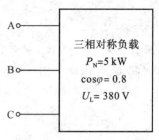

图 3.41 【例题 3.10】图

思考与练习

1. 已知 $u = 10\sqrt{2}\sin(100t - 90°)$ V，（t 以 s 为单位）。
   (1) 试求出它的辐值、有效值、周期、频率和角频率。
   (2) 试画出它的波形，并求出 $t = 3.14$ s 时的瞬时值。

2. 写出对应于下列相量的正弦量，并画出它们的相量图（设它们都是工频）。

   (1) $\dot{I}_1 = (4 + j5)$ A   (2) $\dot{I}_2 = 30\angle 60°$ A

   (3) $\dot{U}_1 = (10 + j15)$ V   (4) $\dot{U}_2 = 41\angle \frac{\pi}{4}$ V

3. 一正弦电流的最大值为 $I_m = 15$ A，频率 $f = 50$ Hz，初相位为 42°，试求当 $t = 0.001$ s 时电流的相位及瞬时值。

4. 若有一电压相量 $\dot{U} = a + jb$，电流相量 $\dot{I} = c + jd$，问分别在什么情况下这两个相量相同、电压超前电流 90° 及反相？

5. 一电容接到工频 220 V 的电源上，测得电流为 0.6 A，求电容器的电容量。若将电源频率变为 500 Hz，电路的电流变为多大？

6. 某电感元件电感 $L = 25$ mH，若将它分别接至 50 Hz、220 V 和 5\,000 Hz、220 V 的电源上，其初相角 $\varphi = 60°$，即 $\dot{U} = 220\angle 60°$ V，试分别求出电路中的电流 $\dot{I}$ 及无功功率 Q_L。

7. 如图 3.42 所示移相电路中，已知输入正弦电压 u_1 的频率 $f = 300$ Hz，$R = 100$ Ω。要求输出电压 u_2 的相位要比 u_1 滞后 45°，问电容 C 的值应该为多大？如果频率增高，u_2 比 u_1 滞后的角度增大还是减小？

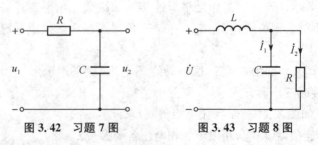

图 3.42 习题 7 图   图 3.43 习题 8 图

8. 如图 3.43 所示电路呈电阻性，$I_1 = I_2 = 10$ A，$U = 50$ V，求 R、X_L、X_C 的值。

9. 如图 3.44 所示，$I_1 = 10$ A，$I_2 = 10\sqrt{2}$ A，$U = 200$ V，$R = 5$ Ω，$R_2 = X_L$，试求 I、X_L、X_C 及 R_2。

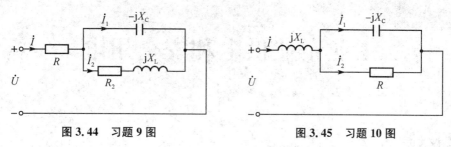

图 3.44　习题 9 图　　　　　　　图 3.45　习题 10 图

10. 如图 3.45 所示，$I_1 = I_2 = 10$ A，$U = 100$ V，u 和 i 同相，试求 I、R、X_C 及 X_L。

11. 如图 3.46 所示，$U = 220$ V，$R_1 = 10$ Ω，$X_L = 10\sqrt{3}$ Ω，$R_2 = 20$ Ω，试求各个电流以及电路平均功率。

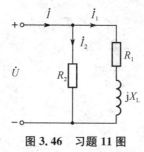

图 3.46　习题 11 图

12. 一 RLC 串联电路，它在电源频率 $f = 500$ Hz 时呈电阻性，此时电流为 0.2 A，容抗 X_C 为 314 Ω，并测得电容电压 U_C 为电源电压 U 的 20 倍。试求该电路的电阻 R 和电感 L。

13. 在 220 V 的线路上，串联有 20 只 40 W 功率因数为 0.5 的日光灯和 100 只 40 W 的白炽灯，求线路总的有用功率、无功功率、视在功率和功率因数。

14. 如图 3.47 所示，已知 $Z_1 = (20 + \text{j}100)$ Ω，$Z_2 = (50 + \text{j}150)$ Ω，当要求 $\dot{I}_2$ 滞后 $\dot{U}$ 90° 时，求电阻 R 的值。

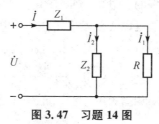

图 3.47　习题 14 图

15. 设有两个阻抗，并连接于 $U = 120$ V，$f = 50$ Hz 的交流电源上，其中一个为 $R_1 = 8$ Ω，$X_L = 10$ Ω 的电感性负载；另一个为 $R_2 = 25$ Ω，$X_C = 15$ Ω 的电容性负载。试求各支路电流 I_1、I_2、电路总电流 I 及整个电路的 P、Q、S 及 $\cos\varphi$。

16. 有一三相对称负载，$Z = 80 + \text{j}60$ Ω，分别将其接成星形或三角形，并接到线电压为 380 V 的对称三相电源上，试求：两种情况下线电压、负载相电压、线电流和相电流各是多少？

17. 某发电厂有一功率是 10^5 kW 的机组发电机，额定运行数据为：线电压 10.5 kV，功率因数 0.8。试计算其线电流、总无功功率及总视在功率。

第4章

工业企业供电和安全用电

任务引入

随着国民经济的快速发展,电能的应用给工农业生产和人们的生活带来了极大的方便,那么,电能是怎样产生,怎样输送到我们身边的呢?另一方面,在供电、用电过程中,电气事故不断发生,造成人身伤害和设备损坏。所以,对于看不见、不能摸的电,大家都应牢牢掌握安全用电知识,才能避免用电事故的发生。本章的内容从安全出发,旨在加强安全教育,树立"安全第一"的观念,预先了解触电及预防触电措施,对于后续实践操作课程及实际工作有很重要的指导意义。如稍有麻痹或疏忽,一个闪失,就会给人类的生命财产带来巨大危害。

任务导航

- 了解工业企业供电的全过程;
- 了解常见触电种类、方式及急救技术;
- 掌握供电、用电中防止触电的安全措施;
- 熟悉日常安全用电常识及电路操作的注意事项。

4.1 工业企业供电

电力系统是将各类型发电厂中的发电机、升降压变压器、输电线路以及各种用电设备组合在一起构成的统一整体。其功能可以实现发电、变电、输电、配电和用电,如图4.1所示。

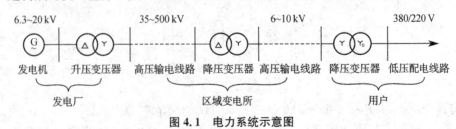

图 4.1 电力系统示意图

4.1.1 发电厂

发电厂是把一次能源转换成二次能源(电能)的工厂。一次能源有很多,如煤炭、石油、天然气、水能、原子核能、风能、太阳能、地热等,通过发电设备转换为电能。常见的发电方式有以下几种:火力发电、水力发电、核能发电、风力发电、太阳能热发电、太阳能光发电、磁流体发电、潮汐发电、海洋温差发电、波浪发电、地热发电、生物质能发电等。但是,目前我国大规模的发电方式主要还是火力发电和水力发电,其次是核能发电。

1) 火力发电厂

火力发电厂简称火电厂或火电站,如图4.2所示。它是将煤炭、石油、天然气等燃料燃烧,加热锅炉中的水、利用高温高压的水蒸气推动汽轮机,带动与它连轴的发电机发电。该类型发电厂投资小、建造快,但会有废渣、废水、废气,对大气有污染,如图4.3所示。目前,为了提高效率、节省能源,很多火电厂都在考虑综合利用,不仅发电而且供热,因而又称为热电厂或热电站。具体是在汽轮机某一级抽出一部分气来供热,其余的仍冲转汽轮机带动发电机发电,两者可调整,可供热多发电少,也可供热少发电多。

图4.2　火力发电厂　　　　　　图4.3　火力发电厂排放的大气污染物

2) 水力发电站

水力发电站简称水电厂或水电站,如图4.4所示。它是将水流的位能和动能转变成电能,基本生产过程是:从河流高处或其他水库内引水,利用水的压力或流速冲动水轮机旋转,将重力势能和动能转变成机械能,然后水轮机带动发电机旋转,将机械能转变成电能。目前主要有堤坝式水力发电厂和引水式水力发电厂。该类型发电厂投资大、建造慢,对大气无污染。我国已建成装机容量为122.5万kW的刘家峡大型水电站;世界上最大水电工程——长江三峡水利枢纽,总装机容量为1 768万kW,居世界首位。

图4.4　水力发电站　　　　　　图4.5　核能发电厂

3) 核能发电厂

核能发电厂又称为核电厂或核电站,如图4.5所示。它是利用核反应堆中核裂变所释放出的热能进行发电,是实现低碳发电的一种重要方式。它与火力发电极其相似,只是以核反应堆及蒸汽发生器来代替火力发电的锅炉,以核裂变能代替矿物燃料的化学能。该类型发电厂投资大、建造快,但必须注意核污染。目前,浙江秦山核电站,广东大亚湾核电站,广东岭澳核电站,江苏田湾核电站是 4 个已在运营的核电站,此外,还有很多在建的和筹建的,发电量将逐年增长。

4.1.2　电力网

大中型发电厂多建在产煤地区或水力资源丰富的地区附近,距离用电地区往往是几十千米、几百千米甚至一千千米以上。所以,发电厂生产的电能要用高压输电线送到用电地区,然后再降压分配给各用户。电能从发电厂传输到用户要通过导线系统,该系统称为电力网,简称电网,如图 4.1 所示。电力网是电力系统的一部分,是输电线路和配电线路的总称,是输送电能和分配电能的通道。

电网由各种不同电压等级和不同结构类型的线路组成。按电压的高低可将电网分为低压网、中压网、高压网和超高压网等。电压在 1 kV 以下的称低压网,1～10 kV 的称中压网,10～330 kV 的称高压网,330 kV 及以上的称超高压网。我国国家标准中规定输电线的额定电压为 35 kV、110 kV、220 kV、330 kV、500 kV、750 kV 等。

除此之外,还可根据电压高低和供电范围的大小分为区域电网和地方电网,根据供电地区分为城市电网和农村电网等。除交流输电外,还有直流输电,也就是把发电厂发出的电先整流变为直流,传输到终端后再把直流逆变为交流。直流输电可克服交流输电的容抗损耗,具有节能效应,能耗较小,无线电干扰较小,输电线路造价也较低,但整流和逆变比较复杂。目前,从三峡到华东地区已建有 50×10^4 V 的直流输电线路。

4.1.3　输配电所

输配电,是输电和配电的合称,输电就是把电能从电厂输送到用电区域,配电就是在用电区域向用户供电,这两个过程是很难分割的。发电厂将天然的一次能源转变成电能,向远方的电力用户送电,为了减小输电线路上的电能损耗及线路阻抗压降,需要将电压升高;为了满足电力用户安全的需要,又要将电压降低,并分配给各个用户,这就需要能升高和降低电压,并能分配电能的变电所。变电所起着变换电能电压、接收电能和分配电能的作用,是联系发电厂和用户的中间环节。升压变电所的作用是将发电机电压变换成 35 kV 以上各级电压,多建在发电厂内。降压变电所的作用是将输电线路的高电压降低,通过各级配电线路把电能分配给用户使用,多设在用电区域,降压变电所又分为以下三类:

1) 地区降压变电所

地区降压变电所一般位于地区网络的枢纽点,即大用电区域或一个大城市附近,是与输电主网相连的地区受电端变电站,变电容量大,出现回路多,又称一次变电站。其任务是从 220～500 kV 的超高压输电网或发电厂直接受电,通过变压器把电压降为 35～110 kV,联系多个电源,供给该区域的用户或大型工厂用电。其供电范围较大,若全站停电,可引起地区电网瓦解,将使大面积供电中断。地区降压变电所对电力系统运行的稳定性和可靠性起到极其重要的作用。

2) 终端变电所

终端变电所多位于用电的负荷中心,即一个地区或一个中小城市,又称为二次变电站。

其高压侧从地区降压变电所受电,经变压器降到 6～10 kV,对某个市区或农村城镇用户供电。其供电范围相对较小,若终端变电所停电,将只造成该地区或城市供电的紊乱。

3）工厂降压变电所及车间变电所

工厂降压变电所是指对企业内部输送电能的中心枢纽,又称工厂总降压变电所。车间变电所接受工厂降压变电所提供的电能,将电压直接降为 380/220 V,对车间内的各种用电设备直接供电,如图 4.6 所示。

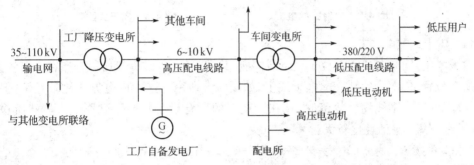

图 4.6　工厂供电系统示意图

4.1.4　工厂配电系统

从输电线末端的变电所将电能分配给各工业企业,工业企业内部设有工厂降压变电所和车间变电所(小规模的企业往往只有一个变电所)。工厂供电系统由工厂降压变电所、高压配电线路、车间变电所、低压配电线路及用电设备组成,如图 4.6 所示。工厂供电系统的电源绝大多数是由国家电网供电的,供电电压一般在 110 kV 以下。如果企业距离电力系统很远时,可建立自用发电厂。

1）工厂降压变电所

一般大型企业均设工厂降压变电所,把接收来的电能 35～110 kV 电压降为 6～10 kV 电压,然后分配到各车间。为保证供电可靠性,工厂降压变电所大多设置两台变压器,由单条或多条进线供电,每台变压器的容量可从几千伏·安到几万千伏·安,供电范围在几千米以内。

2）车间变电所

车间变电所将 6～10 kV 的高压配电电压降为 380/220 V,对低压用电设备(用电设备的额定电压多半是 380V 或 220 V)供电,供电范围一般在 500 m 以内。特殊的,也有大功率电动机的电压是 3 kV 或 6 kV,机床局部照明电压是 36 V 或 24 V。由于各车间内用电设备的布局及用电量大小不同,可设立一个或几个车间变电所,或变电所内设置两台变压器,单台变压器的容量通常为 1 千伏·安及以下,最大不宜超过两千伏·安。

从车间变电所到用电设备的线路连接方式有:

(1) 放射式配电

当负载点比较分散且各个负载点又具有相当大的集中负载(如车间照明)时,采用这种线路较为合适,如图 4.7 所示。这种供电方式可靠,维修方便,当某一配电线路发生故障时不会影响其他线路。虽然所接导线细,但总线路长,敷设投资较高。

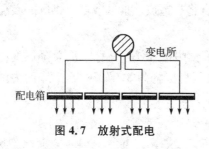

图 4.7　放射式配电

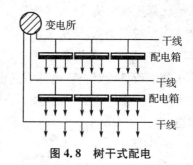

图 4.8　树干式配电

（2）树干式配电

负载集中，同时各负载点位于变电所同侧，其间距较短，或负载均匀分布在一条线上，按负载所在位置，依次接到某一配电干线上，如图 4.8 所示。这种供电方式比较经济，但供电可靠性较低，即当干线发生故障时，接在干线上的所有设备都要受到影响。虽然所接导线粗，但总线路短，灵活性也较大。

注意：目前，放射式和树干式两种配电线路都被采用，各有利弊。但有一点，不论哪种配电线路，同一链条上的用电设备一般不得超过 3 个。

3）工厂配电线路

由图 4.6 所示，工厂内的高压配电电压一般为 6～10 kV，其线路主要作为工厂内输送、分配电能之用，可通过它把电能送到各个生产厂房和车间。为减少投资、便于维修，高压配电线以前多采用架空线路，目前已逐渐向电缆方向发展。

由图 4.6 所示，工厂内的低压配电电压一般为 380/220 V，其线路主要用于向低压设备供电。在室外敷设的低压配电线路目前多采用架空敷设，且尽可能与高压线路同杆架设，也有采用电缆敷设的。工厂厂房或车间内侧应根据具体情况而确定，常采用明线或电缆配电线路。在厂房或车间内，动力设备的配电一般采用绝缘导线穿管敷设或电缆敷设。

4.2　触电及救护

4.2.1　触电的类型

触电是指人体直接触及或过分接近带电导体时，电流流过人体所造成的伤害。电流对人体造成的危害通常有电击和电灼伤两种类型。

1）电击

电击是指电流通过人体内部，使人体内部组织受到损坏，如肌肉痉挛、发热、发麻、呼吸和神经系统出现功能异常，严重时会引起昏迷、窒息，甚至危及生命。电击是触电事故中经常碰到的，是最危险的伤害。

电击可分为直接电击和间接电击。直接电击是指直接触及正常运行的带电体所发生的触电。间接电击则是电气设备发生故障后，人体触及意外带电部分所发生的触电。直接电击又称为正常情况下的电击，间接电击又称为故障情况下的电击。

研究表明，电击所造成伤害的严重程度与电流大小、频率、通电的持续时间、流过人体的路径及触电者的健康情况有着密切的关系。通过人体的电流越大,触电时间越长,人体的生理反应越明显,危险越大。此外,工频交流电的危害性大于直流电,因为交流电主要是麻痹破坏神经系统,往往难以自主摆脱。频率 20 Hz 以下和 2 kHz 以上的交流电,危险性反而降低,所产生的损害明显减小,不会引起触电致死,仅会引起并不严重的电击。2 kHz 以上的交流电有时还能起到治病的作用,但高压高频电流对人体仍然是十分危险的。一般认为40～60 Hz 的交流电通过心脏和肺部时危险最大。电流的大小对人体的伤害见表 4.1。我国规定安全电流为 30 mA,30 mA 以下电流流过人体影响较小。

表 4.1　不同交流电对人体的影响

交流电流/mA	对人体的影响
0.6～1.5	手指微麻
2～3	手指有强烈麻刺感
5～7	手部肌肉痉挛
8～10	手摆脱电源已感困难,但尚能摆脱
20～25	手麻痹/无法摆脱电源/剧痛/呼吸困难
60～80	呼吸麻痹、心室震颤
90～100	呼吸麻痹,如果持续 3 s 以上心脏就会停止跳动
>500	持续1s 以上有死亡危险

2) 电伤

电伤是指在电流的热效应、化学效应、机械效应及电流本身作用下,对人体外部造成的局部伤害,如电弧灼伤、电斑痕以及金属溅伤等。

(1) 灼伤　由于电弧的高温或高频电流流过人体产生的热量所致。主要是人体过分接近高压带电体或错误操作时,产生电弧放电所致。其情况与火焰烧伤相似,会使皮肤发红、起泡、烧焦组织并坏死。

(2) 电斑痕　由电流的化学效应和机械效应所造成的伤害。通常是人体与带电体有良好的接触,但人体不被电击的情况,触电一段时间在皮肤表面留下和接触带电体形状相似的肿块瘢痕,一般不发炎或化脓。瘢痕处皮肤失去原有弹性、色泽,表皮坏死,失去知觉。

(3) 金属溅伤　在线路短路、开启式熔断器熔断时,炽热的金属微粒飞溅到皮肤表层所造成的伤害。皮肤金属化后,表面粗糙、坚硬。根据熔化的金属不同,呈现特殊颜色,一般铅呈现灰黄色,紫铜呈现绿色,黄铜呈现蓝绿色,金属化后的皮肤经过一段时间能自行脱落,不会有不良后果。

4.2.2　常见的触电方式

按照人体触及带电体的方式和电流通过人体的路径,将触电方式分为单相触电、两相触电、跨步电压触电以及接触电压触电 4 种。

1) 单相触电

人体的一部分在地面或其他接地导体上,同时另一部分触及任意一相带电体的触电事故称为单相触电。此时,电流从带电体经人体流到大地形成回路,如图 4.9 所示。这时触电

的危险程度决定于三相电网的中性点是否接地。一般情况下,中性点接地电网的单相触电
比中性点不接地电网的单相触电危险性大。

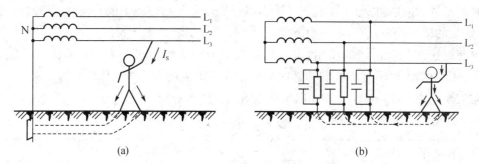

图 4.9　单相触电

供电网中性点接地时的单相触电,人体承受电源相电压,如图 4.9(a)所示。分析触电回
路有:

$$I_人 = \frac{U}{r_人 + r_0} \tag{4.1}$$

式中:$I_人$——流过人体的电流;

　　U——相电压 220 V;

　　$r_人$——人体电阻约 800 Ω(人体电阻是不固定的,是随着人体所处的地理位置、出汗多
　　　　　　少及潮湿状态而定);

　　r_0——系统中工作接地电阻 4 Ω。

$$I_人 = \frac{220}{800 + 4} \approx 0.28(\text{A}) \tag{4.2}$$

这个电流数值如果通过人体,在 3 s 以上就会使人致命。

供电网无中线或中线不接地时的单相触电,此时电流通过人体进入大地,再经过其他两
相对地电容或绝缘电阻流回电源,如图 4.9(b)所示,当绝缘不良时,也有危险。在工厂和农
村,一般不接地系统多为 6～10 kV,若在该系统单相触电,由于电压高,触电电流大,因此几
乎是致命的。

单相触电事故较常见,占总触电事故的 70% 以上。

2)两相触电

人体的不同部位同时触及同一电源的任意两相导线称为两相触电,如图 4.10 所示。这
时,电流从一根导线经过人体流至另一根导线。无论低压电网的中性点是否接地,也无论人
是否站在绝缘物上,这种触电形式比单相触电更危险,因为此时人体所承受的是电源线
电压。

图 4.10　两相触电

图 4.11　跨步电压触电

3) 跨步电压触电

当带电体接地,有电流向大地流散时(如架空高压线的一根断落地上或雷电流入大地),在地面上以接地点为中心,半径约为 20 m 的圆面积内形成强电场。距离接地点越近,电位越高,当人在接地点附近行走时,两脚之间(约 0.8 m)出现的电位差即为跨步电压,当跨步电压很大时的触电称为跨步电压触电,如图 4.11 所示。高压故障接地处,或有大电流流过的接地装置附近都可能出现较高的跨步电压。线路电压越高,离落地点越近,两脚之间的跨距越大,触电危险性越高。若不小心已走入断线落地区且感觉到有跨步电压时,应单脚站立并立即单脚跳跃着离开,一般 10 m 以外就没有危险了。

4) 接触电压触电

由于人手与电气设备的带电外壳接触而引起手脚之间承受一定的电压,称为接触电压触电,如图 4.12 所示。

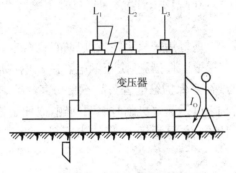

图 4.12　接触电压触电

4.2.3　触电急救常识

当发现有人触电时,救护者头脑必须保持清醒,沉着稳重,触电救护必须争分夺秒。触电者触电后,可能由于失去知觉等原因而紧抓带电体,不能自行摆脱电源。因此,首先要尽快地使触电者脱离电源,这是最重要的一步,是采取其他急救措施的前提,紧接着再根据具体情况采取相应的急救措施。

1) 正确脱离电源的方法

(1) 如果电源开关或插头离触电现场很近,可以迅速拉开开关或拔掉电源插头,切断电源,也就是"拉"。

(2) 当开关离触电地点较远,不能立即拉开时,则可以先采取相应措施,再设法关断电源。具体为:

① 用绝缘手钳或装有干燥木柄的刀、斧、锄等绝缘工具切断电源,也就是"切"。

注意:切断电线时要防止被切断的电源线再次触及人体,使触电事故扩大。

② 用干燥的木板等绝缘物插入触电者身下,将人体与地面隔开,也就是"垫"。

③ 如果电线是搭在触电者的身上或被压在身下,可用干燥的木板、竹竿、木棒或带有绝缘柄的其他工具迅速把电线挑开,也就是"挑"。

④ 如果触电者的衣服是干燥的,又不紧缠在身上,救护者可以站在干燥的木板上用一

只手拉住触电者的衣服把他拖离带电体,也就是"拖"。这只适用于低压触电的急救,并且在拖时要注意不能用两只手,不能触及触电者的皮肤,也不可拉脚。

⑤ 如手边有绝缘导线,可先将导线一端接地,另一端与触电者所接触的带电体相接,也就是将该相电源对地短路,促使保护装置动作,切断电源。

(3) 高压线路触电的脱离措施为:在高压线路或设备上触电应立即通知有关部门停电,为使触电者脱离电源应戴上绝缘手套,穿绝缘靴,使用适合该挡电压的绝缘工具,按顺序拉开开关或切断电源。也可用一根合适长度的裸金属软线,先将一端绑在金属棒上打入地下做可靠接地,另一端绑上重物扔到带电体上,使线路短路,迫使保护装置动作,以切断电源。

2) 脱离电源注意事项

(1) 救护人员不能直接用手、其他金属及潮湿的物体作为救护工具,而应使用适当的绝缘工具。

(2) 为了使自己与地绝缘,在现场条件允许时,可穿上绝缘靴、站在干燥的木板上或不导电的台垫上。

(3) 在实施救护时,救护者最好用一只手施救,以防自己触电。

(4) 如果是高空触电,应采取防摔措施,防止触电者脱离电源后摔伤。平地触电也应注意触电者倒下的方向,特别要注意保护触电者头部不受伤害。

(5) 如果事故发生在晚上,应迅速解决临时照明问题,以便于抢救,并避免事故扩大。

(6) 各种救护措施应因地制宜,灵活运用,以快为原则。

3) 急救处理

当触电者脱离电源后,需仔细检查其触电的轻重程度,根据具体情况应就地迅速和准确地进行救护,并立即联系医生前来抢救。触电者需要急救的情况大致有以下几种:

(1) 触电不太严重。触电者神志清醒,只是感觉头昏,四肢发麻,全身无力,或触电者曾一度昏迷,但已恢复知觉。应让触电者就地平躺,暂时不要走动,让其慢慢恢复正常,但应严密观察并请医生诊治。

(2) 触电较严重。触电者已失去知觉,但有心跳和呼吸。应解开触电者衣扣和腰带,使其在空气流通的地方舒适、安静地平躺,并间隔 5 s 呼叫触电者或拍其肩部,以判断触电者是否丧失意识。如天气寒冷还应注意保暖,并迅速请医生诊治或送往医院。

(3) 触电相当严重。如触电者呼吸困难或停止呼吸,但心脏微有跳动,应立即进行人工呼吸急救。如果触电者心跳停止,呼吸尚存,则应采取胸外心脏按压法进行抢救。如果触电者心跳和呼吸都已停止,人完全失去知觉,应同时采取人工呼吸法和胸外心脏按压法进行抢救。

人工呼吸法的具体操作为:将已脱离电源的触电者移至通风处,仰卧平地上,头不可垫枕头,鼻孔朝天,头部尽量后仰,颈部伸直,并松开衣领、腰带、紧身衣服等,清理口鼻腔,确保气道通畅。一只手掰开触电者的嘴巴,另一只手捏住触电者的鼻孔(防止吹气时鼻孔漏气),紧贴触电者的口吹气2 s使其胸部扩张,接着放松鼻孔,使其胸部自然缩回排气(即自动呼气)约 3 s,如图 4.13 所示。如此反复进行,直至好转,吹气时用力要适当,如果掰不开触电者的嘴,可用口对鼻吹气。对儿童和体弱者吹气,不必捏住鼻子,要把握好吹气量的大小,以免肺泡破裂。

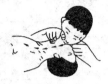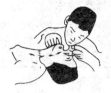

图 4.13　人工呼吸法示意图

胸外心脏按压法的具体操作为:将已脱离电源的触电者仰卧平躺在硬板或硬地上,松开领扣,解开衣服,清除口腔内异物,救护人员站在触电者一侧或者跨腰跪在触电者腰部,两手相叠,将下面那只手掌根放在触电者心窝稍高、两乳头间略低,即胸骨下三分之一部位,中指对准凹腔,手掌根部即为正确的压点。自上而下、垂直均衡地向下挤压 3~5 cm,压到要求后,立即放松掌根,但手掌不要离开胸部,如图 4.14 所示。如此连续不断,成人每秒钟挤压 1 次,儿童每分钟挤压 100 次左右。挤压时注意挤压位置要准,不可用力过猛,以免将胃中食物挤压出来,堵塞气管,影响呼吸。触电者若是儿童,可只用一只手挤压,用力适中,以免损伤胸骨。

图 4.14　胸外心脏按压法示意图

在进行人工呼吸和心脏按压时,应坚持不懈,直到触电者复苏或医务人员前来救治为止,在救护过程中,应密切观察触电者的反应。另外,即使触电非常严重,非送医院不可时,在送往医院的途中也不能停止急救。

注意:在抢救过程中不能乱打强心针,因为人触电后,心室可能呈现剧烈的颤动,注射强心针会增加对心脏的刺激,加速死亡。

4.3　安全电压和安全技术

触电往往很突然,最常见的触电事故是在人们无法预知的情况下,偶然触及带电体或触及正常不带电而意外带电的导体。为了安全用电,防止触电事故,除思想上重视外,还应采取相应的安全保护措施。主要有如下几项:

4.3.1　使用安全电压

安全电压是为防止触电事故而采取的由特定电源供电的电压系列。安全电压能限制人员触电时通过人体的电流在安全电流范围内,从而在一定程度上保障了人身安全。我国规定安全电压的额定值为 42 V、36 V、24 V、12 V、6 V(工频有效值),分别适用于不同的应用场合。

一般环境下允许持续接触的安全电压是 36 V,对于潮湿而触电危险性较大的环境(如金属容器、管道内施焊检修),安全电压规定为 12 V。

注意:安全电压不适用于水下等特殊场所,对于水下的安全电压额定值,我国尚未规定,国际电工标准委员会(IEC)规定为 2.5 V。

4.3.2 接地和接零

1)工作接地

电力系统由于运行和安全的需要,在三相四线制 380/220 V 供电系统中,将变压器中性点直接进行接地的方式称为工作接地,其接地电阻应在 4 Ω 以下,如图 4.9(a)所示。

工作接地时,触电电压接近于相电压(220 V),当一相出现接地故障时,接近单相短路,接地电流较大,保护装置动作迅速,可立即切断故障设备。反之,如果中性点不接地,当一相出现故障时,由于导线和地面间存在电容和绝缘电阻,如图 4.9(b)所示,接地电流小,不足以断开保护装置,故障不易发现,对人身也不安全。

2)保护接地

保护接地就是在 1 kV 以下的低压系统中,变压器中性点(或单相)不直接接地的电网内,将电气设备的金属外壳或支架等,用接地装置与大地良好地连接,其接地电阻应在 4 Ω 以下,如图 4.15 所示。

此时,如果电气设备绝缘损坏,则外壳带电,人体触及带电外壳时,由于采用了保护接地措施,相当于人体电阻和接地电阻并联,根据电阻并联分流原理可知,人体电阻(约 1 kΩ)远远大于接地体电阻(4 Ω),故流经人体的电流远远小于流经接地电阻的电流,并在安全范围内,这样就起到了保护人身安全的作用。如

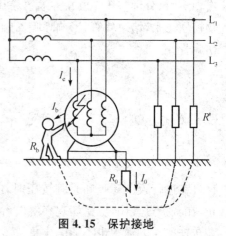

图 4.15 保护接地

电机、变压器、电器、携带式及移动式用电器具的外壳都应按规定进行保护接地。

3)保护接零

保护接零就是在 1 kV 以下低压系统中,变压器中性点直接接地的电网内,将电气设备金属外壳与供电线路的零线作可靠连接,如图 4.16 所示。

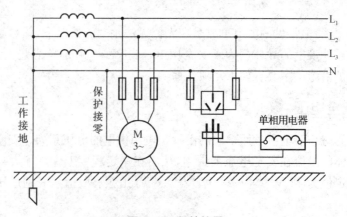

图 4.16 保护接零

低压系统电气设备采用保护接零后,当电气设备因绝缘损坏或意外情况而使金属外壳带电时,会形成相线对中性线的单相短路电流,且短路电流极大,使熔丝快速熔断,保护装置动作,迅速切断电源,从而防止触电事故的发生。另外,在熔丝熔断前,因为人体电阻远大于线路电阻,所以通过人体的电流也是极其微小的。

在接零系统中,零线的连接必须牢靠。为了严防零线断开,零线上不允许单独装设开关或熔断器,除非相线和零线同装一个自动开关,即有故障时能同时切断相线和零线。如果中性线上允许不装熔断器,则中性线可作零线用,但必须单独从零线上接一根导线到设备的外壳上。常用单相用电设备的三孔插头和插座,其中稍长的插脚(用来与金属外壳相接的)所对应的插孔是接保护零线的,如图 4.16 所示。另外,如果有多个设备,各用电设备的接零线不得串联,如图 4.17 所示,必须分别并联接到总的零线上,如图 4.16 所示。

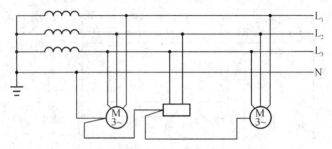

图 4.17　多台设备保护接零错误接法

注意:由同一台发电机、变压器供电的电气设备不允许一部分采用保护接地,另一部分采用保护接零,也就是不能混合使用。保护接地适用于一般的不接地的电网,不接地的电网不必采用保护接零。

4)重复接地

在保护接零方式中,电源中性线绝不允许断开,否则保护失效,会带来更严重的后果。因此,除中性线接地外,还必须将零线的多处通过接地装置与大地再次连接,即重复接地,如图 4.18 所示,以防止中性线断开。

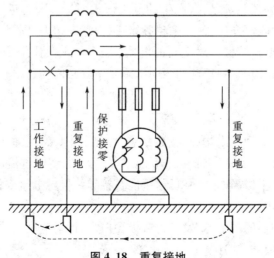

图 4.18　重复接地

保护接零回路的重复接地可保证接地系统可靠运行,即当接零的设备发生碰壳故障时,由于多处重复接地的接地电阻是并联的,可使外壳的对地电压降低。架空电路上零线的出线端和终端都要有重复接地,如果终端无重复接地,当电路中间重复接地处后面的零线断线时,也会使设备的外壳出现危险的相电压。在较长的架空电路上一般每隔 1 km~2 km 需要重复接地,其接地电阻不应大于 10 Ω。架空电路零线进入屋内时,在进屋处也应有重复接地。

5) 保护零线

在接零系统中,如果在单相二线的中性线上规定要装熔断器,则不能将中性线作零线使用,必须从零干线上再接一根零支线,即保护零线 PE,如图 4.19 所示,这就是应用越来越普遍的三相五线制供电系统。正确的接法是将设备外壳接到保护零线上,正常工作时,工作零线中有电流,保护零线中不应有电流。三相五线制供电系统提高了用电的安全性能。

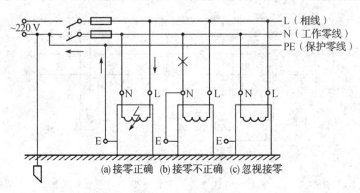

(a)接零正确 (b)接零不正确 (c)忽视接零

图 4.19 工作零线和保护零线

4.3.3 防雷保护

雷电是自然界的一种大气放电现象,在地球上任何时候都有雷电在活动。据统计,平均每秒有 100 次闪电,每个闪电强度可高达数百万乃至数千万伏,电流达几十万安,远远大于供电系统的正常值,足见其能量之大,产生的危害可想而知。随着近代高科技的发展,尤其是微电子技术的高速发展,雷电灾害越来越频繁,损失越来越大,同时,雷害对象也发生了转移,从对建筑物本身的损害转移到对室内的电器、电子设备的损害,甚至会发生人身伤亡事故。因此,了解雷电的规律,掌握正确的预防措施是十分必要的。

1) 雷击的表现形式

(1) 直接雷击

雷云之间或雷云对地面凸出物(包括建筑物、构架、树木、动植物等)的迅猛放电现象称为直接雷击。直接雷击可在瞬间击伤或击毙人畜。巨大的雷电电流流入地下,在雷击点及与其连接的金属部分产生极高的对地电压,可能直接导致接触电压或跨步电压触电事故。

(2) 球形雷

球形雷是一个呈圆形的闪电球,发红光或极亮白光,运动速度大约为 5 m/s,能从门、窗、烟囱等通道侵入室内,极其危险。

(3) 感应雷击

雷云放电时,在附近地面凸出物上(包括架空电缆、埋地电缆、钢轨、水管等)产生的静电感应和电磁感应等现象称之为感应雷击。由此产生的过电压、过电流会对微电子设备造成损坏,也会使传输或储存的信号和数据(模拟或数字)受到干扰或丢失,也可能伤害工作人员。

(4) 雷电侵入波

雷电侵入波是由于雷击而在架空线路上或空中金属管道上产生的冲击电压沿线或管道迅速传播的雷电波,其传播速度为 3×10^8 m/s。雷电侵入波可毁坏电气设备的绝缘,造成严重的触电事故,在低压系统中这类事故占总雷害事故的 70%。

2) 雷击的防护措施

一套完整的防雷装置包括接闪器、接地装置和引下线。

(1) 接闪器　又称"受雷装置",是接受雷电流的金属导体,通常指的是避雷针、避雷带或避雷网。接闪器是利用其高出被保护物的突出地位,把雷电引向自身,然后通过引下线和接地装置把雷电流泄入大地,从而保护被保护物免遭雷击。

(2) 接地装置　是埋在地下的接地导体和接地极的总称,它的作用是把雷电流散发到地下的土壤中。接地装置可以与电气设备的接地装置并用,接地电阻不得大于 5~30 Ω。

(3) 引下线　它是连接避雷针(带、网)与接地装置的导体,一般敷设在房顶和墙上,它的作用是将受雷装置接收到的雷电流引到接地装置。

3) 防雷常识

(1) 在户外遇到雷雨,都应该迅速到附近干燥的住房中去避雨,如果在山区找不到房子,可以躲到山洞中去。有时,在野外也可以凭借较高大的树木防雷,但千万记住要离开树干、树叶至少两米的距离。不具备上述条件时,应立即双膝向前弯曲下蹲,双手抱膝。

(2) 有雷雨时,若手中持有金属雨伞、高尔夫球棍、斧头等物,一定要扔掉或让这些物体低于人体。还有一些所谓的绝缘体,像锄头等物,在雷雨天气中其实并不绝缘。

(3) 雷雨天气里应尽量避免使用家用电器,并拔掉电器电源插头和信号插头。

(4) 雷雨时,若室内开灯,应避免站立在灯头线下。不宜使用淋浴器,因为水管与防雷接地相连,雷电流可通过水流传导而致人伤亡。

(5) 有条件的情况下,应在电源入户处安装电源避雷器,并在有线电视天线、电话机、传真机、电脑 MODEN 调制解调器入口处、卫星电视电缆接口处安装信号避雷器。但是安装时要有好的接地线,同时做好接地网。

4.3.4　使用漏电保护装置

漏电保护装置(漏电保护开关)是一种在设备及线路漏电时,漏电电流达到或超过额定时,自动切断电路,保证人身和设备安全的装置。按控制原理可分为电压动作型、电流动作型、交流脉冲型和直流型等几种。其中电流动作型的保护性能最好,应用最为普遍,一般情况下的漏电保护器的动作电流为 30 mA。有漏电现象时,执行机构快速动作,切断电源的时间一般设定在 0.1 s,以保证安全。

单相漏电保护器接线时,工作零线和保护零线一定要严格分开不能混用,相线和工作零线接漏电保护器,若将保护零线接到漏电保护器时,漏电保护器处于漏电保护状态而切断电源。家庭中,漏电保护器一般接在单相电能表、低压断路器或刀开关后,它是安全用电的重要保障,如图 4.20 所示。

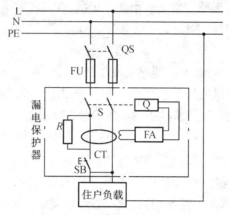

图 4.20　家用漏电保护器

4.4 安全用电注意事项

　　为了防止触电事故,除了对从事电气工作的专业人员进行专门的教育、培训和制定严格的规章制度外,也要对广大群众宣传触电事故的规律,同时普及安全用电常识。

　　(1) 工作前应详细检查所用工具是否安全可靠,了解场地、环境情况,选好安全位置工作。

　　(2) 在电路上、设备上工作时要切断电源,并挂上警示牌,验明无电后才能进行工作。在必须进行带电操作时,应使用各种安全防护工具,如绝缘棒、绝缘钳、绝缘手套、绝缘靴等;或尽量用一只手工作,并应有人监护。

　　(3) 任何电气设备自尚未确认无电以前应一律认为有电,不要随便接触电气设备,不要盲目信赖开关或控制装置,不要依赖绝缘来防范触电。

　　(4) 当带有金属外壳的电气设备移至外壳不带电的电器设备处时,应先安装好地线,检查设备完好后才能使用。

　　(5) 机电设备安装或修理完工后,在正式送电前必须仔细检查绝缘电阻、接地装置以及传动部分的防护装置,使之符合安全要求。

　　(6) 在使用电压高于 36 V 的手电钻时,必须戴好绝缘手套,穿好绝缘鞋。使用电烙铁时,安放位置不得有易燃物靠近电气设备,用完后要及时拔掉插头。

　　(7) 不准无故拆除电气设备上的熔丝、过载继电器或限位开关等安全保护装置。

　　(8) 禁止乱拉临时电线,如需拉临时电线,应采用绝缘线,且离地不低于 2.5 m,用完后应及时拆除。

　　(9) 若发现电线、插头等损坏应立即更换。

　　(10) 装接灯头时开关必须控制相线,临时电路敷设时应先接地线,拆除时应先拆相线。

　　(11) 工作中拆除的电线要及时处理好,带电的线头须用绝缘带包扎好。

　　(12) 当电线断落在地上时,不可走近。对落地的高压线,应离其落地点 8～10 m 以上,以免跨步电压伤人,更不能用手去捡。同时,应立即禁止他人通行,派人看守,并通知供电部门前来处理。

（13）雷雨或大雨天气,严禁在架空电路上工作。

（14）配电间严禁无关人员入内,倒闸操作必须由专职电工进行,复杂的操作应由两人进行,一人操作,一人监护。

（15）电线上不能晾衣物,晾衣物的铁丝也不能靠近电线,更不能与电线交叉搭接或缠绕在一起。

（16）不能在架空线路和室外变电所附近放风筝;不得用鸟枪或弹弓来打电线上的鸟;不许爬电杆,不要在电杆、拉线附近挖土,不要玩弄电线、开关、灯头等电器设备。

（17）当电器发生火灾时,应立即切断电源。在未断电前,应用干沙、四氯化碳、二氧化碳或干粉灭火,严禁用水式普通酸碱泡沫灭火器灭火。救火时不要随便与电线或电气设备接触,特别要留心地上的导线。

（18）发生触电事故应立即切断电源,并采用安全、正确的方法立即对触电者进行救助和抢救。

思考与练习

1. 触电对人体的伤害有_____和_____两种。

2. 人体触电后最大的摆脱电流称为_____,我国规定的安全电流为_____。

3. 对人体无致命伤残危险的电压称为_____,我国规定的额定安全电压等级为_____ V、_____ V、_____ V、_____ V 和_____ V,机床局部照明一般采用_____ V 的安全电压。

4. 人体触电方式有:_____、_____、_____和_____等。

5. 防护触电的技术措施主要有电气设备的_____和_____。

6. _____是严重的自然灾害。一个完整的防雷系统包括:_____、_____和_____。

7. _____是一种具有保护作用的开关电器,当其保护的电路中出现人身触电、设备漏电或短路等情况时,能_____。

8. 什么是电力系统和电力网? 由发电站到用户中间有几个环节?

9. 为什么远距离输电要采用高电压?

10. 什么叫触电? 常见的触电方式和原因有哪几种?

11. 电流伤害人体与哪些因素有关?

12. 发现有人触电时,用哪些方法可使触电者尽快脱离电源?

13. 人体触电后可能有几种状态? 怎样确定施行急救的方法?

14. 什么叫保护接地? 试画图说明。保护接地如何起到保护人身安全的作用?

15. 什么叫保护接零? 试画图说明。保护接零如何起到保护人身安全的作用?

16. 常见的安全生产用电措施有哪些? 试联系实际,谈谈应采取哪些安全生产用电措施?

17. 什么情况下家电使用三孔插头和插座? 什么情况下却使用两孔插头和插座? 为什么?

磁路及变压器

在电气工程中使用的电动机、变压器、电磁铁及电工测量仪表等设备,都是利用电磁感应原理进行工作的,其内部都有铁芯线圈,这些铁芯线圈中不仅有电路问题,而且有磁路问题。本章将介绍有关磁路与变压器的知识。

- 了解磁场概念;
- 掌握磁感应强度、磁通量、磁场强度的概念及三者之间的关系;
- 掌握变压器的结构及工作原理;
- 掌握变压器的铭牌含义。

5.1 磁路的基本知识

5.1.1 磁路的概念

通常用高导磁性能的铁磁材料做成一定形状的铁芯,把线圈绕在铁芯上面,如变压器、电动机、接触器、继电器等电磁器件。当线圈通以电流时,磁通大部分经过铁芯而形成闭合回路,这种磁通集中通过的路径就称为磁路。

常见的电磁铁是由励磁绕组(线圈)、静铁芯、动铁芯(衔铁)三个基本部分组成的,如图 5.1 所示,应用此原理工作的低压电器有接触器、继电器等。变压器由励磁绕组(线圈)和铁芯组成,如图 5.2 所示。当励磁绕组通以电流时,磁场的磁通绝大部分通过铁芯、衔铁及其间的空气隙而形成闭合的磁路,这部分磁通称为主磁通。但也有极小部分磁通在铁芯以外通过大气形成闭合回路,这部分磁通称为漏磁通。

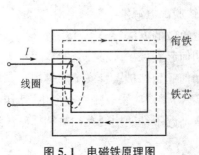

图 5.1 电磁铁原理图

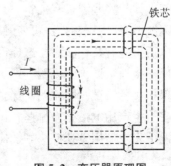

图 5.2 变压器原理图

5.1.2 磁路的主要物理量

1）磁感应强度 B

磁感应强度 B 是表示磁场内某点的磁场强弱及方向的物理量。它是一个矢量,其方向与该点磁力线方向一致,与产生该磁场的电流之间关系符合右手螺旋法则,如图5.3所示。如图5.4所示为直导线周围的磁场。在国际单位制中,磁感应强度的单位是特[斯拉](T)。

图5.3 右手螺旋法则

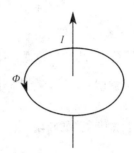

图5.4 直导线周围磁场

【想一想】 如果是螺旋状的通电导线周围磁场是怎么样的?

2）磁通量 Φ

在匀强磁场中,磁感应强度 B 与垂直于磁场方向的单位面积 S 的乘积,称为通过该面积的磁通量。

$$\Phi = BS \text{ 或 } B = \frac{\Phi}{S} \tag{5.1}$$

由此可见,磁感应强度 B 在数值上等于垂直于磁场方向的单位面积通过的磁通量,又称为磁通密度。

在国际单位制中,磁通量的单位是韦[伯](Wb)。

3）磁导率 μ

磁导率是表示物质磁性能的物理量,它的单位是亨/米(H/m)。真空的磁导率 $\mu_0 = 4\pi \times 10^{-7}$ H/m。

任意一种物质的磁导率与真空的磁导率之比称为相对磁导率,用 μ_r 表示,即

$$\mu_r = \frac{\mu}{\mu_0} \tag{5.2}$$

4）磁场强度 H

磁场强度是进行磁场分析时引用的一个辅助物理量,为了从磁感应强度 $\boldsymbol{B}$ 中除去磁介质的因素。其定义为

$$H = \frac{B}{\mu} \text{ 或 } B = \mu H \tag{5.3}$$

磁场强度也是矢量,它只与产生磁场的电流以及这些电流的分布情况有关,而与磁介质的磁导率无关,其单位是安/米(A/m)。

5.1.3 磁路的欧姆定律

磁路的欧姆定律是磁路最基本的定律,假设铁芯横截面积各处相等,N 匝线圈是密绕

的,且绕得很均匀,则电流沿铁芯中心线产生的磁场各处大小相等。设磁路的横截面积为 S,磁路的平均长度为 l,根据安培环路定律,可得磁场强度 H 和励磁电流 I 的关系,即

$$H=\frac{NI}{l}$$

因为

$$B=\mu H=\mu\frac{NI}{l} \tag{5.4}$$

由式(5.1)与式(5.4)可得:

$$\Phi=\frac{NI}{l/\mu S}=\frac{F}{R_{\mathrm{m}}} \tag{5.5}$$

式中,$F=NI$ 为磁通势,由此产生磁通。$R_{\mathrm{m}}=\frac{l}{\mu S}$ 称为磁阻,表示磁路对磁通的阻碍作用。

可见,铁芯中的磁通量 Φ 与通过线圈的电流 I,线圈的匝数 N、磁路的截面积 S 以及组成磁路的材料磁导率 μ 成正比,还与磁路的长度 l 成反比。由于式(5.5)在形式上与电路的欧姆定律相似,所以称为磁路的欧姆定律,磁路与电路结构如图 5.5 所示。

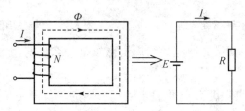

图 5.5　磁路与电路

磁路和电路有很多相似之处,见表 5.1。

表 5.1　磁路和电路的对照

电　路	磁　路
电流　I	磁通量　Φ
电阻　$R=\rho\dfrac{l}{S}$	磁阻　$R_{\mathrm{m}}=\dfrac{l}{\mu S}$
电阻率　ρ	磁导率　μ
电动势　E	磁通势　$F=IN$
电路欧姆定律　$I=\dfrac{E}{R}$	磁路欧姆定律　$\Phi=\dfrac{F}{R_{\mathrm{m}}}$

5.1.4　交流铁芯电磁关系

绕在铁芯上的线圈通以交流电后就是交流铁芯线圈,如变压器。线圈外加电压的有效值为:

$$U\approx E=4.44fN\Phi_{\mathrm{m}}$$

$$\Phi_{\mathrm{m}}=\frac{U}{4.44fN} \tag{5.6}$$

式中,Φ_{m} 的单位是韦[伯](Wb),f 的单位是赫[兹](Hz),U 的单位是伏[特](V)。

由式(5.6)可知,对于正弦激励的交流铁芯线圈,电源的电压和频率不变,其主磁通量就基本上恒定不变。磁通量仅与电源有关,而与磁路无关。

5.1.5 功率损耗

在交流铁芯线圈中,线圈电阻有功率损耗(这部分损耗叫铜损,用 ΔP_{Cu} 表示),铁芯在交变磁化的情况下也会引起功率损耗(这部分损耗称为铁损,用 ΔP_{Fe} 表示),铁损是由铁磁物质的涡流和磁滞现象所产生的。因此,铁损包括磁滞损耗(ΔP_h)和涡流损耗(ΔP_e)两部分。

1) 磁滞损耗

铁芯在交变磁通的作用下被反复磁化,在这一过程中,磁感应强度 B 的变化落后于磁场强度 H 的变化,这种现象称为磁滞。由于磁滞现象造成的能量损耗称为磁滞损耗,用 ΔP_h 表示。它是由铁磁材料内部磁畴反复转向,磁畴间相互摩擦引起铁芯发热而造成的损耗。铁芯单位面积内每周期产生的磁滞损耗与磁滞回线所包围的面积成正比。为了减少磁滞损耗,交流铁芯均由软磁材料制成。

2) 涡流损耗

当交变磁通穿过铁芯时,铁芯中在垂直于磁通方向的平面内要产生感应电动势和感应电流,这种感应电流称为涡流。铁芯本身具有电阻,涡流在铁芯中要产生能量损耗,称为涡流损耗,涡流损耗会使铁芯发热,铁芯温度过高将影响电气设备正常工作。

为了减少涡流损耗,在低频时(几十到几百赫),可用涂以绝缘漆的硅钢片(厚度有 0.5 mm 和 0.35 mm 两种)叠成铁芯,这样可限制涡流在较小的截面内流通,延长涡流通过的路径,相应加大铁芯的电阻,使涡流减小。对于高频铁芯线圈,可采用铁氧体磁芯,这种磁芯近似绝缘体,因而涡流可以大大减小。

涡流在变压器、电动机、电器等电磁元器件中会消耗能量、引起发热,因而是有害的。但有些场合,例如感应加热装置、涡流探伤仪等仪器设备,却是以涡流效应为基础的。

综上所述,交流铁芯线圈电路的功率损耗为

$$\Delta P = \Delta P_{Cu} + \Delta P_{Fe} = \Delta P_{Cu} + \Delta P_e + \Delta P_h \tag{5.7}$$

5.1.6 铁磁材料及特性

根据导磁性能的好坏,自然界的物质可分为两大类。一类物质称为铁磁材料,如铁、钢、镍、钴等,这类材料的导磁性能好,磁导率 μ 的值大。另一类为非铁磁材料,如铜、铝、纸、空气等,这类材料的导磁性能差,μ 的值小。

铁磁材料是制造变压器、电动机、电器等各种电工设备的主要材料,铁磁材料的磁性能对电磁器件的性能和工作状态有很大影响。铁磁材料的铁磁性能主要表现为高导磁性、磁饱和性和磁滞性。

1) 高导磁性

铁磁材料有极高的磁导率 μ,其值可达几百、几千甚至几万,具有被磁化的特性。非铁磁材料则相反,不具有磁化特性。

将铁芯放入通电线圈中,磁场会大大增强,这时的磁场是线圈产生的磁场和铁芯被磁化后产生的附加磁场的叠加。在变压器、电动机和各种电器的线圈中都放有铁芯,在这种具有铁芯的线圈中通入不大的励磁电流,便可产生足够大的磁感应强度和磁通量。

2）磁饱和性

在铁磁材料的磁化过程中，随着励磁电流的增大，外磁场和附加磁场都将增大，但当励磁电流增大到一定的值时，附加磁场就不继续随励磁电流的增大而增强，这种现象称为磁饱和现象。

材料的磁化特性可用磁化曲线（B-H 曲线）表示，如图 5.6 所示。由图可知，磁化曲线分为三段：

（1）ab 段：起始磁化曲线，为线性段。

（2）bc 段：B 与 H 差不多成正比例增长，反映了铁磁材料的高导磁性。

（3）cd 段：随着 H 的增长，B 增长缓慢，此段为曲线的膝部。

（4）d 点以后：随着 H 的进一步增长，B 几乎不增长，达到饱和状态。

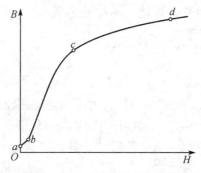

图 5.6　铁磁材料的磁化曲线

由于铁磁材料的 B 与 H 的关系是非线性的，故由 $B=\mu H$ 的关系可知，其磁导率 μ 的值将随磁场强度 H 的变化而变化，如图 5.6 所示，磁导率 μ 的值在膝部 d 点附近达到最大，因此称 d 点为膝点。所以，电气工程上通常要求铁磁材料工作在膝点附近。

3）磁滞性

若励磁电流是大小和方向都随时间变化的交变电流，则铁磁材料将受到交变磁化。在电流交变的一个周期中，磁感应强度 B 也随磁场强度 H 变化：当磁场强度 H 减小时，磁感应强度 B 并不沿原来的曲线回降，而是沿一条比它高的曲线缓缓下降。当磁场强度 H 减到 0 时，磁感应强度 B 也并不等于 0，而是仍保留一定磁性，如图 5.7 所示。

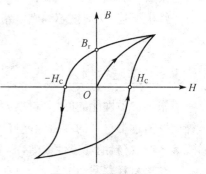

图 5.7　磁滞回线

这说明铁磁材料内部已经排齐的磁畴不会完全恢复到磁化前杂乱无章的状态，这部分剩余的磁性称为剩磁，用 B_r 表示永久磁铁的磁性就是由剩磁产生的。如果去掉剩磁，使 $B=0$，就应施加一反向磁场强度 $-H_c$，H_c 的大小称为矫顽磁力，它表示铁磁材料反抗退磁材料的能力。若再反向增大磁场，同样会产生反向剩磁（$-B_r$）。随着磁场强度不断正反向变化，得到的磁化曲线为一封闭曲线。在铁磁材料反复磁化的过程中，磁感应强度 B 的变化总是落后于磁场强度 H 的变化，这种现象称为磁滞现象。

铁磁材料按其磁性能又可分为软磁材料、硬磁材料和矩磁材料 3 种类型。

软磁材料的剩磁和矫顽力较小,容易磁化,又容易退磁,一般用于有交变磁场的场合,如制造变压器,电动机及各种中、高频电磁元器件的铁芯等。常见的软磁材料有铸铁、硅钢及非金属软磁铁氧体等,如图 5.8 所示。

硬磁性材料的剩磁和矫顽力较大,适合制作永久磁铁,扬声器、耳机以及各种磁电仪表中的永久磁铁都是由硬磁性材料制成的。常见的硬磁材料有碳钢、钴钢及铁镍铝钴合金等,如图 5.9 所示。

矩磁材料的磁滞回线近似矩形,剩磁很大,接近饱和磁感应强度,但矫顽力较小,易于翻转,常在计算机和控制系统中用做记忆元器件和开关元器件,矩磁材料有镁锰铁氧体及某些铁镍合金等,如图 5.10 所示。

图 5.8　软磁材料　　　　图 5.9　硬磁材料　　　　图 5.10　矩磁材料

5.2　变压器

5.2.1　变压器的结构

小型变压器是由一个闭合的软磁铁芯和两个套在铁芯上相互绝缘的绕组所构成,如图 5.11所示。

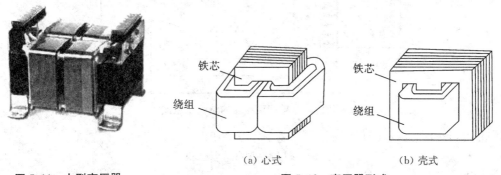

（a）心式　　　　　　（b）壳式

图 5.11　小型变压器　　　　图 5.12　变压器形式

（1）铁芯:提供磁路,分为心式结构和壳式结构两种,如图 5.12 所示。

（2）绕组:建立磁场,与交流电源相连的绕组叫做一次绕组（又称原绕组）,与负载相连的绕组称为二次绕组（又称副绕组）。根据需要,变压器的二次绕组可以有多个,以提供不同的交流电压。常见的变压器输出工频电压有 42 V、36 V、24 V、12 V 和 6 V。

（3）附件:为了防止变压器运行时铜损和铁损引起变压器温度过高而被烧坏,必须采取冷却措施。小容量的变压器多采用空气自冷式,大容量的变压器多采用油浸自冷、油浸风冷或强迫油循环风冷等方式。大型电力变压器在油箱壁上还焊有散热管,以增加散热面积和变压器油的对流作用,如图5.13所示。

图5.13 大型电力变压器

5.2.2 变压器的工作原理

1) 变压原理

如图5.14所示,设一、二次绕组的匝数分别为N_1和N_2。在忽略漏磁通和一、二次绕组的直流电阻时,由于一、二次绕组同受交变主磁通的作用,所以两个绕组中产生的感应电动势U_1和U_2为:

$$U_1 = 4.44N_1 f \Phi_m \tag{5.8}$$
$$U_2 = 4.44N_2 f \Phi_m \tag{5.9}$$

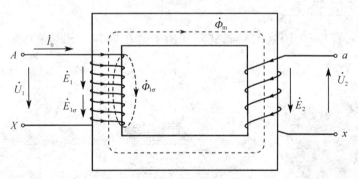

图5.14 单相变压器的结构示意图

由式(5.8)和式(5.9)得:

$$\frac{U_1}{U_2} = \frac{N_1}{N_2} = K \tag{5.10}$$

K称为变压器的变压比。上式表明,变压器一、二次绕组的电压比等于它们的匝数比。当$K>1$,即$U_1>U_2$时,为降压变压器;当$K<1$,即$U_1<U_2$时,为升压变压器。由此可见,只要选择一、二次绕组的匝数比,就可实现升压或降压的目的。

【例题5.1】 在图5.11所示的变压器中,$U_1=220$ V,$N_1=1\,000$ 匝,当二次绕组空载电压为127 V时,二次绕组N_2的匝数为多少?

【解】 由式(5.10)得

$$N_2 = \frac{U_2}{U_1}N_1 = \frac{127}{220} \times 1\,000 \approx 577（匝）$$

注意：实际工作中，因为有损耗，故二次绕组匝数应在计算结果基础上加 5%～10%。

2）变流原理

变压器在变压过程中只能起到能量传递的作用，无论变换后的电压是升高还是降低，电能都不会增加。根据能量守恒定律，在忽略损耗时，变压器的输出功率 P_2 应与变压器从电源中获得的功率 P_1 相等，即 $P_1 = P_2$。于是当变压器只有一个二次绕组时，应有下述关系：

$$I_1 U_1 = I_2 U_2$$

或

$$\frac{I_1}{I_2} = \frac{U_2}{U_1} = \frac{N_2}{N_1} = \frac{1}{K} \tag{5.11}$$

上式表明，变压器一、二次绕组的电流比与一、二次绕组的电压比或匝数比成反比，而且一次绕组的电流随二次绕组的电流的变化而变化。

3）阻抗变换原理

若把带负载的变压器看成是一个新的负载并以 R_L' 表示，对于无损耗变压器来说，负载只起到功率传递的作用，所以有

$$I_1^2 R_L' = I_2^2 R_L$$

将式(5.11)代入上式可得

$$R_L' = \frac{I_2^2}{I_1^2} R_L = K^2 R_L \tag{5.12}$$

上式表明，负载 R_L 接到变压器二次绕组上从电源中获取的功率和负载 $R_L' = K^2 R_L$ 直接接在电源上所获取的功率是完全相同的。也就是说，R_L' 是 R_L 在变压器一次绕组中的交流等效电阻。

注意：变压器的这种特性常用于电子电路中的阻抗匹配，使负载获得最大功率。如广播喇叭，其扬声器负载的阻抗只有几十欧、十几欧，而广播室的放大器要求负载的阻抗值一般为几千欧，这就必须通过变压器连接负载，以获得所需要的等效电阻，达到理想的播音效果。

【例题 5.2】　某交流信号源输出电压 $U_S = 120$ V，其内阻 $R_0 = 800$ Ω，负载电阻 $R_L = 8$ Ω。

求：(1) 负载直接接在信号源上所获得的功率；

(2) 若要负载上获得最大功率，用变压器进行阻抗变换，则变压器的匝数比应该是多少？此时负载所获得的功率是多少？（电源输出最大功率的条件是电路中负载电阻与信号源内阻相等）。

【解】　(1) 负载直接接在信号源上所获得的功率为

$$P = I^2 R_L = \left(\frac{U_S}{R_0 + R_L}\right)^2 \times R_L = \left(\frac{120}{800 + 8}\right)^2 \times 8 \approx 0.176（W）$$

(2) 负载通过变压器再接入信号源，变压器一次绕组的等效电阻为 R_L'，根据电源输出最大功率的条件，令 $R_L' = R_0$，由式(5.12)得：

$$K = \sqrt{\frac{R_L'}{R_L}} = \sqrt{\frac{R_0}{R_L}} = \sqrt{\frac{800}{8}} = 10$$

此时负载上获得的最大功率为

$$P = I^2 R_L' = \left(\frac{U_S}{R_0 + R_L'}\right)^2 \times R_L' = \left(\frac{120}{800 + 800}\right)^2 \times 800 = 4.5（W）$$

由上式可见,经变压器的匝数匹配后,负载上获得的功率大了很多。

【例题 5.3】 已知电源电压为 380 V,电动机直接接入电源启动时,电源回路电流为 589.4 A。现将该电动机经过变压器降压后再接入电源(设 $U_2 = 64\% U_1$),求电源回路电流(即变压器一次绕组电流)为多少?并与电动机直接接入电源时进行比较。

【解】 电动机直接接入电源时的总阻抗为

$$|Z| = \frac{U}{I}$$

将此负载通过变压器接入电源,则由式(5.12)得,变压器一次绕组等效阻抗为

$$|Z'| = K^2|Z|$$

变压器原边的电流为

$$I' = \frac{U}{|Z'|} = \frac{U}{K^2|Z|}$$

降压启动与直接启动的电流比

$$\frac{I'}{I} = \frac{\frac{U}{K^2|Z|}}{\frac{U}{|Z|}} = \frac{1}{K^2} = \frac{1}{\left(\frac{U_1}{U_2}\right)^2} = \left(\frac{U_2}{U_1}\right)^2 = 0.64^2$$

即降压启动后电源回路的电流为

$$I' = 0.64^2 I = 0.64^2 \times 589.4 \approx 241.4(\text{A})$$

比较的结果:经变压器降压启动的电流为直接启动时的 $\frac{1}{K^2}$ 倍。

5.2.3 变压器的铭牌

变压器的壳体表面都镶嵌有铭牌,铭牌上标有变压器的型号等信息。变压器的型号由汉语拼音字母和数字组成,表明变压器的系列和规格。表示方法如图 5.15 所示:

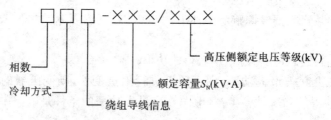

图 5.15 变压器铭牌表示方法

第 1 个字母表示相数:S 为三相,D 为单相;第 2 个字母:表示冷却方式,F 为油浸风冷,J 为油浸自冷,P 为强迫油循环;第 3 个字母:表示绕组数,双绕组不标,S 为三绕组,F 为分裂绕组;第 4 个字母:表示导线材料,L 为铝线,铜线不标;第 5 个字母:表示调压方式,Z 为有载,无载不标;数字部分:第一个数表示变压器容量,第二个数表示变压器使用的电压等级。

例如 SJL-500/10:表示三相油浸自冷双线圈铝线,额定容量为 500 kV·A,高压侧使用额定电压为 10 kV 的电力变压器。

【想一想】 日常生活中见到的变压器铭牌数据有哪些?

(1) 额定电压 U_{1N} 和 U_{2N}

U_{1N} 是根据变压器的绝缘强度和允许温升而规定的加在一次绕组上的正常工作电压的

有效值。U_{2N}指一次绕组加上额定电压时,二次绕组的空载电压的有效值。三相变压器中,U_{1N}和U_{2N}均指线电压。

（2）额定电流 I_{1N} 和 I_{2N}

额定电流 I_{1N} 和 I_{2N} 指变压器在连续运行时的一、二次绕组中长时间允许通过的最大电流。三相变压器的额定电流是指线电流。

（3）额定容量 S_N

额定容量 S_N 是变压器在额定工作状态下二次绕组的视在功率。

单相变压器的额定容量:

$$S_N = U_{2N} I_{2N}/1\ 000 (\text{kV} \cdot \text{A}) \tag{5.13}$$

三相变压器的额定容量:

$$S_N = \sqrt{3} U_{2N} I_{2N}/1\ 000 (\text{kV} \cdot \text{A}) \tag{5.14}$$

（4）额定频率

我国规定标准工业用电的频率为 50 Hz。

除上述额定值外,铭牌上还标明了温升、阻抗电压等。

5.2.4　变压器的效率特性

1）变压器的输入、输出功率

输入功率 $\qquad\qquad P_1 = U_1 I_1 \cos\varphi_1 \tag{5.15}$

输出功率 $\qquad\qquad P_2 = U_2 I_2 \cos\varphi_2 \tag{5.16}$

其中 $\cos\varphi_1$,$\cos\varphi_2$ 为原、副边的功率因数。

【想一想】　变压器额定容量 S_N 与输出功率 P_2 的关系?

2）变压器的损耗

变压器的输入功率与输出功率之差 $P_1 - P_2$ 称为变压器的功率损耗。它包括铜损耗 P_{Cu}(即一、二次绕组电阻 R_1、R_2 上所消耗的功率)和铁损耗 P_{Fe}(即铁芯中的磁滞损耗与涡流损耗)。

3）变压器的效率

变压器的输出功率与输入功率之比称为变压器的效率。即

$$\eta = \frac{P_2}{P_1} \times 100\% = \frac{P_2}{P_2 + P_{Cu} + P_{Fe}} \times 100\% \tag{5.17}$$

变压器的损耗较小,效率通常在 95% 以上。大容量的电力变压器的效率也可达 98% ~99%。

5.2.5　几种典型变压器

1）自耦变压器

一般变压器的一、二次绕组相互绝缘,没有电的联系,仅有磁的耦合。而自耦变压器(又称调压器,如图 5.16 所示)只有一个绕组,即一、二次绕组共用一部分,如图 5.17 所示。所以,自耦变压器的一、二次绕组除了有磁的耦合外,还有电的联系。

自耦变压器的工作原理与普通变压器一样,一、二次绕组的电压和电流仍有下面关系:

$$\begin{cases} \dfrac{U_1}{U_2} = \dfrac{N_1}{N_2} = K \\[2mm] \dfrac{I_1}{I_2} = \dfrac{N_2}{N_1} = \dfrac{1}{K} \end{cases} \qquad (5.18)$$

图 5.16 自耦变压器

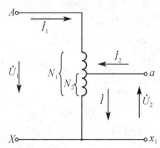

图 5.17 单相自耦变压器原理图

如图 5.17 所示,自耦变压器二次绕组一端制成能沿整个线圈滑动的活动触点,二次绕组电压可以从零到稍高于 U_1 的范围内均匀变化。

单相自耦调压器可在照明装置中用来调节亮度。三相自耦调压器常用于三相鼠笼式异步电动机的降压启动线路中,以及需要进行三相调压的实验场所。

与普通变压器相比,自耦变压器用铜少、重量轻、尺寸小、使用方便。但由于二次绕组与一次绕组有电的直接联系,故不能用于要求一、二次绕组电路隔离的场合。

使用时应注意:

① 一、二次绕组不能对调,否则可能会烧坏绕组,甚至造成电源短路;

② 接通电源前,应先将滑动触头调到零位,接通电源后再慢慢转动手柄,将输出电压调至所需值。

2) 仪用互感器

在电力系统中,常要测量高电压和大电流。用一般电压表和电流表直接测量,不仅量程不够,而且操作起来也不安全。因此,常用变压器将高电压变换成低电压、大电流变换成小电流,然后再用普通的电压表和电流表来测量。这种供测量用的变压器称为仪用互感器。仪用互感器分为电压互感器(PT)和电流互感器(CT)两种。

(1) 电压互感器。电压互感器实为降压变压器,如图 5.18 所示,可将高电压降至 100 V 以下,供测量用。

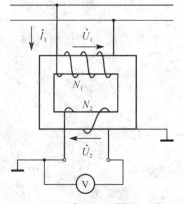

图 5.18 电压互感器原理图

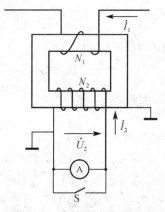

图 5.19 电流互感器原理图

　　根据式(5.10)有:$U_1 = K U_2$,测出的电压 U_2 乘以互感器的变压比,即为一次绕组电压 U_1。

　　使用电压互感器时应注意:电压互感器的铁芯、金属外壳及低压绕组一端必须接地,以防止绝缘损坏时,一次绕组的高压串入二次绕组造成危险;二次绕组不能短路,否则,二次绕组短路电流会烧坏绕组。为此,在互感器的二次绕组中安装熔断器作短路保护。

　　(2) 电流互感器。电流互感器如图 5.19 所示,将大电流变换成 5 A 以下,供测量用。

　　根据式(5.11)有:$I_1 = \dfrac{1}{K} I_2$,测出的电流 I_2 乘上变压比的倒数,即为被测电流 I_1。若使用与电流互感器配套的电流表,则可从电流表上直接读出一次绕组电流 I_1。

　　使用电流互感器时应注意:电流互感器的铁芯和二次绕组的一端必须接地;二次绕组不得开路。由于二次绕组匝数比一次绕组匝数多,若二次绕组开路,则二次绕组会感应出危险的高电压,危及安全。

思考与练习

1. 如果变压器原绕组的匝数增加一倍,而所加电压不变,试问励磁电流将有何变化?

2. 有一台电压为 220 V/110 V 的变压器,$N_1 = 2\,000$,$N_2 = 1\,000$。有人想省些铜线,将匝数减为 400 和 200,是否也可以?

3. 变压器的额定电压为 220 V/110 V,如果不慎将低压绕组接到 220 V 电源上,试问励磁电流有何变化? 后果如何?

4. 将一个空心线圈先后接到直流电源和交流电源上,然后在这个线圈中插入铁芯,再接到上述这两个电源上,若交流电压的有效值和直流电压相等,试比较在上述有无铁芯,交流或直流四种情况下通过线圈的电流和功率的大小,并说明理由。

5. 将铁芯线圈接在直流电源上,当发生下列情况时,铁芯中的电流和磁通有何变化?
   (1) 铁芯截面积增大,其他条件不变;
   (2) 线圈匝数增加,导线电阻及其他条件不变;
   (3) 电源电压降低,其他条件不变。

6. 变压器能否用来变换直流电压? 若将变压器接到与它的额定电压相同的直流电源上,则会产生什么后果?

7. 一台变压器的额定电压为 220 V/110 V,若不慎将二次侧接到 220 V 的交流电源上,能否得到 440 V 的电压? 如果将一次侧接到 440 V 的交流电源上,能否得到 220 V 的电压? 为什么?

8. 若把自耦调压器具有滑动触电的二次侧错接到电源上,则会产生什么后果?

第6章

三相异步电动机

任务引入

三相异步电动机在我们日常生活中随处可见,例如起重机、粉碎机等机械设备。那么三相异步电动机的工作原理以及结构到底是什么样的呢? 假如让你设计一台粉碎机,电机要能够实现正反转及制动,又如何着手? 本章就是讲述这些内容。

任务导航

- 了解三相异步电动机的结构及铭牌含义;
- 掌握三相异步电动机的工作原理;
- 掌握三相异步电动机的启动、调速和制动的种类及实现方法。

6.1 三相异步电动机的结构、分类及铭牌

6.1.1 三相异步电动机的结构组成

三相异步电动机主要由定子和转子两个基本部分组成,转子装在定子内腔里,通过轴承支撑在两个端盖上。定子与转子之间的间隙,称为气隙。气隙的大小对电机性能影响很大。图 6.1 为三相异步电动机的结构图。

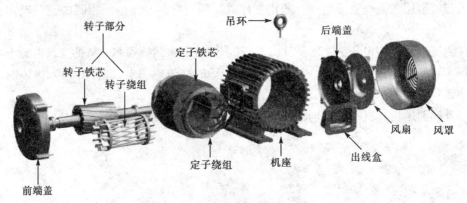

图 6.1 三相异步电动机结构图

1）定子部分

定子由定子绕组、定子铁芯和机座三部分组成。

定子绕组的作用是产生旋转磁场，各相绕组的引出线应彼此相隔 $120°$ 电角度。为减小损耗，铁芯采用厚度为 0.5 mm 的高导磁硅钢片叠成。机座又称机壳，它的主要作用是支撑定子铁芯，同时也承受整个电机负载运行时产生的反作用力。

2）转子部分

异步电动机的转子由转子铁芯、转子绕组及转轴三部分组成。

转子绕组是异步电动机电路的另一部分，其作用是切割定子磁场，产生感应电动势和电流，并在磁场作用下受力而使转子转动。

3）气隙 δ

异步电机的气隙是很小的，中小型电机一般为 0.2～2 mm。气隙越大，磁阻越大，要产生同样大小的磁场，就需要较大的励磁电流。

4）其他部件

端盖：安装在机座的两端，它的材料加工方法与机座相同，一般为铸铁件。端盖上的轴承室里安装了轴承来支撑转子，以使定子和转子得到较好的同芯度，保证转子在定子内腔里正常运转。端盖除了起支撑作用外，还起着保护定、转子绕组的作用。

轴承：连接转动部分与不动部分，目前都采用滚动轴承以减小摩擦。

轴承端盖：保护轴承，使轴承内的润滑油不溢出。

【想一想】　日常生活中哪些设备会用到三相异步电动机？

6.1.2　三相异步电动机的分类

按照转子形式，异步电动机可分为鼠笼型转子和绕线型转子两大类，如图 6.2 所示。鼠笼型转子具有结构简单、制造方便、经济耐用等特点；绕线型转子结构复杂、价格较高，但转子回路可引入外加电阻来改善启动和调速性能。

根据机壳的保护方式，异步电动机可分为开启式、防护式、封闭式和防爆式等类型。

（a）鼠笼型异步电动机　　　　　　（b）绕线型异步电动机

图 6.2　三相异步电动机

6.1.3　三相异步电动机的铭牌

每台异步电动机的机座上都装有一块铭牌，它表明了电动机的类型、主要性能、技术指标和使用条件，为用户使用和维修提供了重要依据，如表 6.1 所示。

表 6.1　三相异步电动机的铭牌

三相异步电动机			
型号	Y112S-4	额定频率	50 Hz
额定功率	4 kW	绝缘等级	E 级
接法	△形	温升	60 ℃
额定电压	380 V	定额	连续
额定电流	8.6 A	功率因数	0.95
额定转速	1 440 r/min	重量	59 kg
年　　月		编号	××电机厂

（1）型号 Y112S-4：其中 Y 代表是异步电动机；112 表示机座中心高度为 112 mm；S 代表短铁芯；4 为磁极对数。

（2）额定功率：电机在额定状态下输出的机械功率。

（3）额定电压：电机在额定运行状态下，定子绕组上应该加的线电压。

（4）额定电流：电机在额定运行状态下，流入定子绕组上的线电流。

（5）额定转速：电机在额定运行状态下，转子的转速。

（6）额定频率：我国标准工业用电频率为 50 Hz。

（7）绕组接法：本示例可接成三角形或者星形。

（8）温升：电动机按规定方式运行时，绕组允许的温度升高极限，温升与绝缘等级相关。

（9）定额：分为连续、短时和断续。连续，即在铭牌规定范围内运行时，可以长时间工作。短时与断续为间歇运行方式，运行一段时间后需要停止一段时间。

【练一练】　举例说明日常生活中见到的三相异步电动机铭牌上的数据含义。

6.2　三相异步电动机的工作原理

6.2.1　旋转磁场的建立

如图 6.3 所示，永磁铁按转速 n_0 逆时针旋转，相当于金属线圈相对于永磁铁以顺时针切割磁感线，按右手定则，线圈中电流 i 的方向如图 6.3 所示，此时金属线圈受到电磁力，按左手定则，力 F 的方向如图 6.3 所示，使金属线圈按转速 n 旋转，转动方向与永磁铁磁场旋转方向一致。

注意：永磁铁旋转速度 n_0 比金属线圈旋转速度 n 快。

实际的电机中不可能用手去摇动永磁铁产生旋转磁场，而是在电动机的定子绕组中通入对称的交流电，产生旋转磁场。交流电动机的工作原理主要就是产生旋转磁场。

旋转磁场是如何产生的呢？如图 6.4 所示，三相异步电动机定子上的三相绕组接到三相交流电源上，转子绕组形成闭合回路。

规定：电流取正值时，从绕组始端流进，符号为 ⊕，从绕组末端流出，符号为 ⊙。电流取负值时与此正好相反。

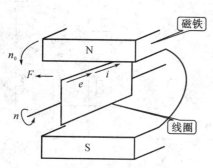

图 6.3　闭合线圈受力示意图

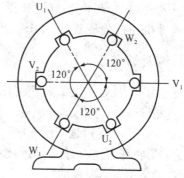

图 6.4　定子三相绕阻排列示意图

如图 6.5(a)所示,当 $\omega_t = \omega_{t_1} = 0$, U 相电流为 0, V 相电流为负,电流从 V_2 端流进, V_1 端流出;W 相电流为正,电流从 W_1 端流进,从 W_2 端流出。根据右手定则,电流产生的磁场如图 6.5(b),此时好像有一个永磁铁 N、S 极分别放在 U_1、U_2 的位置上。

用同样的方法,当 $\omega_t = \omega_{t_2} = 2\pi/3$ 时,这一时刻的磁场如图 6.5(c)所示,与 $\omega_t = \omega_{t_1} = 0$ 时刻相比,磁场方向顺时针旋转 120°。同理,当 $\omega_t = \omega_{t_3} = 4\pi/3$ 和 $\omega_t = \omega_{t_4} = 2\pi$ 时,磁场分别如图 6.5(d)和图 6.5(e)所示。当 $\omega_t = \omega_{t_4} = 2\pi$ 时,磁场在空间旋转一周,电流继续变化,磁场也在不断旋转。

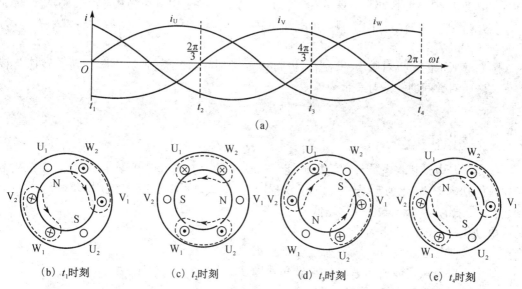

(a)

(b) t_1 时刻　　(c) t_2 时刻　　(d) t_3 时刻　　(e) t_4 时刻

图 6.5　旋转磁场产生示意图

三相异步电动机的基本工作原理是:把对称的三相交流电通入三相定子绕组,形成一个旋转磁场,转子导体产生感应电流,在磁场的作用下产生与旋转磁场相同方向的电磁转矩,所以转子转动。主要为:定子三相对称绕组通入三相对称电流产生圆形旋转磁场(电生磁);旋转磁场切割转子导体产生感应电动势和电流(磁生电);转子载流体在磁场作用下受电磁力作用,形成电磁转矩,驱动电动机旋转,将电能转化为机械能(电磁力)。

从三相异步电动机的工作原理可知,电动机的旋转方向与定子旋转磁场相同。因此,只需要改变定子旋转磁场的方向就可以改变电动机旋转方向。要改变旋转磁场的方向,只需交换三相异步电动机上任意两相线即可。
三相异步电动机正反转原理图,如图 6.6 所示。

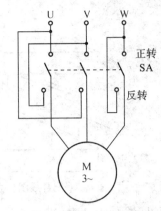

6.2.2 转速及转差率

转子转速用 n 表示,磁场旋转速度用 n_1 表示。在三相异步电动机运动状态下,转子转速 n 恒小于旋转磁场转速 n_1,因为转子与旋转磁场同方向,只有当转子旋转速度小于磁场转速时,才可能切割磁感线,产生感应电流,转子才能受到力矩而转动。

我国工业用电频率为 50 Hz,即每秒电流经历 50 个周期,由图 6.5 所示,每个周期电机旋转 1,那么每秒电机旋转 50 圈。电机转速常以分钟计算,所以磁场转速可表示为:

图 6.6 三相异步电动机正反转原理图

$$n_1 = 60f \tag{6.1}$$

把磁场转速 n_1 与转子转速 n 的差值称为转速差,转速差与磁场转速的比值称为转差率,用 s 表示。即

$$s = (n_1 - n)/n_1 \tag{6.2}$$

在电动机刚启动时,转子转速 n 为零,则 $s=1$,此时转子中电动势及电流最大,随着转子转速上升,转差率 s 减小。中小型异步电动机转差率为 $0.01 \sim 0.07$,空载时转差率更小,为 $0.004 \sim 0.007$。

图 6.5 所示的磁极对数 $p=1$,当磁极对数 p 增加时,转子转速 n 下降。转子转速与转差率及磁极对数间的关系可表示为:

$$n = 60f(1-s)/p \tag{6.3}$$

6.2.3 输出转矩

三相异步电动机将电能转化为机械能。当三相异步电动机以转速 n 稳定运行时,从电源输入的功率 P_1 转化为定子铜损、定子铁损、转子铜损、附加损耗以及输出功率 P_N。转差率越大,转子铜损越大,电机效率越低。

电动机转子输出转矩为:

$$T_N = P_N/\omega \tag{6.4}$$

其中,P_N 为额定输出功率,ω 为旋转角速度。
因为 $\omega = 2\pi n/60$,则有

$$T_N \approx 9.55P_N/n \tag{6.5}$$

【想一想】 三相异步电动机铭牌上哪个数据是 P_N?
【练一练】 根据日常生活中见到的三相异步电动机铭牌数据计算出转子的输出转矩。

6.3 三相异步电动机的启动

鼠笼式异步电动机的启动方式有直接启动与降压启动。三相异步电动机的启动要求有:

a. 具有足够大的启动转矩,保证生产机械能够正常运行。

b. 在保证转矩的条件下,电动机的启动电流越小越好。

c. 启动过程能量损耗越小越好,启动时间越短越好。

6.3.1　直接启动(全压启动)

这种启动方法简单,但启动电流较大,只允许在 7.5 kW 以下的小容量电机中使用。但若电网容量大,也允许较大功率电动机直接启动。若能满足下列要求,也允许直接启动。

$$\frac{I_S}{I_N} \leqslant \frac{1}{4}\left[3+\frac{\text{电源总容量}(\text{kV}\cdot\text{A})}{\text{启动电机容量}(\text{kW})}\right] \tag{6.6}$$

式中,$I_S/I_N = K_1$ 为笼型异步电动机的启动电流倍数,其值可以通过手册查找。

6.3.2　降压启动

为了限制启动电流,只有降低加在绕组上的电压。降压启动主要有以下几种:

(1) 定子串电阻降压

定子串电阻降压启动电路如图 6.7 所示。KM_1 闭合时,电机开始启动。启动电阻 R_{ST} 接入定子电路,从而降低启动电流,但是同时启动转矩也降低了。待电机达到稳定转速时,将 KM_1 断开,KM_2 闭合,电机全压运行。

设额定电压降低为直接启动时的 $1/\alpha$,则启动电流也降低为直接启动时的 $1/\alpha$,启动转矩降低为直接启动时的 $1/\alpha^2$。

【想一想】　启动电流为什么降低为直接启动的 $1/\alpha$?启动转矩降低为直接启动时的 $1/\alpha^2$?

(2) 自耦变压器降压启动

此方法是利用自耦变压器降低加到电动机定子绕组上的电压,来达到减小启动电流的目的,其原理图如图 6.8 所示。

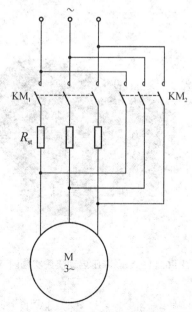

图 6.7　电动机串电阻降压启动电路

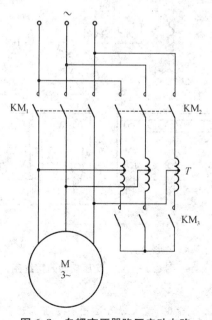

图 6.8　自耦变压器降压启动电路

启动时,KM_1 断开,KM_2 与 KM_3 闭合;转速稳定时,KM_2 与 KM_3 断开,KM_1 闭合,电动机全压运行。

设自耦变压器原边电压与副边电压之比为 K,与直接启动相比,自耦降压的启动电压降低到 $1/K$,启动电流降低为 $1/K^2$,启动转矩降低为 $1/K^2$。

自耦降压启动方法适用于 $10\ kW$ 以上的异步电动机启动。不足之处是成本高、体积大、维护多。自耦变压器的选型与电机容量、启动时间以及连续启动次数有关。

【想一想】 启动电流为什么降低为直接启动的 $1/K^2$?启动转矩为什么降低为直接启动时的 $1/K^2$?(提示:变压器原副边功率相等)

(3)Y-△启动

Y-△降压启动,即电动机启动时为 Y 形接法,正常运行时为△形接法。Y-△降压启动原理图如图 6.9 所示,启动时,QS 闭合,KM_1 与 KM_3 闭合,定子绕组接成 Y 形;电机转速达到额定值时,将 KM_3 断开,KM_2 闭合,定子绕组接成△形,全压运行。

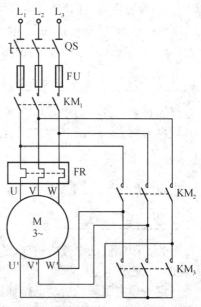

图 6.9 Y-△启动的原理图

Y-△降压启动时,电压降为直接启动时的 $1/\sqrt{3}$,启动电流为直接启动时的 $1/3$,启动转矩为直接启动时的 $1/3$。

【想一想】 启动电压为什么降为直接启动时的 $1/\sqrt{3}$,启动电流为什么降低为直接启动的 $1/3$?启动转矩降低为直接启动时的 $1/3$?

Y-△降压启动接线图如图 6.10 所示,实物图如图 6.11 所示。

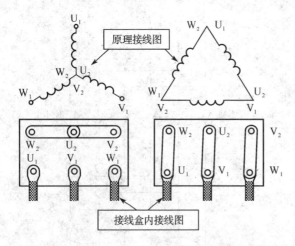

(a)Y 形接法　　　　(b)△形接法

图 6.10 Y-△降压启动的接线图

图 6.11 Y-△降压启动接线实物图

Y-△降压启动注意点:

a. 只适用于启动时为 Y 形连接,正常运行时为△形连接的异步电动机。一般容量在 $4\ kW$ 以上,额定电压为 $380\ V$ 的电动机,正常运行时绕组都是△形连接。

b. 启动转矩为直接启动时的 1/3,所以只适合空载或轻载启动。

c. Y-△降压启动,电动机定子绕组必须引出 6 个出线端,所以一般只限于 500 V 以下的低压电动机上。

把上述几种启动方式作比较,如表 6.2 所示:

表 6.2　异步电动机启动方法比较

启动方法	U'/U	I'/I	T'/T	优缺点
直接启动	1	1	1	启动最简单,但启动电流大,启动转矩小,只适用于小容量轻载启动
串电阻或电抗启动	$\dfrac{1}{\alpha}$	$\dfrac{1}{\alpha}$	$\dfrac{1}{\alpha^2}$	启动设备较简单,启动转矩较小,适用于轻载启动
自耦变压器启动	$\dfrac{1}{K}$	$\dfrac{1}{K^2}$	$\dfrac{1}{K^2}$	启动转矩较大,有三种抽头可选,启动设备较复杂,可带较大负载启动
Y-△启动	$\dfrac{1}{\sqrt{3}}$	$\dfrac{1}{3}$	$\dfrac{1}{3}$	启动设备简单,启动转矩较小,适用于轻载启动,只用于△形连接电机

6.4　三相异步电动机调速

从异步电动机转速公式 $n=60f_1(1-s)/p$ 可知,异步电动机可以从 f_1、s、p 三个方面进行调速。

6.4.1　变频调速

变频调速时,一般磁通量保持不变。

$$U_1 \approx E_1 = 4.44f_1N_1\Phi_m = C_1f_1\Phi_m \tag{6.7}$$

根据公式(6.7)知:要保持 Φ_m 不变,就要保持 U_1/f_1 不变,所以改变 f_1 的同时要改变 U_1,此时电动机最大允许输出转矩不变,为恒转矩调速方法。一般在额定频率向下调时,采用恒转矩调速。

额定频率向上调时,电压不允许上升,要保持不变,此时,U_1 不变,f_1 越高,Φ_m 越弱,电机输出转速越高,但最大允许输出转矩越小,为恒功率调速方法。

三相异步电动机一般通过变频器进行调速,具体使用方法可查阅所用的变频器相关手册。

6.4.2　改变转差率调速

改变定子电压、转子电路串电阻、串级调速都属于转差率调速。

(1) 改变定子电压调速

改变电源电压调速,以前采用定子绕组串电抗来实现,目前已采用晶闸管交流调压来实现。改变定子电压调速的不足之处是低压机械特性太弱,转速变化大,转差功率消耗在转子电路里,很不经济。

(2) 转子串电阻调速

转子串电阻时,最大转矩不变,临界转差率加大。主要用于中小容量的异步电动机。不足之处是转差功率消耗在转子电路里,很不经济。

（3）串级调速

在异步电动机的转子回路中串入一个三相对称附加电动势,适用于绕线转子异步电动机。串级调速性能好,经济性好。随着晶闸管技术的发展,串级调速广泛应用于风机等机械设备的节能调速。

6.4.3　变极调速

在电源频率不变的情况下,改变电动机的极对数,电动机的同步转速就会发生变化,从而改变电动机的转速。若磁极对数增加一倍,电机转速就降低一半。通常采用改变定子绕组的接法来改变磁极对数。

改变定子绕组接法:将每相定子绕组分成两个"半相绕组",改变它们之间的接法,使其中一个"半相绕组"中的电流反向,极对数就成倍改变,如图 6.12 和图 6.13 所示。

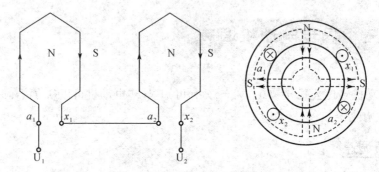

图 6.12　三相四极电动机 U 相绕组

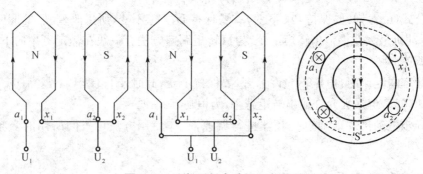

图 6.13　三相两极电动机 U 相绕组

变极调速方法简单、操作方便、调速范围小且为有级调速,变极调速的电动机称为多速电动机,适用于功率不大、对调速要求不高的场合。

6.5　三相异步电动机制动

电动机除了电动状态还有制动状态,如起重机放下重物等,要使机械设备保持一定的转速,停止时要能够及时准确制动。

6.5.1　机械制动

机械制动主要有电磁抱闸,用于起重机上吊重物等。

6.5.2　电气制动

（1）能耗制动

将运行着的异步电动机的定子绕组从三相交流电源上断开后,立即接到直流电源上,如图 6.14 所示,通过断开 QS、闭合 SA 来实现。这种方法将转子的动能转变为电能,消耗在转子回路的电阻上。能耗制动的优点是制动力强,制动平稳,不足是成本高。

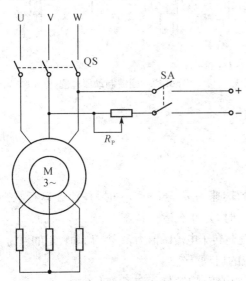
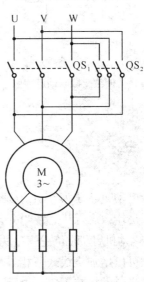

图 6.14　能耗制动原理图　　　　图 6.15　电源反接制动原理图

（2）反接制动

反接制动分为电源反接制动与倒拉反接制动。

① 电源反接制动

改变电动机定子绕组与电源的连接相序,相序改变,旋转磁场立刻反转,因机械惯性转子还未改变方向,电子转矩与转子转矩方向相反,电动机处于制动状态。如图 6.15 所示,断开 QS_1,闭合 QS_2 即可。

② 倒拉反接制动

如图 6.16 所示,当异步电动机在提升重物时,在转子回路串入很大电阻,电磁转矩小于负载转矩,转速下降,直至为零,此时在重物作用下,电机反转,直至电磁转矩等于负载转矩,电机稳定制动。

（3）回馈制动

如图 6.17 所示,电动机在下放重物时,开始阶段,电机转速 n 小于旋转磁场转速 n_1,电动机处于电动状态下。当电机转速 n 大于旋转磁场转速 n_1 时,转子中感应电流与转矩发生变化,转矩方向与转子转向相反,成为制动转矩。此时,电动机将机械能转化为电能回馈给电网,所以称为回馈制动。

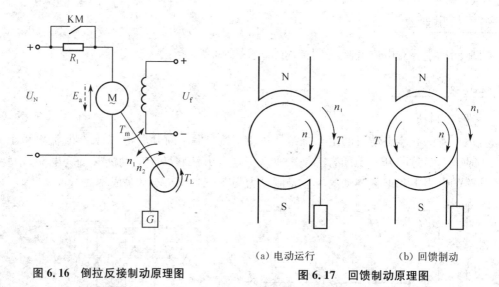

图 6.16　倒拉反接制动原理图　　　　图 6.17　回馈制动原理图

（a）电动运行　　　　（b）回馈制动

思考与练习

1. 三相异步电动机转速为 n,定子旋转磁场的转速为 n_1,当 $n < n_1$ 时,是什么运行状态? 当 $n > n_1$ 时,是什么运行状态? 当 n 与 n_1 反向时,是什么运行状态?

2. 三相异步电动机启动时,转差率 s 为多少? 此时转子电流的值为多少? 启动转矩的值为多少?

3. 哪些方法可以增加绕线式三相异步电动机的启动转矩?

4. 绕线式异步电动机转子串入电阻,会使启动电流、启动转矩怎么变化?

5. 三相异步电动机启动时,如果电源有一相断线,电动机能否启动? Y 形连接与 △ 形连接在这种情况下,影响是否相同? 如果运行过程中电源有一相断线,能否继续运行,有什么不良后果?

第7章

继电器接触器控制电路

任务引入

现代工业中的机电设备,它们的运动部件可以通过电动、液压或气压传动的方式来驱动,而大多数运动都是通过电动机来驱动的。对机电设备或者电动机的控制而言,目前还离不开由按钮、继电器和接触器等电气元件来控制的电路实现。这种控制系统一般称为继电器接触器控制系统,是一种通过电气元件触点的接通和断开来实现电路控制的系统。本章的内容主要包括介绍继电器接触器控制系统中常用的低压电器、分析三相交流异步电动机的典型控制线路和识读常用的电气控制系统图,这些知识都是为后面的技能训练而准备。

任务导航

- 掌握常用低压电器的功能、结构、电气符号,并能够识别;
- 掌握电气原理图的分析方法;
- 能够分析三相交流异步电动机典型的电气控制线路;
- 熟悉常用电气控制系统图的绘制规则;
- 能够识读常用的电气控制系统图。

7.1 常用低压电器

7.1.1 开关与断路器

1. 开关

(1) 功能和结构

刀开关是一种结构简单、应用广泛的手动电器,主要用于无载通断电路,也可以用来通断较小工作电流,作为照明设备和小型电动机不频繁操作的电源开关使用。刀开关按极数可以分为单极、双极、三极和四极,按切换位置数可以分为单掷和双掷刀开关,如图 7.1(a) 所示。

组合开关是一种多触点、多位置式的旋转电器,也称为转换开关,用作电源的引入和隔离。组合开关比刀开关轻巧而且组合性强,能组合成各种不同的控制线路。组合开关主要由若干动触片和静触片(与外部接线相连)组成,动触片装在附加有手柄的绝缘方轴上,方轴随手柄旋转,于是动触片也随方轴旋转并变换其与静触片的分、合位置,如图 7.1(b) 所示。

组合开关按极数可以分为单极、双极和多极三类。

(a) 刀开关　　　　　　(b) 组合开关

图 7.1　刀开关与组合开关实物图

（2）电气符号和工作过程

三极刀开关与组合开关的电气符号如图 7.2 所示。

手动合上刀开关，触点接通电路，引入电源；断开刀开关，触点断开电路，断开电源。手动旋转组合开关的手柄，可以接通或者断开某个电路的电源。

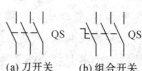

(a) 刀开关　　(b) 组合开关

图 7.2　刀开关与组合开关的电气符号

（3）选用方法

开关的主要技术参数有额定电压、额定电流、允许操作频率、极数等。刀开关一般用于额定电压是交流 380 V、直流 440 V 的电路中，做电源隔离用。组合开关用作隔离开关时，其额定电流应低于被隔离电路中各负载电流的总和；用于控制电动机时，其额定电流一般取电动机额定电流的 1.5～2.5 倍。同时，应根据电气控制线路中的实际需要，确定组合开关的接线方式，正确选择符合接线要求的组合开关规格。

2. 断路器

（1）功能和结构

断路器，也称自动空气开关，用于不频繁接通和断开的电路，而且当电路发生过载、短路或失压等故障时，能够自动断开电路，有效地保护电气设备。断路器主要由触点、灭弧装置和脱扣器组成。触点在分断电流的瞬间会产生电弧，电弧的高温能将触点烧损，还可能引起其他事故，所以为提高断路器的分断能力，在其触点上装有灭弧装置。脱扣器是断路器的感受元件，当电路出现过载、短路或失压等故障时，经各种脱扣器可以感测到故障信号，从而断开电路，实现电气保护。断路器按极数分，有单极、双极、三极和四极，如图 7.3 所示。

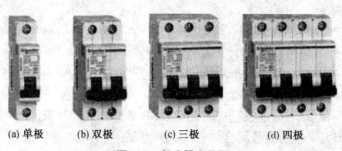

(a) 单极　　(b) 双极　　(c) 三极　　(d) 四极

图 7.3　断路器实物图

（2）电气符号和工作过程

三极断路器的电气符号如图 7.4 所示。

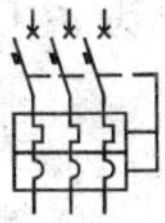

图 7.4　断路器的电气符号

断路器正常工作时，可以人工手动操作断路器，实现电路的接通或者切断，当出现过载、短路或欠压等故障时，断路器可以自动切断故障电路，实现机床电气设备的保护。

（3）选用方法

断路器的主要技术参数有额定电压、等级额定电流、脱扣器额定电流、极数等。低压断路器的额定电流和额定电压应不低于电气控制线路中设备的正常工作电流和工作电压，极限通断能力应不低于电路的最大短路电流，欠电压脱扣器的额定电压应等于电气控制线路的额定电压，过电流脱扣器的额定电流应不低于电气控制线路的最大负载电流。

7.1.2　主令电器

1）按钮

（1）功能和结构

按钮是一种结构简单、应用广泛的主令电器。在车床和数控机床等设备控制电路中，按钮主要用于发布手动控制指令。按钮的结构形式有多种，例如紧急式（有突出的蘑菇形按钮帽）、指示灯式（装有用做信号显示的指示灯）、旋钮式（用手旋转操作）、钥匙式（须用钥匙插入方可旋转使用）等，如图 7.5 所示。按钮通常由按钮帽、复位弹簧、触点和外壳组成。按钮帽的颜色有红色、绿色、黄色、黑色、白色等几种。

(a) 紧急式　　　(b) 指示灯式　　　(c) 旋钮式　　　(d) 钥匙式

图 7.5　按钮实物图

（2）电气符号和工作过程

按钮的电气符号可以分为常开按钮、常闭按钮和复合按钮，其电气符号如图 7.6 所示。

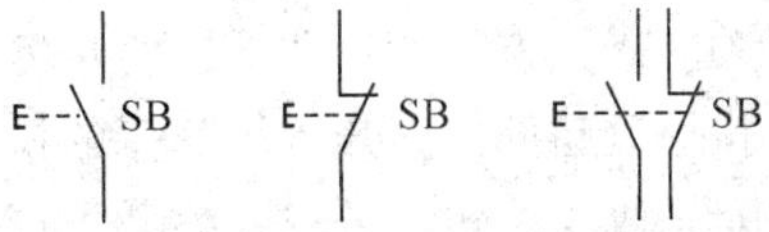

按下按钮的按钮帽，按钮的常闭触点断开、常开触点闭合。松开按钮帽，常开或常闭触点在复位弹簧的作用下全部复位。

(a) 常开按钮　　(b) 常闭按钮　　(c) 复合按钮

图 7.6　按钮的电气符号

（3）选用方法

按钮的主要技术要求有规格、结构形式、触点对数和颜色。机床常用按钮的额定电压为交流 220 V、额定电流为 5 A。按钮的类型选用应根据使用场合和具体用途确定，例如控制柜面板上的按钮一般选用开启式,需显示工作状态的按钮选用指示灯式,为防止无关人员误操作的重要设备上的按钮选用钥匙式。按钮的颜色根据工作状态指示和工作情况要求选择,通常红色表示停止按钮、绿色表示启动按钮、黄色用于制止异常情况、黑色或白色可以表示其他控制信号。按钮的触点数量应根据电气控制线路的需要选用。

2) 行程开关

(1) 功能和结构

行程开关,也称限位开关,是一种利用生产机械运动部件的碰撞使其触点动作,从而实现控制电路的接通或分断,达到一定控制目的的电器元件。按其结构可分为直动式、滚轮式如图 7.7 所示。也有微动式和组合式。行程开关一般由操作头、触点系统和外壳组成。在实际生产中,将行程开关安装在预先安排的位置,当装在生产机械运动部件(如机床工作台)上的模块撞击行程开关时,行程开关的触点动作,实现电路的切换。

(a) 直动式   (b) 单轮旋转式   (c) 双轮旋转式

图 7.7　行程开关实物图

(2) 电气符号和工作过程

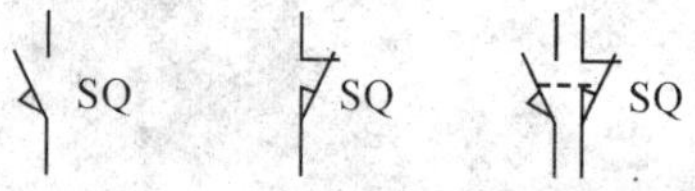

行程开关在使用时,其触点的形式可以分为常开触点、常闭触点和复合触点,其电气符号如图 7.8 所示。

当生产机械运动部件碰撞到行程开关的操作头时,行程开关的常闭触点会断开、常开触点会闭合。行程开

(a) 常开触点　(b) 常闭触点　(c) 复合触点

图 7.8　行程开关的电气符号

关的复位方式有自动复位和非自动复位两种。对于直动式和单轮旋转式行程开关,当生产机械运动部件离开行程开关的操作头时,常闭和常开触点在复位弹簧的作用下自动复位。对于双轮旋转式行程开关,不能自动复位,它是依靠运动机械反向移动时,挡铁碰撞另一滚轮将其复位。

(3) 选用方法

行程开关的主要技术参数有额定电压、额定电流、触点数量、操作频率、触点转换时间等。行程开关选用时根据使用场合和控制对象确定行程开关种类。例如,当机械运动速度不太快时通常选用一般用途的行程开关,在机床行程通过路径上不宜装直动式行程开关而应选用凸轮轴转动式行程开关。行程开关的额定电压与额定电流则根据控制电路的电压与

电流选用。

7.1.3 电磁式接触器

（1）功能和结构

接触器是电力拖动自动控制系统中应用最广泛的一种控制电器，它能够频繁地接通和断开交、直流主电路及大容量的控制电路。接触器主要由电磁机构、触点系统和灭弧装置组成。电磁机构将电磁能换成机械能，产生电磁吸力带动触点动作。接触器如图7.9所示。

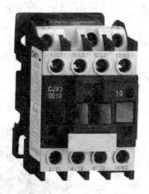

图7.9　接触器实物图

（2）电气符号和工作过程

接触器的触点分为主触点和辅助触点，铭牌上的额定电压和额定电流指的是主触点的额定值。接触器的电气符号如图7.10所示。

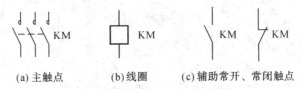

（a）主触点　　　（b）线圈　　　（c）辅助常开、常闭触点

图7.10　接触器的电气符号

当接触器线圈通电后，线圈电流会产生磁场，产生的磁场使静铁芯产生电磁吸力吸引动铁芯，并带动交流接触器触点动作，常闭触点断开、常开触点（包括主触点和辅助触点）闭合。当线圈断电时，电磁吸力消失，衔铁在释放弹簧的作用下释放，使触点复原，常开触点断开，常闭触点闭合。

（3）选用方法

接触器的主要技术参数有电流种类、额定电压、额定电流、额定操作频率、线圈额定电压等。①电流类型的选用：应根据电路中负载电流的种类选择接触器类型，交流负载选用交流接触器，直流负载选用直流接触器。直流负载容量较小时，可用交流接触器替代直流接触器，但应选用触头额定电流较大的交流接触器。② 额定电压的选择：接触器的额定电压应不低于负载电路的电压。③ 额定电流的选择：接触器额定电流应不低于被控制电路的额定电流。④ 线圈额定电压的选择：吸引线圈额定电压等于所接控制电路电压，电气控制线路比较简单且所用接触器较少时，可直接选用380 V或220 V；电气控制线路较为复杂时，为了保证安全，一般选用较低的110 V。

7.1.4 继电器

上述接触器的主要作用是用来接通或断开主电路。所谓主电路是指一个电路工作与否，是以该电路是否接通为标志的。继电器的主要作用是信号的检测、传递、变换或处理，它通断的电路电流通常较小，即一般用在控制电路中。按照继电器在控制回路中所起的作用可分为热继电器、时间继电器、速度继电器和中间继电器等。

1）热继电器

（1）功能和结构

热继电器主要用来保护电动机或其他负载免于长期过载，以及作为三相电动机的断相保护。热继电器由发热元件、双金属片、触点及一套传动和调整机构组成。发热元件是一段阻值不大的电阻丝，串接在被保护电动机的主电路中。双金属片由两种不同热膨胀系数的金属片辗压而成，下层一片的热膨胀系数大，上层的小。热继电器的实物如图 7.11 所示。

图 7.11　热继电器实物图

（2）电气符号和工作过程

热继电器的电气符号包括发热元件和触点，如图 7.12 所示。发热元件串接在电动机主电路中，常闭触点一般串接在控制电路中。

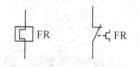

(a) 发热元件　(b) 常闭触点

图 7.12　热继电器的电气符号

当电动机过载时，通过热继电器发热元件的电流超过额定电流，双金属片受热向上弯曲脱离扣板，使常闭触点断开。由于常闭触点一般是接在电动机的控制电路中的，它的断开使得控制线路中接触器的线圈断电，从而使主电路中的主触头断开，最终会使得电动机断电，实现过载保护。热继电器动作后，双金属片经过一段时间冷却，按下复位按钮即可复位。

具有断相保护能力的热继电器可以在三相中的任意一相或两相断电时动作，自动切断电气控制线路中接触器的线圈，从而使主电路中的主触头断开，使电动机获得断相保护。

（3）选用方法

电动机断相运行是电动机烧毁的主要原因。星形接法电动机绕组的过载保护采用三相结构热继电器即可；而对于三角形接法的电动机，断相时在电动机内部绕组中，电流较大的一相绕组的相电流将超过额定相电流，由于热继电器加热元件串接在电源进线位置，所以不会动作，导致电动机绕组因过热而烧毁，因此必须接入带断相保护的热继电器。

热继电器加热元件的额定电流按被保护电动机的额定电流选用，即加热元件的额定电流应接近或略大于电动机额定电流。对于星形接法的电动机选用两相结构的热继电器，而对于三角形接法的电动机则选用三相结构或三相结构带断相保护的热继电器。

2）时间继电器

（1）功能和结构

时间继电器的主要功能是当它接收到启动信号后开始计时，计时结束后它的工作触点进行开或合的动作,从而推动后续的电路工作。时间继电器的种类很多,按照工作方式,可分为通电延时型和断电延时型两种类型。按照工作原理,可分为空气阻尼型和电子型等。其中,空气阻尼型时间继电器是根据空气压缩产生的阻力来进行延时的,其结构简单、价格便宜、延时范围大(0.4～180 s),但延时精确度低。电子型时间继电器是利用延时电路来进行延时的,其精度高,体积小。某电子型时间继电器如图7.13所示。

图7.13 时间继电器实物图

(2)电气符号和工作过程

时间继电器的电气符号包括线圈、瞬时触点和延时触点,如图7.14所示。

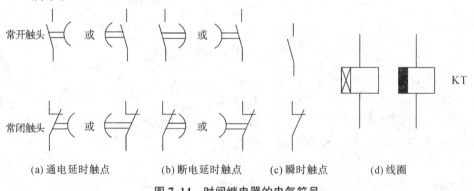

(a) 通电延时触点　　(b) 断电延时触点　　(c) 瞬时触点　　(d) 线圈

图7.14 时间继电器的电气符号

对于通电延时型时间继电器,当时间继电器的线圈通电后,瞬时触点立刻动作,同时时间继电器开始计时。当延时时间到达后,延时触点动作,即延时常闭触点断开、延时常开触点闭合。当时间继电器的线圈失电后,所有的触点都立刻复位,即所有的常闭触点恢复闭合、常开触点恢复断开。

对于断电延时型时间继电器,当时间继电器的线圈通电后,所有的触点都立刻动作,即所有的常闭触点断开、常开触点闭合。当时间继电器的线圈失电后,瞬时触点立刻复位,同时时间继电器开始计时。当延时时间到达后,延时触点复位,即延时常闭触点恢复闭合、延时常开触点恢复断开。

(3)选用方法

时间继电器的主要技术参数有:线圈电压、触点类型、及时通断、延时通断、触点的数量、触点额定电流、时间设定范围等。因此,时间继电器选型首先看触点动作类型,是通电延时动作还是断电延时动作,需不需要带瞬动触点,然后看看延时时间范围是否符合要求,还有就是线圈电压要满足控制电源的电压范围,看看是直流还是交流,电压是220 V还是380 V。

3)速度继电器

(1)功能和结构

速度继电器又称反接制动继电器,主要用于三相异步电动机反接制动的控制电路中,它的任务是当三相电源的相序改变以后,产生与实际转子转动方向相反的旋转磁场,从而产生制动力矩。因此,使电动机在制动状态下迅速降低速度。在电机转速接近零时立即发出信号,切断电源使之停车(否则电动机开始反方向启动)。速度继电器的主要结构是由转子、定子及触点三部分组成。常用的速度继电器有 JY1 型和 JFZ0 型两种。JY1 型速度继电器如图 7.15 所示。

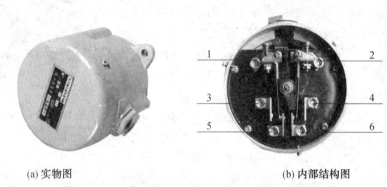

(a) 实物图　　　　　　　　　　　　　　　　(b) 内部结构图

图 7.15　速度继电器

(2) 电气符号和工作过程

速度继电器的电气符号包括线圈、常开触点和常闭触点,如图 7.16 所示。

当速度继电器测得与它相连接的电机转速超过某参数值(如 120 r/min)时,触点动作,即常闭触点断开、常开触点闭合;当转速低于某参数值(如 100 r/min)时,触点复位,即常闭触点恢复闭合、常开触点恢复断开。

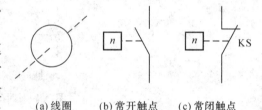

(a) 线圈　　(b) 常开触点　　(c) 常闭触点

图 7.16　速度继电器的电气符号

(3) 选用方法

常用的速度继电器有 JY1 型和 JFZ0 型两种。其中,JY1 型可在 700~3 600 r/min 范围内可靠地工作;JFZO-1 型适用于 300~1 000 r/min;JFZO-2 型适用于 1 000~3 600 r/min。它们具有两个常开触点、两个常闭触点,触电额定电压为 380 V,额定电流为 2 A。一般速度继电器的转轴在 120 r/min 左右即能动作,在 100 r/min 时触头即能恢复到正常位置。有时还可以通过调节螺钉来改变速度继电器动作的转速,以适应控制电路的要求。

4) 中间继电器

(1) 功能和结构

中间继电器用在继电保护与自动控制系统中,以增加触点的数量及容量,也用在控制电路中传递中间信号。中间继电器的结构和原理与交流接触器基本相同,与接触器的主要区别在于:接触器的主触头可以通过大电流,而中间继电器的触头只能通过小电流。中间继电器的实物如图 7.17 所示。

(2) 电气符号和工作过程

中间继电器只能用于控制电路中。它一般是没有主

图 7.17　中间继电器实物图

触点的,因为过载能力比较小,它用的全部都是辅助触头,且数量比较多。中间继电器的电

气符号如图 7.18 所示。

(a) 线圈　　　　(b) 常开触点　　　　(c) 常闭触点

图 7.18　中间继电器的电气符号

当中间继电器线圈通电后,其所有触点都动作,常闭触点断开,常开触点闭合。当线圈断电时,所有触点复原,常开触点断开,常闭触点闭合。

(3) 选用方法

选用中间继电器时主要是考虑电压等级,常开和常闭触点的数量(常开的、常闭的各几个),触点控制的是直流电还是交流电,需要通过的电流大小,触点的耐压需要多少伏,线圈的电压需要多少伏,线圈是直流还是交流,继电器动作时需要的吸合时间和释放时间,继电器体积大小等。线圈电压根据实际情况,普通电路用 220 V,带 PLC、变频器、DCS 等电子元件的选用 24 V,触点电压都可以接 220 V 以内的电压。

7.1.5　熔断器

(1) 功能和结构

熔断器是一种可以实现线路的过载和短路保护的低压电器。熔断器是一种最简单的保护电器,由熔体(常见的是将锡铅合金、锌、银、铜制成丝状或者片状)和熔管(安装熔体的绝缘管或者绝缘底座)组成。常见的熔断器有插入式、螺旋式和管式熔断器三种,如图 7.19 所示。

(a) 插入式　　　　(b) 螺旋式　　　　(c) 管式

图 7.19　熔断器实物图

(2) 电气符号和工作过程

熔断器的电气符号如图 7.20 所示。

FU

图 7.20　熔断器的电气符号

使用时,应将熔断器串联在所保护的电路中,当电路发生过载或短路故障时,如果通过熔体的电流达到或者超过了某一定值,熔体熔断,切断故障电流,起到保护作用。

（3）选用方法

熔断器的主要技术参数有额定电压、额定电流（熔体的额定电流和载熔体额定电流）。熔断器的额定电压必须大于或等于线路的工作电压，熔体的额定电流根据负载情况选择。

7.2 典型电气控制线路

在机床或其他机电设备的电气控制系统中，主要是以各类电动机或其他执行电器作为控制对象的，其中三相交流电动机在机床控制系统中的应用较为广泛。经过长期的工程实践和积累，人们将一些常用的控制线路总结为最基本的控制单元，也就是本节讲述的各个三相电动机的启动和运行控制线路。

7.2.1 三相交流电动机的启动控制

三相交流电动机的启动方式有直接启动和降压启动两种，对于小容量（一般 10 kW 以下）的三相交流电动机均采用直接启动方式。直接启动控制有点动控制和长动控制两种。

（1）三相交流电动机的点动控制

普通车床的主轴电动机在点动调整时，可以通过图 7.21 所示的点动控制线路来实现。

图 7.21 分成左右两部分，左边直接接电机的称为主电路，右边接线圈的称为控制电路。

分析图 7.21 所示的点动控制电气原理图：

当合上主电路中的开关 QS 时，电动机 M 不会启动，因为接触器 KM 的线圈没有通电，KM 的主触点不会闭合。

只有按下控制电路中的按钮 SB，接触器 KM 的线圈通电，主电路中的 KM 的主触点闭合，电动机 M 才可以启动。当松开按钮 SB，接触器 KM 的线圈失电，主电路中的 KM 的主触点断开，电动机 M 会停止转动。

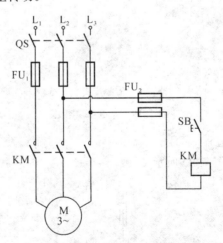

图 7.21 三相交流电动机的点动控制线路图

这种按下按钮电动机启动、松开按钮电动机停止转动的线路，称为点动控制线路。

（2）三相交流电动机的长动控制

车床在车削一个工件时，卡盘卡紧工件，按下启动按钮后，主轴电动机就需要一直运转，直到完成车削任务。这种控制可以通过图 7.22 所示的长动控制线路来实现。

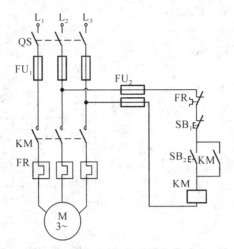

图 7.22 三相交流电动机的长动控制线路图

分析图 7.22 所示的长动控制电气原理图：

当合上主电路中的开关 QS，再按下控制电路中的按钮 SB_2 时，接触器 KM 的线圈通电，主电路中的 KM 主触点闭合，电动机 M 启动。当松开按钮 SB_2 时，因为控制电路中的接触器 KM 的辅助常开触点闭合，KM 线圈会保持得电，主电路中的 KM 主触点保持闭合，电动机 M 会继续转动。

按下控制电路中的按钮 SB_1 时，接触器 KM 的线圈失电，主电路中的 KM 主触点断开，电动机 M 停止转动。

这种松开按钮电动机能保持运转的线路，称为长动控制线路，也称为自锁控制线路。

【想一想】 图 7.22 中的热继电器 FR 是怎样保护电路的？

7.2.2 三相交流电动机的正反转控制

在机床电气控制系统中，经常要求电动机能够实现正转和反转的可逆运行控制，如主轴的正转与反转，工作台的前进与后退等。常见的可逆运行控制线路有"正—反—停"控制和"正—停—反"控制。

（1）三相交流电动机的"正—停—反"控制

车床在加工螺纹时，需要主轴电动机既能正转又能反转。图 7.23 所示是一个能实现正反转控制的电路。

【想一想】 图 7.23 中主电路中是如何实现正转和反转的接线？

分析图 7.23 所示的"正—停—反"控制电气原理图：

当合上主电路中的开关 QS，再按下控制电路中的正转启动按钮 SB_2 时，接触器 KM_1 的线圈通电，主电路中的 KM_1 主触点闭合，电动机 M 正转启动。当松开按钮 SB_2 时，因为控制电路中的接触器 KM_1 的辅助常开触点闭合，KM_1 线圈会保持得电，主电路中的 KM_1 主触点保持闭合，电动机 M 会继续正转。按下控制电路中的停止按钮 SB_1 时，接触器 KM_1 的线圈失电，主电路中的 KM_1 主触点断开，电动机 M 停止正转。

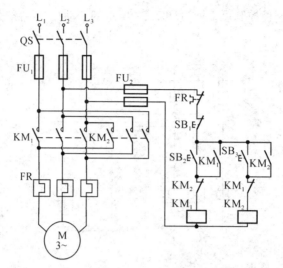

图 7. 23　三相交流电动机的"正—停—反"控制线路图

同理,当按下控制电路中的反转启动按钮 SB₃ 时,接触器 KM₂ 的线圈通电,主电路中的 KM₂ 主触点闭合,电动机 M 反转启动。当松开按钮 SB₃ 时,因为控制电路中的接触器 KM₂ 的辅助常开触点闭合,KM₂ 线圈会保持得电,主电路中的 KM₂ 主触点保持闭合,电动机 M 会继续反转。按下控制电路中的停止按钮 SB₁ 时,接触器 KM₂ 的线圈失电,主电路中的 KM₂ 主触点断开,电动机 M 停止反转。

注意:这种控制电路在正转和反转切换时,必须先按下停止按钮。这种电路也称为"正—停—反"控制线路。另外,图 7.23 电路中控制电路部分 KM₁ 和 KM₂ 辅助常闭的接法称为电气互锁。

【**想一想**】　该电路有什么缺点?如果希望正转和反转能够直接切换,电路该如何改进?

(2)三相交流电动机"正—反—停"控制

车床在加工螺纹时,需要主轴电动机正转和反转灵活地切换,图 7.24 所示是一个能实现正反转控制自由切换的电路。

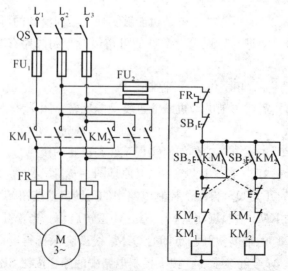

图 7. 24　三相交流电动机的"正—反—停"控制线路图

分析图 7.24 所示的"正—反—停"控制线路的电气原理图：

当合上主电路中的开关 QS,再按下控制电路中的正转启动按钮 SB_2 时,接触器 KM_1 的线圈通电,主电路中的 KM_1 主触点闭合,电动机 M 正转启动。当松开按钮 SB_2 时,因为控制电路中的接触器 KM_1 的辅助常开触点闭合,KM_1 线圈会保持得电,主电路中的 KM_1 主触点保持闭合,电动机 M 会继续正转。

按下控制电路中的反转启动按钮 SB_3,其常闭触点断开,使得 KM_1 线圈失电,KM_1 所有触点复位,主触点断开,即电机正转停止;同时,SB_3 常开触点闭合,使得 KM_2 线圈得电,KM_2 所有触点动作,主电路中的 KM_2 主触点闭合,电动机 M 切换到反转运行。

任何时刻按下控制电路中的停止按钮 SB_1,接触器 KM_1 或者 KM_2 的线圈失电,主电路中的 KM_1 或者 KM_2 主触点断开,电动机 M 停止当前转动(正转或反转)。

这种正转和反转可以直接切换的线路,称为"正—反—停"控制线路,控制电路部分 SB_2 和 SB_3 的接法称为机械互锁。

7.2.3 三相交流电动机的行程控制

在加工工件时,龙门刨床、铣床、磨床的工作台需要自动往返循环控制。这种自动往返循环控制可以通过图 7.25 所示的线路来实现。

分析图 7.25 所示的自动循环控制的工作过程：

当合上主电路中的开关 QS,再按下控制电路中的按钮 SB_2 时,接触器 KM_1 的线圈通电,主电路中的 KM_1 主触点闭合,电动机 M 正转启动,控制电路中的 KM_1 的辅助常开触点闭合,KM_1 线圈会保持得电,主电路中的 KM_1 主触点保持闭合,使得电动机 M 连续正转,从而可以驱动图 7.26 中的工作台前进。

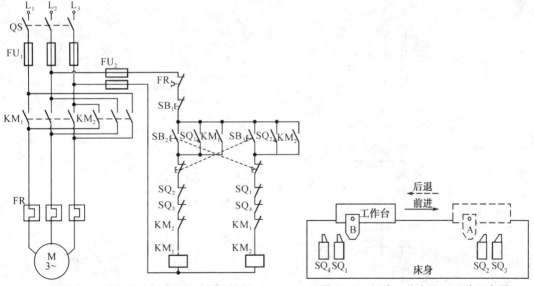

图 7.25 三相交流电动机自动循环控制　　　图 7.26 机床工作台往返运动示意图

当工作台前进到行程开关 SQ_2 的位置时,SQ_2 的触点动作,KM_1 线圈失电,KM_2 线圈通电并形成自锁,使得电动机 M 连续反转,可以驱动图 7.26 中的工作台后退。当工作台后退到行程开关 SQ_1 的位置时,SQ_1 的触点动作,KM_2 线圈失电,KM_1 线圈通电并形成自锁,使得电动机 M 又连续正转,驱动工作台前进。

上述过程重复进行,可以实现工作台的自动循环往返控制。其中,行程开关 SQ$_3$ 和 SQ$_4$ 是用来实现终端保护的限位开关。

任何时刻按下控制电路中的停止按钮 SB$_1$,接触器 KM$_1$ 或者 KM$_2$ 的线圈失电,主电路中的接触器主触点断开,电动机 M 停止当前转动(正转或反转)。

7.2.4 三相交流电动机的时间控制

应用时间继电器可以实现电动机的各种时间控制。典型的时间控制电路包括三相交流电动机的 Y-△降压启动控制电路和多台电动机之间的顺序启动控制电路。

(1) Y-△降压启动控制

分析图 7.27 所示的 Y-△降压启动控制的工作过程:

当合上主电路中的开关 QS,再按下控制电路中的按钮 SB$_2$ 时,接触器 KM$_1$、KM$_3$ 和时间继电器 KT 的线圈都得电,控制电路中的 KM$_1$ 的辅助常开触点闭合形成自锁、KM$_3$ 的辅助常闭触点断开形成互锁、KT 开始计时。主电路中的 KM$_1$、KM$_3$ 主触点闭合,三相异步电动机 M 以星形接法降压启动运行。当控制电路中的时间继电器 KT 计时时间到达后,KT 的延时常闭触点断开,使得 KM$_3$ 线圈失电,KT 的延时常开触点闭合,使得 KM$_2$ 线圈得电,主电路中的 KM$_1$、KM$_2$ 主触点闭合,三相异步电动机 M 换成△形接法全压运行。

当按下按钮 SB$_1$,接触器 KM$_1$、KM$_2$ 线圈失电,所有触点复位,三相异步电动机 M 停止运行。

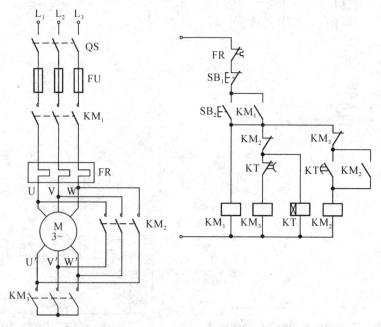

图 7.27 Y-△降压启动控制电路

(2) 两台电动机的顺序启动控制

分析图 7.28 所示的两台电动机的顺序启动控制线路:

当合上主电路中的开关 QS,再按下控制电路中的按钮 SB$_2$ 时,接触器 KM$_1$ 的线圈得电,控制电路中的 KM_1 的辅助常开触点闭合形成自锁,主电路中的 KM_1 主触点闭合,三相异步电动机 M_1 启动运行。接着,按下按钮 SB_4 时,接触器 KM_2 的线圈得电,控制电路中的 KM_2 的辅助常开触点闭合形成自锁,主电路中的 KM_2 主触点闭合,三相异步电动机 M_2 启动运行。

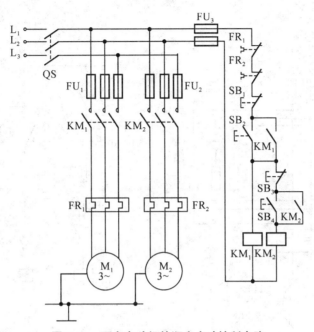

图 7.28　两台电动机的顺序启动控制电路

当按下按钮 SB_3 ,接触器 KM_2 线圈失电, KM_2 所有触点复位,三相异步电动机 M_2 停止运行;按下按钮 SB_1 ,接触器 KM_1 线圈失电, KM_1 所有触点复位,三相异步电动机 M_1 停止运行。

注意:该控制电路如果先按下 SB_4 按钮,不能先启动三相异步电动机 M_2 ,必须先启动三相异步电动机 M_1 。

7.2.5　三相交流电动机的制动控制

三相交流电动机的电气制动方法包括反接制动和能耗制动两种。其原理都是使电动机产生一个与转子旋转方向相反的电磁转矩来进行的。

（1）单向反接制动控制

分析图 7.29 所示的三相交流电动机单向反接制动控制的工作过程:

当合上主电路中的开关 QS,再按下控制电路中的按钮 SB_2 时,接触器 KM_1 的线圈通电,控制电路中的辅助常闭触点断开、辅助常开触点闭合、主电路中的 KM_1 主触点闭合,电动机 M 启动后连续运行。当与电动机机械连接的速度继电器 KS 的转速超过它的动作值（如 140 r/min）时,控制电路中的速度继电器 KS 的常开触点将闭合,为制动做好准备。

当需要制动时,按下复合按钮 SB_1 ,其常闭触点断开后,将使得接触器 KM_1 的线圈失电,控制电路中的辅助常闭触点恢复闭合、辅助常开触点恢复断开、主电路中的 KM_1 主触点断开,电动机断开三相电源后在惯性的作用下仍然会运行。复合按钮 SB_1 的常开触点闭合后,将使得接触器 KM₂ 的线圈得电,控制电路中的 KM₂ 辅助常闭触点断开、辅助常开触点闭合、主电路中的 KM₂ 主触点闭合,电动机的三相定子串入三相制动电阻 R,开始反接制动。当速度继电器 KS 的转速降至它的复位值(如 100 r/min)时,控制电路中的速度继电器 KS 的常开触点将恢复断开,接触器 KM₂ 的线圈失电,接触器 KM₂ 的所有触点复位,电动机反接制动结束。

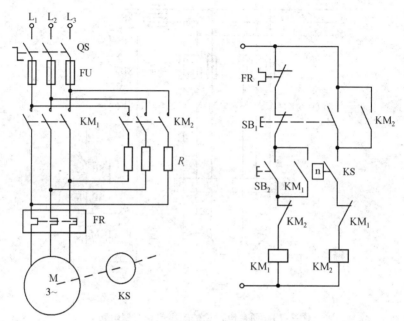

图 7.29　单向反接制动控制电路

（2）能耗制动控制

分析图 7.30 所示的三相交流电动机能耗制动控制的工作过程:

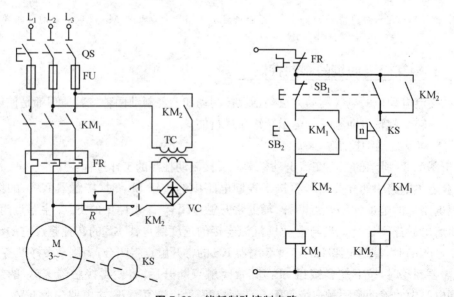

图 7.30　能耗制动控制电路

当合上主电路中的开关 QS,再按下控制电路中的按钮 SB_2 时,接触器 KM_1 的线圈通电,控制电路中的辅助常闭触点断开、辅助常开触点闭合、主电路中的 KM_1 主触点闭合,电动机 M 启动后连续运行。当与电动机机械连接的速度继电器 KS 的转速超过它的动作值(如 140 r/min 时),控制电路中的速度继电器 KS 的常开触点将闭合,为制动做好准备。

当需要制动时,按下复合按钮 SB_1,其常闭触点断开后,将使得接触器 KM_1 的线圈失电,控制电路中的辅助常闭触点恢复闭合、辅助常开触点恢复断开、主电路中的 KM_1 主触点断开,电动机断开三相电源后在惯性的作用下仍然会运行。复合按钮 SB_1 的常开触点闭合后,将使得接触器 KM_2 的线圈得电,控制电路中的 KM_2 辅助常闭触点断开、辅助常开触点闭合、主电路中的 KM_2 主触点闭合,整流变压器 TC 上面的一对 KM_2 辅助触点输入 380 V 交流电压,经过整流变压器 TC 变压、桥式整流电路 VC 整流后,给电动机的两相定子绕组接入直流电源进行能耗制动。当速度继电器 KS 的转速降至它的复位值(如 100 r/min 时),控制电路中的速度继电器 KS 的常开触点将恢复断开,接触器 KM_2 的线圈失电,接触器 KM_2 的所有触点复位,接入电动机两相定子绕组的直流电源断开,电动机能耗制动结束。

7.3　常用电气控制系统图

电气控制系统是由许多电器元件和导线按照一定要求连接而成的。为了表达电气控制系统的结构、工作原理等设计意图,同时也为了便于电器元件的安装、接线、运行和维护,需将电气控制系统中各电器元件的连接用一定的图形表示出来,这种图就是电气控制系统图。常用的电气控制系统图有电气原理图、电器布置图和电气安装接线图。本节以 C620-1 型普通车床为实例,分别介绍电气原理图、电器布置图和电气安装接线图的绘制规则。

7.3.1　电气原理图

电气原理图是用来表示电气控制系统中,各电器元件导电部件的连接关系和工作原理的图。其作用是为了便于操作者详细了解其控制对象的工作原理,用以指导安装、调试与维修以及为绘制接线图提供依据。C620-1 车床的电气原理图如图 7.31 所示。

电气原理图不考虑电气控制系统中各电器元件的实际安装位置和连线情况,一般遵循以下几个主要规则:

(1) 电气原理图一般由主电路和辅助电路组成,辅助电路包括控制电路、照明电路、信号电路及保护电路等。主电路一般是从电源到电动机或者线路末端的电路,是强电流通过的电路,通常由刀开关、熔断器、接触器主触点、热继电器主触点和电动机等组成。相对主电路来说,辅助电路是小电流流过的电路,一般包括按钮、接触器的线圈和辅助触点、控制变压器、照明灯、信号灯等。绘制电气原理图时,主电路绘制在原理图的左侧或者上方,辅助电路绘制在原理图的右侧或者下方。如图 7.31 所示,左侧从开关 QS_1 到三相电动机 M_1 和 M_2 的电路是主电路,右侧部分为辅助电路,包括控制电路和照明电路。

电源开关	主轴和进给传动	冷却泵	主轴控制	照明电源	照明灯

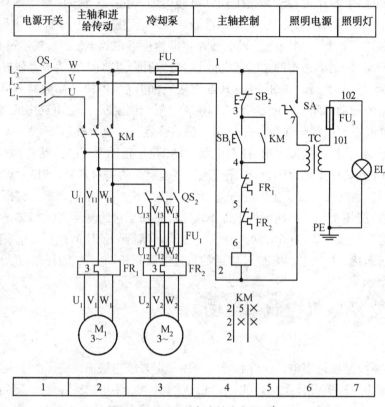

图 7.31　C620-1 车床的电气原理图

（2）电气原理图中的电器元件的文字符号、图形符号以及标号必须按照国家标准。如图 7.31 所示，所有电器元件的电气符号符合国标，三相电源引入线用 L_1、L_2、L_3 标号，电源开关之后的三相交流主电路用 U、V、W 标号，辅助电路由 3 位以下或者 3 位数字标号。

（3）电气原理图中的电器元件不画实际的外形图，只画带电部件，而且同一电器元件的带电部件可以不画在一起，但需用同一文字符号表示。如图 7.31 所示，接触器 KM 的导电部件包括线圈、主触点和辅助触点，KM 的主触点画在主电路中，而 KM 的线圈和辅助触点画在控制电路中。

（4）电气原理图中的所有触点都是按照电器没有受到外力作用或未通电的状态画的。对按钮、开关等电器来说，是指它们没有受到外力作用时的状态；对接触器、继电器等电器来说，是指它们的线圈没有通电时的状态。如图 7.31 所示，按钮 SB_2 在没有被按下时是常闭触点；接触器 KM 的主触点在 KM 线圈未通电时，是常开触点。

（5）电气原理图中的两线交叉连接时，用黑点标出；无交叉连接时不绘制黑点，图中尽量避免导线交叉连接。

（6）对于较复杂的电气原理图，为了便于分析电气线路，可以对图面进行分区。每个区的竖边用大写拉丁字母编号，横边用阿拉伯数字编号。有时为了分析方便，把数字编号放在下面，而在图面区域对应的原理图上方标明该区域的电路或者元件的功能。如图 7.31 所示，横边分了 7 个区，用阿拉伯数字编号，对应的原理图上方标明了相应区域的电路或者元件的功能，如电源开关、主轴控制等。

(7) 电气原理图中,在接触器和继电器的线圈下方,标有相应触点所在图中位置的检索代号,检索代号用图面区号表示。其中,左栏表示常开触点所在的区号,右栏为常闭触点所在的区号。如图 7.31 所示,接触器 KM 的主触点在 2 区(3 对)、辅助常开触点在 5 区(1 对)、辅助常闭触点没用到。

(8) 绘制电气原理图时要布局合理、排列均匀、图面清晰、便于读图,尽量做到所用的电器元件、触点数量最少,又能保证电气线路运行可靠。

在熟悉了机床设备的结构和运动方式后,机床设备电气原理图的识读过程可以分为三步:

(1) 读主电路。通过读主电路,可以了解某机床设备由几台电动机来驱动,每台电动机的运行方式等内容。如图 7.31 的第 1 区至第 3 区所示,C620-1 车床的主电路由两台三相电动机来控制。

(2) 读辅助电路。通过读辅助电路,可以了解该机床设备的具体工作原理或控制过程等。如图 7.31 的第 4 区至第 7 区所示,C620-1 车床的辅助电路包括控制电路、照明电路,可以分别加以分析。

(3) 综合分析。在读完主电路和辅助电路后,可以综合分析该机床设备的工作原理,如一些连锁控制和保护环节等。

7.3.2　电器元件布置图

电器布置图主要用来表明电气系统中所有电器元件的实际位置,是电气控制设备安装、调试和维修时的必要资料。一般情况下,电器布置图与电器安装接线图组合在一起使用,既起到电器安装接线图的作用,又能清晰表示出所使用的电器的实际安装位置。C620-1 车床的电器元件布置图如图 7.32 所示。

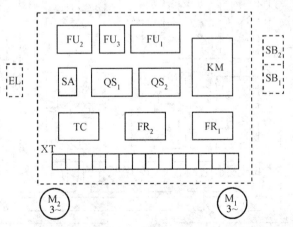

图 7.32　C620-1 车床的电气元件布置图

电器元件布置的一般原则如下:

(1) 体积大和较重的电器元件(如电动机、变压器等)应安装在电器安装板的下方,而发热元件(如熔断器)安装在电器安装板的上面。如图 7.32 所示,两台电动机安装在下方,3 个熔断器安装在上面。

（2）强电部分和弱电部分应分开布置，并且弱电部分要加屏蔽，防止干扰。普通机床的电气控制主要是强电部分，而数控机床的电气控制系统包括强电部分和弱电部分，在电器元件布置时要注意强电部分和弱电部分分开布置。

（3）电器元件的布置应考虑整齐、美观、对称。外形尺寸与结构类似的电器安装在一起，以便安装和配线。如图7.32所示，是将3个熔断器安装在一起。

（4）需要经常维护、检修、调整的电器元件安装位置不宜过高或过低。

（5）电器元件的布置应该根据电器元件的外形尺寸，按比例绘制，可标明各个元件的间距尺寸。电器元件布置不宜过密，应留有一定间距。如用走线槽，应加大各排电器间距，以利布线和维修。

（6）控制柜内的电器元件与柜外的电器元件连接时，应该经过接线端子，端子板也在电器元件布置图中绘制，如图7.32中的XT。

7.3.3　电气安装接线图

电气安装接线图主要用于电器的安装接线、线路检查、维修和故障处理，通常与电气原理图和电器元件布置图一起使用。C620-1车床的电气安装接线图如图7.33所示。

电气安装接线图的绘制一般遵循如下原则：

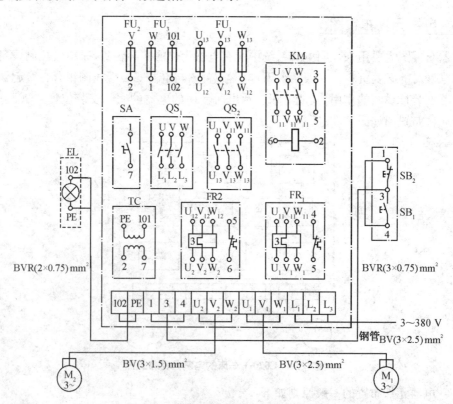

图7.33　C620-1车床的电气安装接线图

（1）各电器元件均按实际安装位置绘出，元件所占图面按实际尺寸的统一缩放比例绘制。一个电器元件中所有的带电部件均画在一起，并用点画线框起来。

（2）各电器元件的图形符号、文字符号必须与电气原理图一致，并符合国家标准。各电器元件上凡是需接线的部件端子都应绘出，并予以编号，各接线端子的编号必须与电气原理图上的导线编号相一致。如图7.33所示，接触器KM主触点的导线编号是U、V、W和U_{11}、V_{11}、W_{11}，与图7.31所示的电气原理图一致。

（3）绘制电器安装接线图时，不但要画出控制柜内部各电器元件之间的连接方式，还要画出外部相关电器元件的连接方式，走向相同的相邻导线可以绘成一股线。

（4）电器安装接线图还应标明连接导线的规格、型号、颜色和根数等。如图7.33所示，BV（3×1.5）mm^2标明了导线的规格是铜芯聚氯乙烯绝缘电线、导线的根数是3根、导线的线径是1.5 mm^2。

电气安装接线图的识读过程可以分为三步：

（1）读电器元件的位置。通过读每个电器元件的位置，可以进一步熟悉电气控制系统。

（2）读板上元件的布线。读板上元件的布线，通常包括主电路的走线和控制电路的走线。如图7.33所示，M_1电动机主电路的走线是U、V、W（QS_1→KM）；U_{11}、V_{11}、W_{11}（KM→FR_1）；U_1、V_1、W_1（FR_1→XT）。

（3）读板外元件的布线。板外元件的布线包括电动机走线、按钮走线、电源线走线等。如图7.33所示，M_1电动机的走线是U_1、V_1、W_1（XT→M_1），主电路电源线的走线是L_1、L_2、L_3（电源→XT）。

思考与练习

1. 什么是继电器接触器控制系统中的自锁和互锁？其作用分别是什么？

2. 三相交流异步电动机的点动和长动控制，在主电路上有什么区别？

3. 设计一个两台电动机的顺序控制电路。要求：三相交流异步电动机M_1、M_2启动时，M_1先启动、M_2后启动；M_1、M_2停止时，M_2先停止、M_1后停止。

4. 三相交流异步电动机常见的保护环节有哪些？可以用哪些电气元件来实现？

5. 什么是电气原理图？电气原理图的绘制规则有哪些？

第 8 章

Proteus 和斯沃数控仿真软件基础知识

任务引入

随着电子技术和计算机技术的飞速发展,掌握 EDA(电子设计自动化)技术已经成为电类专业的一项基本技能。电子线路的设计人员能在计算机上完成电路的功能设计、逻辑设计、性能分析、时序测试直至印制电路板的自动设计。电子电路仿真的虚拟电子工作平台软件已广泛应用于电路仿真实验与电子课程设计。本章详细介绍了电子仿真软件 Proteus 和斯沃数控仿真软件及它们的使用方法。

任务导航

- 掌握 Proteus 软件的基本操作;
- 熟悉常见元器件的使用方法;
- 会使用 Proteus 软件绘制原理图,进行电路仿真;
- 掌握斯沃数控仿真软件的基本操作;
- 会使用斯沃数控仿真软件进行电路接线和仿真调试。

8.1 Proteus 软件基础知识

8.1.1 Proteus 功能概述

Proteus 是一个基于 ProSPICE 混合模型仿真器的、完整的嵌入式系统软硬件设计仿真平台。它包含 ISIS 和 ARES 两大应用软件。ISIS 是智能原理图输入系统,是系统设计与仿真的基本平台;ARES 是高级 PCB 布线编辑软件。在 Proteus 中,从原理图设计、单片机编程、系统仿真到 PCB 设计可以一气呵成,真正实现了从概念到产品的完整设计。本书以 Proteus 7 Professional 为例,详细介绍 Proteus ISIS 电路设计与仿真平台的使用。

8.1.2 Proteus ISIS 的界面及设置

安装好 Proteus 软件后,点击"开始"程序菜单,单击运行原理图(ISIS 7 Professional)或 PCB(ARES 7 Professional)设计界面。ISIS 7 Professional 在程序中的位置如图 8.1 所示。

图 8.1　ISIS 7 Professional 在程序中的位置

图 8.2 为 ISIS 7 Professional 运行时的界面。

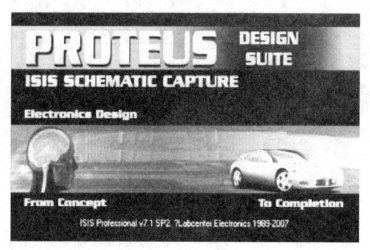

图 8.2　ISIS 7 Professional 启动界面

1) Proteus ISIS 的基本界面

运行 ISIS 7 Professional 的执行程序,进入如图 8.3 所示的基本界面。点状的栅格区域为图形编辑窗口,左上方为预览窗口,左下方为对象选择器窗口。图形编辑窗口用于放置元器件,进行连线,绘制原理图,输出结果等。预览窗口可以显示全部原理图。在预览窗口中有两个框,蓝框(①)表示当前页的边界,绿框(②)表示当前编辑窗口显示的区域。在预览窗口上单击,Proteus ISIS 将会以单击位置为中心刷新编辑窗口。从对象选择器窗口中选取新的对象时,预览窗口可以预览选中的对象。

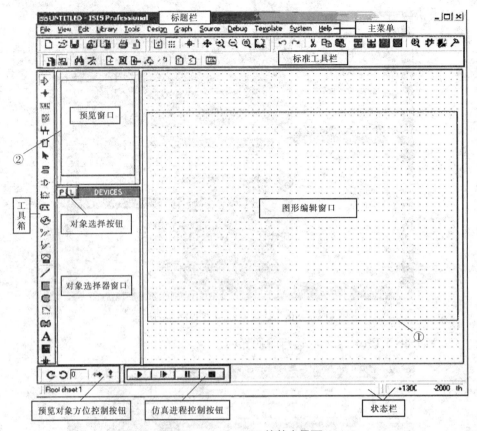

图 8.3　Proteus ISIS 的基本界面

（1）主菜单

Proteus ISIS 的主菜单栏包括 File(文件)、View(视图)、Edit(编辑)、Library(库)、Tools
(工具)、Design(设计)、Graph(图形)、Source(源)、Debug(调试)、Template(模板)、System
(系统)、Help(帮助)，如图 8.3 所示。单击任一菜单后都将弹出其子菜单项。

① File(文件)菜单：包括常用的文件功能，如新建设计、打开设计、保存设计、导入/导出
文件，也可打印、显示设计文档，以及退出 Proteus ISIS 系统等。

② View(视图)菜单：包括是否显示网格、设置格点间距、缩放电路图及显示与隐藏各种
工具栏等。

③ Edit(编辑)菜单：包括撤销/恢复操作、查找与编辑元器件、剪切、复制、粘贴对象，以
及设置多个对象的层叠关系等。

④ Library(库)菜单：它具有选择元器件及符号、制作元器件及符号、设置封装工具、分
解元件、编译库、自动放置库、校验封装和调用库管理器等功能。

⑤ Tools(工具)菜单：它包括实时注解、自动布线、查找并标记、属性分配工具、全局注
解、导入文本数据、元器件清单、电气规则检查、编译网络标号、编译模型、将网络标号导入
PCB 以及从 PCB 返回原理设计等工具栏。

⑥ Design(设计)菜单：它具有编辑设计属性，编辑原理图属性，编辑设计说明，配置电
源，新建、删除原理图，在层次原理图中总图与子图以及各子图之间互相跳转和设计目录管

理等功能。

⑦ Graph(图形)菜单:它具有编辑仿真图形,添加仿真曲线、仿真图形,查看日志,导出数据,清除数据和一致性分析等功能。

⑧ Source(源)菜单:它具有添加/删除源文件,定义代码生成工具,设置外部文本编辑器和编译等功能。

⑨ Debug(调试)菜单:包括启动调试、执行仿真、单步运行、断点设置和重新排布弹出窗口等功能。

⑩ Template(模板)菜单:包括设置图形格式、文本格式、设计颜色以及连接点和图形等。

⑪ System(系统)菜单:包括设置系统环境、路径、图形尺寸、标注字体、热键及仿真参数和模式等。

⑫ Help(帮助)菜单:包括版权信息、Proteus ISIS 学习教程和示例等。

(2) 标准工具栏

Proteus ISIS 的主工具栏位于主菜单下面两行,以图标形式给出,如图 8.3 所示。包括 File 工具栏、View 工具栏、Edit 工具栏和 Design 工具栏四个部分。工具栏中每一个按钮都对应一个具体的菜单命令,以便快捷而方便地使用命令。主工具栏中的各按钮功能如表 8.1 所示。

表 8.1　主工具栏按钮功能

按钮	对应菜单	功能
	File→New Design	新建设计
	File→Open Design	打开设计
	File→Save Design	保存设计
	File→Import Section	导入部分文件
	File→Export Section	导出部分文件
	File→Print	打印
	File→Set Area	设置区域
	View→Redraw	刷新
	View→Grid	栅格开关
	View→Origin	原点
	View→Pan	选择显示中心
	View→Zoom In	放大

按钮	对应菜单	功能
	View→Zoom Out	缩小
	View→Zoom All	显示全部
	View→Zoom to Area	缩放一个区域
	Edit→Undo	撤销
	Edit→Redo	恢复
	Edit→Cut to clipboard	剪切
	Edit→Copy to clipboard	复制
	Edit→Paste from clipboard	粘贴
	Block Copy	(块)复制
	Block Move	(块)移动
	Block Rotate	(块)旋转
	Block Delete	(块)删除
	Library→Pick Device/Symbol	拾取元器件或符号
	Library→Make Device	制作元件
	Library→Packing Tool	封装工具
	Library→Decompose	分解元器件
	Tools→Wire Auto Router	自动布线器
	Tools→Seach and Tag	查找并标记
	Tools→Property Assignment Tool	属性分配工具
	Design→Design Explorer	设计资源管理器
	Design→New Sheet	新建图纸
	Design→Remove Sheet	移去图纸
	Exit to Parent Sheet	转到主原理图
	View BOM Report	查看元器件清单

续表

按钮	对应菜单	功能
⑤	Tools→Electrical Check	生成电气规则检查报告
ARES	Tools→Netlist to ARES	创建网络表

（3）工具箱

Proteus ISIS 的工具箱位于界面的左侧，以图标形式给出，如图 8.3 所示。选择相应的工具箱图标按钮，系统将提供不同的操作工具。对象选择器根据选择不同的工具箱图标按钮决定当前状态显示的内容。显示对象的类型包括元器件、终端、引脚、图形符号、标注和图表等。工具箱中各图标按钮对应的操作如下。

① Selection Mode 按钮 ▸：选择模式。

② Component Mode 按钮 ➡：拾取元器件。

③ Junction Dot Mode 按钮 ✛：放置节点。

④ Wire Label Mode 按钮 ⌗：标注线段或网络名。

⑤ Text Script Mode 按钮 ☰：输入文本。

⑥ Buses Mode 按钮 ╈：绘制总线。

⑦ Subcircuit Mode 按钮 ⫥：绘制子电路块。

⑧ Terminals Mode 按钮 ⊟：在对象选择器中列出各种终端(输入、输出、电源和地等)。

⑨ Device Pins Mode 按钮 ⫞：在对象选择器中列出各种引脚(如普通引脚、时钟引脚、反电压引脚和短接引脚等)。

⑩ Graph Mode 按钮 ⊞：在对象选择器中列出各种仿真分析所需的图表，如图 8.4 所示，其含义如表 8.2 所示。

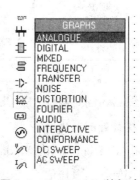

图 8.4　Graph Mode 按钮功能

表 8.2　图表种类

类别名称	含义	类别名称	含义
ANALOGUE	模拟图表	FOURIER	傅里叶分析
DIGITAL	数字图表	AUDIO	音频分析
MIXED	模数混合图表	INTERACTIVE	交互分析
FREQUENCY	频率响应	CONFORMANCE	一致性分析
TRANSFER	转移特性分析	DC SWEEP	直流扫描
NOISE	噪声波形	AC SWEEP	交流扫描
DISTORTION	失真分析		

⑪ Tap Recorder Mode 按钮 ▦：当对设计电路分割仿真时采用此模式。

⑫ Generator Mode 按钮 ⊗：在对象选择器中列出各种激励源，如图 8.5 所示，其含义

如表 8.3 所示。

图 8.5　Generator Mode 按钮功能

表 8.3　激励源种类

类别名称	含义	类别名称	含义
DC	直流信号发生器	AUDIO	音频信号发生器
SINE	正弦波信号发生器	DSTATE	数字单稳态逻辑电平发生器
PULSE	脉冲发生器		
EXP	指数脉冲发生器	DEDGE	数字单边沿信号发生器
SFFM	单频率调频发生器	DPULSE	单周期数字脉冲发生器
PWLIN	分段线性激励源	DCLOCK	数字时钟信号发生器
FILE	FILE 信号发生器	DPATTERN	数字模式信号发生器

⑬ Voltage Probe Mode 按钮 ⚡：可在原理图中添加电压探针。电路进行仿真时可显示各探针处的电压值。

⑭ Current Probe Mode 按钮 ⚡：可在原理图中添加电流探针。电路进行仿真时可显示各探针处的电流值。

⑮ Virtual Instrument Mode 按钮 ：在对象选择器中列出各种虚拟仪器,如图 8.6 所示,其含义如表 8.4 所示。

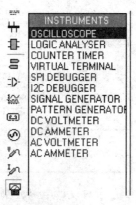

图 8.6　Virtual Instrument Mode 按钮功能

名称	含义	名称	含义
OSCILLOSCOPE	示波器	SIGNAL GENERATOR	信号发生器
LOGIC ANALYSER	逻辑分析仪	PATTERN GENERATOR	模式发生器
COUNTER TIMER	计数/定时器	DC VOLTMETER	直流电压表
VIRTUAL TERMINAL	虚拟终端	DC AMMETER	直流电流表
SPI DEBUGGER	SPI调试器	AC VOLTMETER	交流电压表
I2C DEBUGGER	I²C调试器	AC AMMETER	交流电流表

工具箱除了上述图标按钮外，还提供了8个2D图形模式图标按钮 ╱ ▮ ● ◗ ▱ ✕ **A** ⬟ ✛。除此之外，系统还提供了4个旋转图标按钮 ⟳ ⟲ ↔ ↕，以及4个仿真进程控制按钮 ▶ ▐▶ ▮▮ ▮■ 。

2）Proteus ISIS的编辑环境设置

Proteus ISIS编辑环境的设置主要涉及模板的选择、图纸的选择、图纸的设置和格点的设置。绘制电路图首先要选择模板，模板体现电路图外观的信息，比如图形格式、文本格式、设计颜色、线条连接点大小和图形等。随后设置图纸，如设置纸张的型号、标注的字体等。图纸的格点为放置元器件、连接线路带来很多方便。

（1）选择模板

① 在Proteus ISIS主界面中，选择【File】→【New Design】菜单项，弹出如图8.7所示对话框，从对话框中选择合适的模板（通常选择DEFAULT模板），单击"OK"按钮，即可创建一个新设计文件。

图8.7　建立新的设计文件

② 选择【Template】→【Set Design Defaults】菜单项，编辑设计的默认选项，弹出如图8.8所

示对话框。通过该对话框可以设置纸张、格点等项目的颜色,设置电路仿真时正、负、地、逻辑/高低等项目的颜色,设置隐藏对象的显示与否及颜色,还可以设置编辑环境的默认字体等。

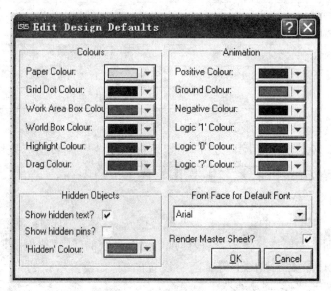

图 8.8　设置图纸颜色

③ 选择【Template】→【Set Graph Colours】菜单项,编辑图形颜色,弹出如图 8.9 所示对话框。通过该对话框可以对 Graph Outline(图形轮廓线)、Background(底色)、Graph Titles(图形标题)、Graph Text(图形文本)等按用户期望的颜色进行设置,同时也可对 Analogue Traces(模拟跟踪曲线)和不同类型的 Digital Traces(数字跟踪曲线)进行设置。

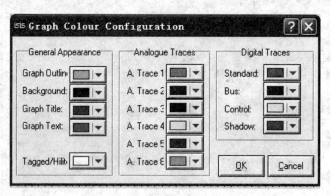

图 8.9　设置图纸和背景的颜色

④ 选择【Template】→【Set Graph Styles】菜单项,编辑图形的全局风格,弹出如图 8.10 所示对话框。通过该对话框可以设置图形的全局风格,如线型、线宽、线的颜色及图形的填充色等。在"Style"下拉列表框中可以选择不同的系统图形风格。单击"New"按钮,将弹出如图 8.11 所示对话框。在"New style's name"文本框中输入新风格的名称,单击"OK"确定,将出现如图 8.12 所示对话框,可自定义图形的风格,如颜色、线型等。

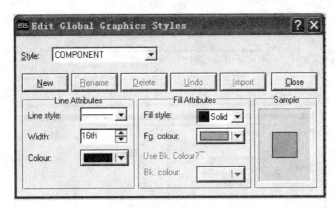

图 8.10　设置图形风格

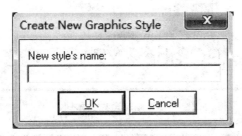

图 8.11　设置风格名称

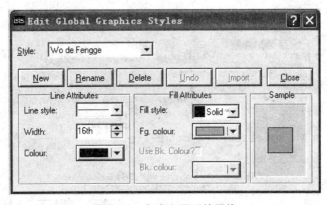

图 8.12　自定义图形的风格

⑤ 选择【Template】→【Set Text Styles】菜单项，编辑全局文本风格，弹出如图 8.13 所示对话框。在"Font face"下拉列表中，可选择期望的字体，还可以设置字体的高度、颜色以及是否加粗、倾斜、加下划线等。在"Sample"区域可以预览设置后的字体风格。同理，单击"New"按钮可以创建新的图形文本风格。

⑥ 选择【Template】→【Set Graphics Text】菜单项，编辑图形字体格式，弹出如图 8.14 所示对话框。在"Font face"列表框中，可选择图形文本的字体类型，在"Text Justification"选项区域可选择字体在文本框中的水平位置、垂直位置，在"Effects"选项区域可选择字体的效果，如加粗、倾斜、加下划线等，而在"Character Sizes"选项区域，可设置字体的高度和宽度。

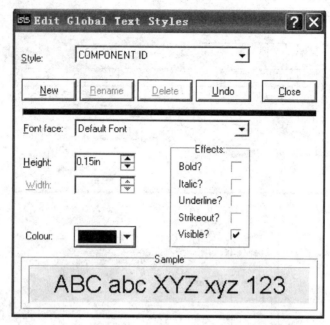

图 8.13 编辑全局文本风格

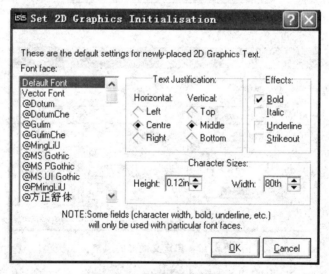

图 8.14 编辑图形字体格式

⑦ 选择【Template】→【Set Junction Dots】菜单项,弹出编辑节点对话框,如图 8.15 所示。在该对话框中可设置节点的大小和形状,单击"OK"按钮,即可完成对节点的设置。

注意:模板的改变只影响当前运行的 Proteus ISIS,尽管这些模板有可能被保存后在别的设计中调用。为了使新建设计时这一改变依然有效,用户必须用保存为模板的命令更新默认的模板。该命令在【Template】→【Save Default Template】菜单中。

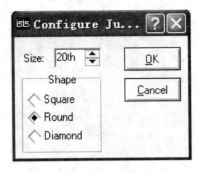

图 8.15　编辑节点

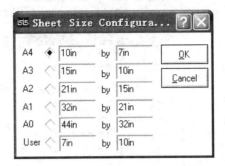

图 8.16　选择图纸大小

（2）选择图纸

在 Proteus ISIS 主界面中,选择【System】→【Set Sheet Sizes】菜单项,弹出如图 8.16 所示对话框。在该对话框中用户可选择图纸的大小或自定义图纸的大小。

（3）设置文本编辑器

在 Proteus ISIS 主界面中,选择【System】→【Set Text Editor】菜单项,弹出如图 8.17 所示对话框。在该对话框中用户可以对文本的字体、字形、大小、效果和颜色等进行设置。

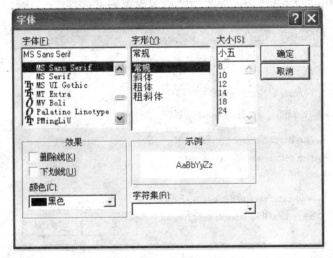

图 8.17　编辑文本

（4）设置格点

在设计电路图时,图纸上的格点既有利于放置元器件和连接线路,也方便元器件的对齐和排列。

① 使用"View"菜单设置格点的显示或隐藏。在主界面中选择【View】→【Grid】菜单项设置编辑窗口中的格点显示与否,如图 8.18 所示。

② 使用"View"菜单设置格点的间距。选择【View】→【Snap 10th】菜单项,或【Snap 50th】、【Snap 0.1in】、【Snap 0.5in】项,可调整格点的间距(默认值为 0.1in)。

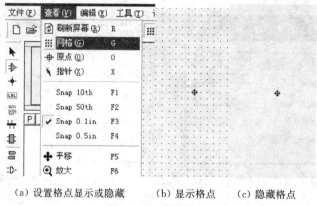

(a) 设置格点显示或隐藏　　　(b) 显示格点　　(c) 隐藏格点

图 8.18　设置格点

3) Proteus ISIS 的系统参数设置

在 Proteus ISIS 的主界面中,通过"System"菜单可对系统进行设置。

(1) 设置系统运行环境

在 Proteus ISIS 的主界面中,选择【System】→【Set Environment】菜单项,即可打开系统环境设置对话框,如图 8.19 所示。该对话框主要包括如下设置:

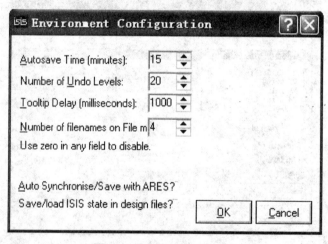

图 8.19　设置系统运行环境

① Autosave Time(minutes):系统自动保存时间设置(单位为 min)。

② Number of Undo Levels:可撤销操作的次数设置。

③ Tooltip Delay(milliseconds):工具提示延时(单位为 ms)。

④ Number of filenames on File Menu:File 菜单项中显示文件名的数量。

⑤ Auto Synchronise/Save with ARES? 是否自动同步/保存 ARES?

⑥ Save/Load ISIS state in design file? 是否在设计文档中加载/保存 Proteus ISIS 的状态?

(2) 设置路径

选择【System】→【Set Paths】菜单项,即可打开路径设置对话框,如图 8.20 所示。该对话框主要包括如下设置:

① Initial folder is taken from Windows：表示从窗口中选择初始文件夹。

② Initial folder is always the same one that was used last：表示初始文件夹为最后一次使用过的文件夹。

③ Initial folder is always the following：表示初始文件夹为下面的文本框中输入的路径。

④ Template folders：表示模板文件夹路径。

⑤ Library folders：表示库文件夹路径。

⑥ Simulation Model and Moudle Folders：表示仿真模型及模块文件夹路径。

⑦ Path to folder for simulation results：表示仿真结果的存放文件夹路径。

⑧ Limit maximum disk space used for simulation result(Kilobytes)：表示仿真结果占用的最大磁盘空间(KB)。

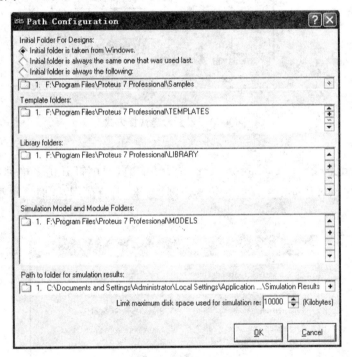

图8.20　设置路径

（3）设置键盘快捷方式

选择【System】→【Set Keyboard Mapping】菜单项，即可打开键盘快捷方式设置对话框，如图8.21所示。使用该对话框可修改系统所定义的菜单命令的快捷方式。其中，在"Command Groups"下拉列表框中选择相应的选项，在"Available Commands"列表框中选择可用的命令，在该对话框下方的说明栏中显示所选中命令的意义，"Key sequence for selected command"文本框中显示所选中命令的快捷键。使用"Assign"和"Unassign"按钮可查看编辑或删除系统设置的快捷方式。单击"Options"下三角按钮，出现如图8.21所示的"Options"选项。选择"重置为默认图"选项，即可恢复系统的默认设置。而选择"导出到文件"选项可将上述键盘快捷方式导出到文件中，选择"从文件导入"选项则为从文件中导入。

图 8.21　设置键盘快捷方式

（4）设置 Animation 选项

选择【System】→【Set Animation Options】菜单项，即可打开仿真电路设置对话框，如图 8.22所示。在该对话框中可以设置仿真速度、电压/电流范围，同时还可设置仿真电路的其他功能：

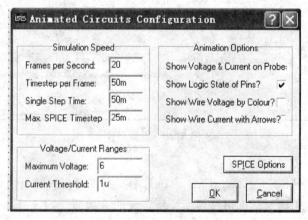

图 8.22　设置仿真选项

① Show Voltage & Current on Probes：是否在探测点显示电压值与电流值。

② Show Logic State of Pins：是否显示引脚的逻辑状态。

③ Show Wire Voltage by Colour：是否用不同颜色表示导线的电压。

④ Show Wire Current With Arrows：是否用箭头表示导线的电流方向。

此外，单击"SPICE Options"按钮，弹出如图 8.23 所示对话框。在该对话框中还可以通过选择不同的选项来进一步对仿真电路进行设置。

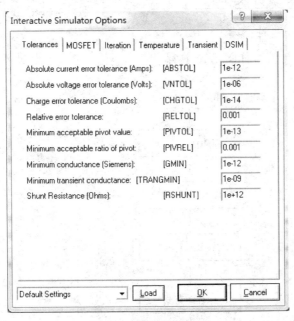

图 8.23　设置仿真选项

（5）设置仿真器选项

选择【System】→【Set Simulator Options】菜单项，即可打开设置仿真器选项对话框，如图 8.24 所示。

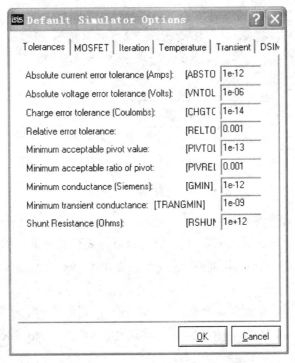

图 8.24　设置仿真电路

8.1.3 电路原理图设计及仿真

1) 电路原理图的设计流程

电路原理图的设计流程如图 8.25 所示。

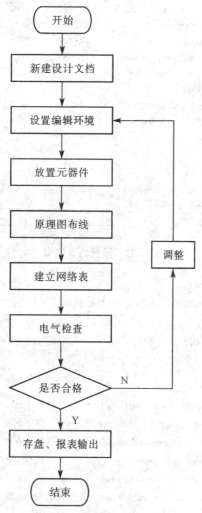

图 8.25 电路原理图的设计流程

原理图的具体设计步骤如下：

（1）新建设计文档。在进入原理图设计之前，首先要构思好原理图，即必须知道所设计的项目需要哪些电路来完成，用何种模板；然后在 Proteus ISIS 编辑界面中画出电路原理图。

（2）设置工作环境。根据实际电路的复杂程度来设置图纸的大小等。在电路图设计的整个过程中，图纸的大小可以不断地调整。设置合适的图纸大小是完成原理图设计的第一步。

（3）放置元器件。首先从添加元器件对话框中选取需要添加的元器件，将其布置到图纸的合适位置，并对元器件的名称、标注进行设定；再根据元器件之间的走线等联系对元器件在工作平面上的位置进行调整和修改，使得原理图美观、易懂。

（4）对原理图进行布线。根据实际电路的需要，利用 Proteus ISIS 编辑界面中所提供的各种工具、命令进行布线，将工作平面上的元器件用导线连接起来，构成一幅完整的电路原理图。

（5）建立网络表。在完成上述步骤之后，即可看到一张完整的电路图，但要完成印制板电路的设计，还需要生成一个网络表文件。网络表是印制板电路与电路原理图之间的纽带。

（6）原理图的电气规则检查。当完成原理图布线后，利用 Proteus ISIS 编辑界面中所提供的电气规则检查命令对设计进行检查，并根据系统提示的错误检查报告修改原理图。

（7）调整。如果原理图已通过电气规则检查，那么原理图的设计就完成了，但是对于一般电路设计而言，尤其是较大的项目，通常需要对电路进行多次修改才能通过电气规则检查。

（8）存盘和输出报表。Proteus ISIS 提供了多种报表输出格式，同时可以对设计好的原理图和报表进行存盘和输出打印。

2）电路原理图的设计方法和步骤

下面以图 8.26 所示电路为例，直观地介绍电路原理图的设计方法和步骤。

（1）创建一个新的设计文件

首先进入 Proteus ISIS 编辑界面。选择【File】→【New Design】菜单项，在弹出的模板对话框中选择 DEFAULT 模板，并将新建的设计保存在 E 盘根目录下，保存文件名为"example"。

（2）设置工作环境

打开【Template】菜单，对工作环境进行设置。在本例中，仅对图纸进行设置，其他项目使

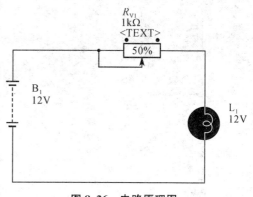

图 8.26　电路原理图

用系统默认的设置。选择【System】→【Set Sheet Sizes】菜单项，在出现的对话框中选择 A4 复选框，单击"OK"按钮确认，即可完成页面设置。

（3）拾取元器件

查找元器件的操作步骤如下：

① 选择【Library】→【Pick Devices/Symbol】菜单项，出现如图 8.27 所示对话框。在类列表中选择"Optoelectronics"类，并在子类列表中选择"Lamps"子类，则在元器件列表区域将出现期望的元器件，如图 8.28 所示。

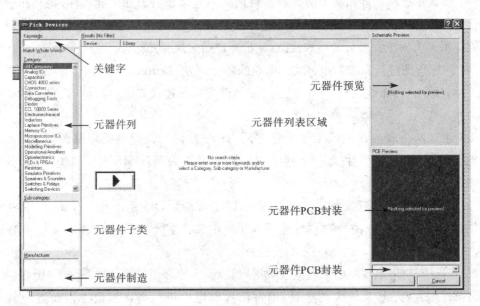

图 8.27 选择设备/符号

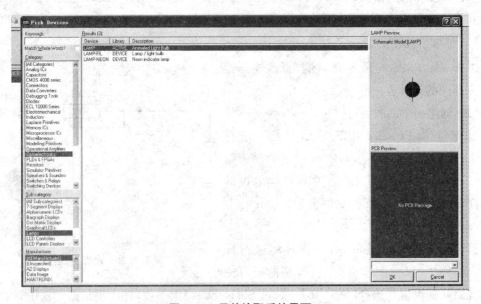

图 8.28 元件拾取后的界面

② 单击"OK"按钮,或在元器件列表区域双击元器件名称,即可完成对该元器件的添加。添加的元器件将出现在对象选择器列表中,如图 8.29 所示。

③ 在完成了对元器件 LAMP 的查找后,可以按照图 8.26 所示的原理图,依次找到其他元器件。其他元器件的名称、所属类、子类如表 8.5 所列。

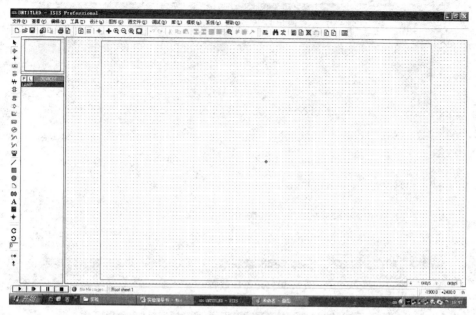

图 8.29　拾取元件后的界面

表 8.5　元件清单

元件名称	所属类	所属子类
LAMP	Optoelectronics	Lamps
BATTERY	Miscellaneous	——
POT-HG	Resistors	Variable

（4）在原理图中放置元器件

在当前设计文档的对象选择器中添加元器件后，就要在原理图中放置元器件。下面以放置 LAMP 为例说明具体步骤。

① 选择对象选择器中的 LAMP 元器件，在 Proteus ISIS 编辑主界面的预览窗口将出现 LAMP 的图标。

② 在编辑窗口双击鼠标左键，元器件 LAMP 被放置到原理图中。

③ 按照上述步骤，分别将 BATTERY、POT-HG 元器件放置到原理图中。

④ 将光标指向编辑窗口的元器件，并单击该对象使其高亮显示。

⑤ 拖动该对象到合适的位置。

⑥ 调整好所有元器件后，选择【View】→【Redraw】菜单项，刷新屏幕，此时图纸上有了全部元器件，如图 8.30 所示。

（5）编辑元器件

放置好元器件后，双击相应的元器件，即可打开该元器件的编辑对话框。下面以 LAMP 的编辑对话框为例，详细介绍元器件的编辑方式。

① 单击 LAMP 元器件，LAMP 高亮显示。

② 再次单击 LAMP 元器件，弹出如图 8.31 所示对话框，编辑该元器件。

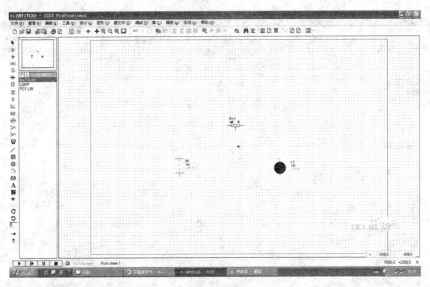

图 8.30　元器件放置后的界面

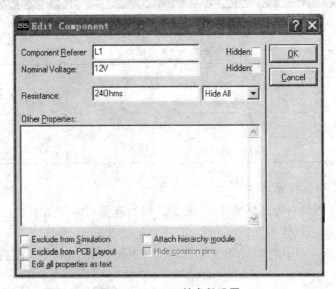

图 8.31　LAMP 的参数设置

图 8.31 中包含如下项目：

- Component Reference：元器件在原理图中的参考号。

- Hidden：选择元器件参考是否出现在原理图中。

- Nominal Voltage：LAMP 电压标称值。

- Resistance：LAMP 阻抗。

③ 单击"OK"按钮，结束元器件的编辑。

按照上述步骤，分别编辑 BATTERY 的参考号为 B1，电压值为 12 V，POT-HG 的电阻值为 200 Ω，LAMP 的参考号为 BL1。

（6）原理图布线

Proteus ISIS 具有智能化特点，在想要画线的时候能进行自动检测。

在两个元器件间进行连线的步骤如下:

① 单击第一个对象连接点。

② 如果想让 Proteus ISIS 自动定出自动走线路径,只需单击另一个连接点;如果想自己决定走线路径,只需在希望的拐点处单击。

在此过程的任一阶段,都可以按"Esc"键放弃画线。

按照上述步骤,分别将 BATTERY、POT-HG 和 LAMP 连线。连接后的原理图如图 8.26所示。

注意:上述 5 和 6 的步骤可以互换。

(7) 对电路原理图进行电气规则检查

选择【Tools】→【Electrical Rule Check】菜单项,出现电气规则检查报告单,如图 8.32 所示。在该报告单中,系统提示网络表已经生成,并无电气错误,即用户可执行下一步操作。

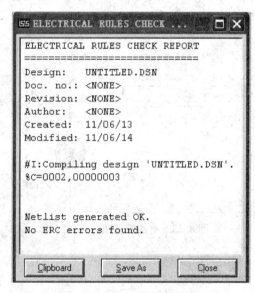

图 8.32　电气规则检查报告单

(8) 存盘及输出报表

将设计好的原理图文件存盘。同时,可使用【Tools】→【Bill of Materials】菜单项输出 BOM 文档。

至此,一个简单的原理图设计完成。

(9) 原理图仿真

原理图设计好后,可选取电流探针 ⟶ ✍ RV1(2)、电压探针 ✍ BL1(1) 和 ✍ L1(2) 实时测量电流值和电压值。对图 8.26 所示的原理图添加电流探针和电压探针后,原理图如图 8.33 所示。

点击运行按钮 ▶ ,对原理图仿真,仿真结果如图 8.34 所示。初始情况下,滑动变阻器在最左端,滑动变阻器阻值最大,流经灯泡的电流很小,灯泡两端的压降很小,灯泡没有点亮。

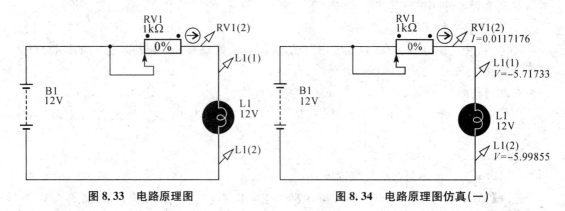

图 8.33 电路原理图   图 8.34 电路原理图仿真(一)

点击滑动变阻器右端箭头,减小滑动变阻器的阻值,流经灯泡的电流逐渐增大,当灯泡两端的压降达到一定值时,灯泡点亮,如图 8.35 所示。

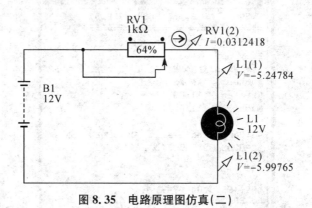

图 8.35 电路原理图仿真(二)

8.1.4 Proteus ISIS 的库元件

Proteus ISIS 的库元件都是以英文来命名的,下面对 Proteus ISIS 的库元件按类进行详细的介绍,使读者能够对这些元件的名称、位置和使用有一定的了解。

1) 库元件的分类

Proteus ISIS 的库元件按类存放,即类→子类(或生产厂家)→元件。对于比较常用的元件需要记住它的名称,通过直接输入名称来拾取。至于哪些是常用元件,是因人而异的,根据需要而定。另外一种元件拾取方法是按类查询,也非常方便。

(1) 大类(Category)

元件拾取对话框如图 8.28 所示。在左侧的"Category"中,共列出了以下几个大类,其含义如表 8.6 所示。当要从库中拾取一个元件时,首先要弄清楚它的分类是位于表 8.6 中的哪一类,然后在打开的元件拾取对话框中,选中"Category"中相应的大类。

表 8.6　**Category 的分类**

Category(类)	含义	Category(类)	含义
Analog ICs	模拟集成器件	PLDs and FPGAs	可编程逻辑器件和现场可编程门阵列
Capacitors	电容	Resistors	电阻
CMOS 4000 series	CMOS 4000 系列	Simulator Primitives	仿真源
Connectors	接头	Speakers and Sounders	扬声器和声响
Data Converters	数据转换器	Switches and Relays	开关和继电器
Debugging Tools	调试工具	Switching Devices	开关器件
Diodes	二极管	Thermionic Valves	热离子真空管
ECL 10000 series	ECL 10000 系列	Transducers	传感器
Electromechanical	电机	Transistors	晶体管
Inductors	电感	TTL 74 Series	标准 TTL 系列
Laplace Primitives	拉普拉斯模型	TTL 74ALS Series	先进的低功耗肖特基 TTL 系列
Memory ICs	存储器芯片	TTL 74AS Series	先进的肖特基 TTL 系列
Microprocessor ICs	微处理器芯片	TTL 74F Series	快速 TTL 系列
Miscellaneous	混杂器件	TTL 74HC Series	高速 CMOS 系列
Modelling Primitives	建模源	TTL 74HCT Series	与 TTL 兼容的高速 CMOS 系列
Operational Amplifiers	运算放大器	TTL 74LS Series	低功耗肖特基 TTL 系列
Optoelectronics	光电器件	TTL 74S Series	肖特基 TTL 系列

（2）子类（Sub——category）

选取元件所在的大类（Category）后，再选子类（Sub——category），也可以直接选生产厂家（Manufacturer），这样会在元件拾取对话框中间部分的查找结果（Results）中显示符合条件的列表。从中找到所需的元件，双击该元件名称，元件即被拾取到对象选择器中去了。如果要继续拾取其他元件，最好使用双击元件名称的办法，对话框不会关闭。如果只选取一个元件，可以单击元件名称后再单击"OK"按钮，关闭对话框。如果选取大类后，没有选取子类或生产厂家，则在元件拾取对话框中的查询结果中，会把此大类下的所有元件按元件名称首字母的升序排列出来。

2）各子类的介绍

下面对 Proteus ISIS 库元件的各子类进行逐一介绍。

（1）Analog ICs

模拟集成器件共有 8 个子类，如表 8.7 所示。

表 8.7　**Analog ICs 子类介绍**

子类	含义	子类	含义
Amplifier	放大器	Miscellaneous	混杂器件
Comparators	比较器	Regulators	三端稳压器
Display Drivers	显示驱动器	Timers	555 定时器
Filters	滤波器	Voltage References	参考电压

（2）Capacitors

电容共有 23 个分类，如表 8.8 所示。

表 8.8　电容子类介绍

子类	含义	子类	含义
Animated	可显示充放电电荷电容	Miniture Electrolytic	微型电解电容
Audio Grade Axial	音响专用电容	Multilayer Metallised Polyester Film	多层金属聚酯膜电容
Axial Lead polypropene	径向轴引线聚丙烯电容	Mylar Film	聚酯薄膜电容
Axial Lead polystyrene	径向轴引线聚苯乙烯电容	Nickel Barrier	镍栅电容
Ceramic Disc	陶瓷圆片电容	Non Polarised	无极性电容
Decoupling Disc	解耦圆片电容	Polyester Layer	聚酯层电容
Generic	普通电容	Radial Electrolytic	径向电解电容
High Temp Radial	高温径向电容	Resin Dipped	树脂蚀刻电容
High Temp Axial Electrolytic	高温径向电解电容	Tantalum Bead	钽电容
Metallised Polyester Film	金属聚酯膜电容	Variable	可变电容
Metallised polypropene	金属聚丙烯电容	VX Axial Electrolytic	VX 轴电解电容
Metallised polypropene Film	金属聚丙烯膜电容		

（3）CMOS 4000 series

CMOS 4000 系列数字电路共有 16 个分类，如表 8.9 所示。

表 8.9　CMOS 4000 系列子类介绍

子类	含义	子类	含义
Adders	加法器	Gates & Inverters	门电路和反相器
Buffers & Drivers	缓冲和驱动器	Memory	存储器
Comparators	比较器	Misc. Logic	混杂逻辑电路
Counters	计数器	Multiplexers	数据选择器
Decoders	译码器	Multivibrators	多谐振荡器
Encoders	编码器	Phase-locked Loops(PLL)	锁相环
Flip-Flop & Latches	触发器和锁存器	Registers	寄存器
Frequency Dividers & Timer	分频和定时器	Signal Switcher	信号开关

（4）Connectors

接头共有 9 个分类，如表 8.10 所示。

表 8.10　接头子类介绍

子类	含义	子类	含义
Audio	音频接头	PCB Transfer	PCB 传输接头
D-Type	D 型接头	SIL	单排插座
DIL	双排插座	Ribbon Cable	蛇皮电缆
Header Blocks	插头	Terminal Blocks	接线端子台
Miscellaneous	各种接头		

（5）Data Converters

数据转换器共有 4 个分类，如表 8.11 所示。

表 8.11　数据转换器子类介绍

子类	含义	子类	含义
A/D Converters	模数转换器	Sample & Hold	采样保持器
D/A Converters	数模转换器	Temperature Sensors	温度传感器

（6）Debugging Tools

调试工具数据共有 3 个分类，如表 8.12 所示。

表 8.12　调试工具子类介绍

子类	含义	子类	含义
Breakpoint Triggers	断点触发器	Logic Stimuli	逻辑状态输入
Logic Probes	逻辑输出探针		

（7）Diodes

二极管共有 8 个分类，如表 8.13 所示。

表 8.13　二极管子类介绍

子类	含义	子类	含义
Bridge Rectifiers	整流桥	Switching	开关二极管
Generic	普通二极管	Tunnel	隧道二极管
Rectifiers	整流二极管	Varicap	变容二极管
Schottky	肖特基二极管	Zener	稳压二极管

（8）Inductors

电感共有 3 个分类，如表 8.14 所示。

表 8.14　电感子类介绍

子类	含义	子类	含义
Generic	普通电感	Transformers	变压器
SMT Inductors	表面安装技术电感		

（9）Laplace Primitives

拉普拉斯模型共有 7 个分类，如表 8.15 所示。

表 8.15　电感子类介绍

子类	含义	子类	含义
1st Order	一阶模型	Operators	算子
2nd Order	二阶模型	Poles/Zeros	极点/零点
Controllers	控制器	Symbols	符号
Non-Linear	非线性模型		

（10）Memory ICs

存储器芯片共有 7 个分类，如表 8.16 所示。

表 8.16　存储器芯片子类介绍

子类	含义	子类	含义
Dynamic RAM	动态数据存储器	Memory Cards	存储卡
EEPROM	电可擦除程序存储器	SPI Memories	SPI 总线存储器
EPROM	可擦除程序存储器	Static RAM	静态数据存储器
I2C Memories	I²C 总线存储器		

（11）Microprocessor ICs

微处理器芯片共有 13 个分类，如表 8.17 所示。

表 8.17　微处理器芯片子类介绍

子类	含义	子类	含义
68000 Family	68000 系列	PIC 10 Family	PIC 10 系列
8051 Family	8051 系列	PIC 12 Family	PIC 12 系列
ARM Family	ARM 系列	PIC 16 Family	PIC 16 系列
AVR Family	AVR 系列	PIC 18 Family	PIC 18 系列
BASIC Stamp Modules	Parallax 公司微处理器	PIC 24 Family	PIC 24 系列
HC11 Family	HC11 系列	Z80 Family	Z80 系列
Peripherals	CPU 外设		

（12）Modelling Primitives

建模源共有 9 个分类，如表 8.18 所示。

表 8.18　建模源子类介绍

子类	含义	子类	含义
Analog(SPICE)	模拟（仿真分析）	Mixed Mode	混合模式
Digital(Buffers & Gates)	数字（缓冲器和门电路）	PLD Elements	可编程逻辑器单元
Digital(Combinational)	数字（组合电路）		
Digital(Miscellaneous)	数字（混杂）	Realtime(Actuators)	实时激励源
Digital(Sequential)	数字（时序电路）	Realtime(Indictors)	实时指示器

（13）Operational Amplifiers

运算放大器共有 7 个分类，如表 8.19 所示。

表 8.19　运算放大器子类介绍

子类	含义	子类	含义
Dual	双运放	Quad	四运放
Ideal	理想运放	Single	单运放
Macromodel	大量使用的运放	Triple	三运放
Octal	八运放		

(14) Optoelectronics

光电器件共有 11 个分类,如表 8.20 所示。

表 8.20　光电器件子类介绍

子类	含义	子类	含义
7-segment Displays	7 段显示	LCD Controllers	液晶控制器
Alphanumeric LCDs	液晶数码显示	LCD Panels Displays	液晶面板显示
Bargraph Displays	条形显示	LEDs	发光二极管
Dot Matrix Displays	点阵显示	Optocouplers	光电耦合
Graphical LCDs	液晶图形显示	Serial LCDs	串行液晶显示
Lamps	灯		

(15) Resistors

电阻共有 11 个分类,如表 8.21 所示。

表 8.21　电阻子类介绍

子类	含义	子类	含义
0.6W Metal Film	0.6 瓦金属膜电阻	High Voltage	高压电阻
10 Watt Wirewound	10 瓦绕线电阻	NTC	负温度系数热敏电阻
2 W Metal Film	2 瓦金属膜电阻		
3 Watt Wirewound	3 瓦绕线电阻	Resistor Packs	排阻
7 Watt Wirewound	7 瓦绕线电阻	Variable	滑动变阻器
Generic	普通电阻	Varisitors	可变电阻

(16) Simulator Primitives

仿真源共有 3 个分类,如表 8.22 所示。

表 8.22　仿真源子类介绍

子类	含义	子类	含义
Flip-Flops	触发器	Sources	电源
Gates	门电路		

(17) Switches and Relays

开关和继电器共有 4 个分类,如表 8.23 所示。

表 8.23　开关和继电器子类介绍

子类	含义	子类	含义
Key pads	键盘	Relays(Specific)	专用继电器
Relays(Generic)	普通继电器	Switches	开关

(18) Switching Devices

开关器件共有 4 个分类,如表 8.24 所示。

表 8.24　开关器件子类介绍

子类	含义	子类	含义
DIACs	两端交流开关	SCRs	可控硅
Generic	普通开关元件	TRIACs	三端双向可控硅

（19）Thermionic Valves

热离子真空管共有 4 个分类，如表 8.25 所示。

表 8.25　热离子真空管子类介绍

子类	含义	子类	含义
Diodes	二极管	Tetrodes	四极管
Pentodes	五极真空管	Triodes	三极管

（20）Transducers

传感器共有两个分类，如表 8.26 所示。

表 8.26　传感器子类介绍

子类	含义	子类	含义
Pressure	压力传感器	Temperature	温度传感器

（21）Transistors

晶体管共有 8 个分类，如表 8.27 所示。

表 8.27　晶体管子类介绍

子类	含义	子类	含义
Bipolar	双极性晶体管	MOSFET	金属氧化物效应管
Generic	普通晶体管	RF power LDMOS	射频功率 LDMOS 管
IGBT	绝缘栅双极晶体管	RF power VDMOS	射频功率 VDMOS 管
JFET	结型场效应管	Unijunction	单结晶体管

74 系列的数字集成芯片的子类示意可以参考 CMOS 4000 系列。

8.2　斯沃数控仿真软件基础知识

8.2.1　斯沃数控仿真软件简介

斯沃数控仿真软件是由南京斯沃软件技术有限公司开发的，该软件根据前沿专业原理采用最先进的计算机仿真技术，对数控机床的电气装配、调试、排故等过程进行模拟，是一款经济、可靠、高效的培训软件。通过该软件可以大大减少昂贵的实验设备投入，又能够使用户达到操作训练的目的。

斯沃数控仿真软件具有以下功能特点：

（1）对于学电气设计的用户，该软件能使其对机床电气控制有更深入的学习与了解，也可以帮助科研技术人员进一步了解数控机床的电气结构,进行数控系统的二次开发。用户在进行电气设计时,可以通过斯沃数控仿真软件的电气布局功能亲自进行电气结构的布局,如每一个电器元件摆放的位置,使用什么样的电器元件,电气需要什么样的保护。用户可以检查其设计是否合理,是否存在缺陷,这样用户就能一目了然地看到自己设计出的机床电气的正确性、合理性。电气设计好之后再与数控系统和机床本体连接。通过斯沃数控仿真软件的逻辑联系功能,让数控系统发出信号,电器元件相对应的动作,让数控机床做出所需要的运动。如果电气设计得不合理或有错误,那就可以及时地调整设计,做到事半功倍。

(2) 通过斯沃数控仿真软件可以让用户进一步了解掌握 PLC 控制。现在的数控技术都结合了 NC 和 PLC 技术,PLC 编程是个关键,PLC 控制了数控机床的辅助功能,用户根据数控机床的技术要求,来编写 PLC 的程序,输入到斯沃数控仿真软件里,如果所编的 PLC 程序是正确的,那么数控机床的辅助功能都能正常运行,如果 PLC 程序出错了,那斯沃数控仿真软件就会提示出错以及出错的原因,用户根据软件的提示来修改 PLC 程序,直到 PLC 程序完全正确为止。斯沃数控仿真软件提供了多种系统,系统不同,PLC 程序也不一样,用户通过仿真软件的学习,可以学到不同的 PLC 程序以及数控系统与 PLC 之间的逻辑联系。

(3) 斯沃数控仿真软件提供了多种数控系统,有西门子、法兰克、三菱等。每个数控系统都要进行系统参数的设置,像回参考点的参数设置、数控机床轴参数设置、工作台进给速度的参数设置、螺距补偿参数设置等等。用户根据斯沃数控仿真软件提供的数控系统可以进行各种数控系统参数的调试练习,还可以学习一种系统在数控车床、数控铣床以及加工中心里的不同的参数调试,让用户走出校门就能动手调试数控系统。

(4) 变频器调试的学习。斯沃数控仿真软件里有多种变频器,像东元、三菱、富士等一些主流变频器。变频器是用来控制数控机床主轴转速的,让数控机床实现无级变速。变频器若要实现这个功能需进行变频器的参数设置,斯沃数控仿真软件提供了很多种变频器,用户可以很扎实的学习这些参数的设置,了解每个参数的作用。当用户输入错误的变频器参数后,变频器将不能够做出正确的动作,但会给出出错提示,帮助用户学习。

(5) 驱动控制调试的学习。驱动分为步进和交流伺服两种,交流伺服又可分成很多品种,像西门子、法兰克、三菱等。对于步进驱动器来说主要是根据步进电机的细分学习到波段开关的拨法,以及数控系统到步进驱动的信号线的接法,步进驱动到步进电机的接线。交流伺服驱动要进行参数的设置,让用户了解每个参数的作用,输入错误的参数会有什么后果。交流伺服驱动器接线比较复杂,斯沃数控仿真软件从系统到交流伺服驱动、交流伺服驱动到交流伺服电机、交流伺服电机到数控系统的接线,对每根信号线的含义都有详细的说明和例子,可提高用户的动手能力。

(6) 电器元件的知识学习。斯沃数控仿真软件的电器库里提供了各种常用低压电器元件图和电器符号图、电器元件的技术参数、各种机床基本控制线路、典型普通机床控制线路、典型数控机床控制线路等。电器元件都做成了真实的照片显示,可以极大地提高用户的学习兴趣。

(7) 数控机床电气布局与装配的学习。用户根据斯沃数控仿真软件提供的各种数控机床的电气图来进行电器元件的布局,机床不同、电气图不同,那它的布局也不一样,通过仿真用户就可以了解这方面的知识。布局好以后就可以进行电器元件的装配和接线。根据数控机床的电气图进行手工的接线,有数控系统与信号模块的接线,信号模块与低压电器的接线,低压电器之间的接线,刀架接线,主轴电机接线,水泵电机接线,各个接近开关接线,还有机床照明灯、风扇的接线等。在接错线时系统不提示出错,但是在线全部接好后,斯沃数控仿真软件里的机床将不会有任何动作,用户就需要自己动手排查什么地方出了问题,并解决问题。

(8)数控机床故障诊断、排查和维修的学习。当用户接好线,各种参数也全部设置好,数控机床能正确运动以后,管理者可以通过网络在用户的数控仿真上进行各种数控机床的设置,让用户自己排查并把问题解决掉。不同的数控系统、不同的变频器、不同的驱动、不同的电器元件、不同的机床都会有不同的故障。用户根据故障找出问题在什么地方,如果用户无法解决问题,管理者可以通过网络把正确的答案发给用户。管理者也可以通过网络监视用户是如何排查故障的,做到管理者和用户的互动。斯沃数控仿真软件提供的故障都是根据实际的数控机床的故障来设置的,做到完全的真实性。管理者通过不断的设置各种不同故障,使用户的动手能力得到大幅度提高。

(9)各种检测工具的使用。斯沃数控仿真软件提供了各种检测工具,有电笔、万用表、示波器、摇表、激光干涉仪等,当故障发生时,用户可以用这些检测工具来排查故障。

(10)数控机床机械结构的学习。斯沃数控仿真软件还提供了机械方面的知识,像主轴的结构,主轴电机的安装位置,编码器的位置,刀架的结构,丝杠的形状和位置,润滑系统,各个接近开关的位置等等,让用户既能掌握数控机床的电气原理也能了解数控机床的机械结构,做到全面发展。

综上所述,斯沃数控仿真软件可以提高用户的学习兴趣,加强用户的实际动手能力,为用户打下一个坚实的基础。对于继电器接触器控制系统,以及数控机床控制系统的电气仿真接线和调试的练习很有帮助。

8.2.2 斯沃数控仿真软件的应用模块

安装好斯沃数控仿真软件后,点击"开始"程序菜单,单击程序中的"斯沃数控机床仿真",如图 8.36 所示,运行该软件。

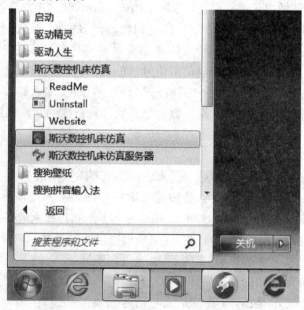

图 8.36 斯沃数控仿真软件的运行界面

斯沃数控仿真软件运行后,有三个模块,分别是"机床模型"、"电气"和"故障设置与诊断",如图 8.37 所示。

图 8.37　斯沃数控仿真软件的应用模块

其中,"机床模型"模块通过三维造型的方式展示了数控机床的主轴结构、进给结构,以及数控铣床和数控车床的整机结构等,图 8.38 所示是数控车床的整机结构。

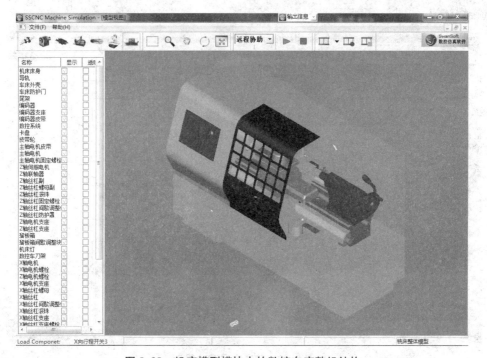

图 8.38　机床模型模块中的数控车床整机结构

　　"电气"模块包括普通电器实验、变频器实验、伺服实验等子模块，如图 8.39 所示。"故障设置与诊断"包括西门子、法兰克等数控系统的故障设置与诊断练习。

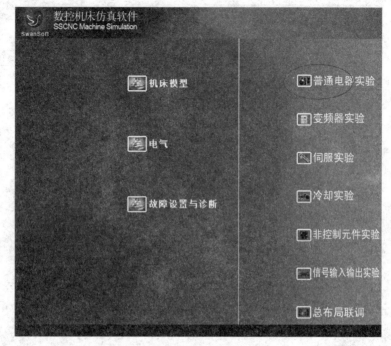

图 8.39 "电气"模块组成

　　点击图 8.39 所示的"电气"模块中的"普通电器实验"，可以根据右边的电气原理图进行仿真接线练习，如图 8.40 所示。

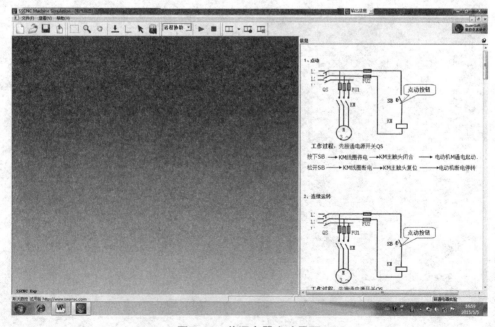

图 8.40 普通电器实验界面

利用"普通电器实验"子模块可以进行三相异步电动机典型电气线路的分析、仿真接线和调试等实验。仿真接线和调试可以分为以下三大步进行：

（1）放置元件

根据电气原理图，首先放置所需要的电器元件，例如按钮、接触器、电动机等。点击斯沃仿真软件中的"放置元件"图标，打开电器元件库，如图 8.41 所示。先选择所需要的电器元件分类，如继电器、断路器、附件等。再通过分类的下拉箭头选择具体的电器元件或者电器元件的型号，放置到显示区。

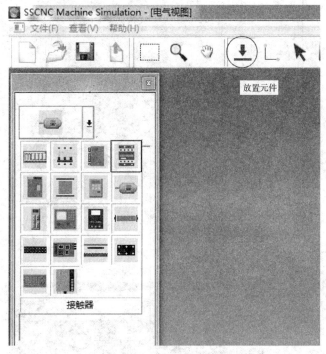

图 8.41 电器元件库

（2）连线

放置好所需的电器元件后，可以开始仿真接线。点击斯沃仿真软件中的"连线"图标，打开连线对话框，如图 8.42 所示。通过连线对话框，可以选择导线的类型、导线的线径和导线的颜色，图 8.42 选择的是 2.50 mm² 红色导线。根据实际情况，主电路和控制电路可以选择不同的导线线径和颜色进行连线。

（3）仿真调试

完成电气线路的仿真接线后，可以开始仿真调试。点击斯沃仿真软件中的"拾取"图标，在连接好的电路上，可以进行仿真调试。如图 8.43 所示，是数控铣床整机联调的仿真调试界面。合上总电源开关和相应的断路器，可以看到机床灯点亮、风扇旋转。如果调试过程中出现故障，可以重新点击斯沃仿真软件中的"连线"图标进行接线，修改完电气线路后再次点击斯沃仿真软件中的"拾取"图标进行调试，直至调试成功。

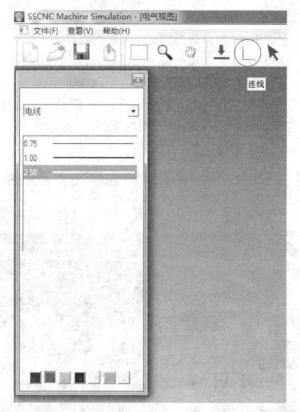

图 8.42　连线对话框

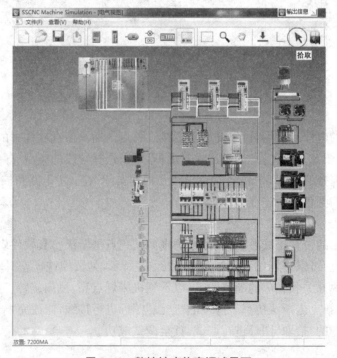

图 8.43　数控铣床仿真调试界面

8.2.3　斯沃数控仿真软件仿真接线实例

下面以三相异步电动机点动控制线路为例,说明斯沃数控仿真软件仿真接线和调试的步骤。

1) 放置电器元件

根据点动控制的电气原理图,如图 8.44 所示,所需要的电器元件如表 8.28 所示。

表 8.28　电器元件明细表

序号	电器名称	数量(个)	备注
1	电源开关	1	
2	熔断器	5	斯沃软件仿真时,用断路器替代
3	接触器	1	
4	按钮	1	绿色
5	端子排	1	
6	三相异步电动机	1	星形接法

放置电器元件的基本规则是:(1)体积大和较重的电器元件(如电动机、变压器等)应安装在电器安装板的下方;(2)电器元件的布置应考虑整齐、美观、对称,外形尺寸与结构类似的电器安装在一起,以便安装和配线;(3)控制柜内的电器元件与柜外的电器元件连接时,应该经过接线端子排。根据上述电器元件的放置规则,点击斯沃仿真软件中的"放置元件"图标,在电器元件库中选择所需的电器元件进行放置。点动控制线路的电器元件放置可以如图 8.44 所示。

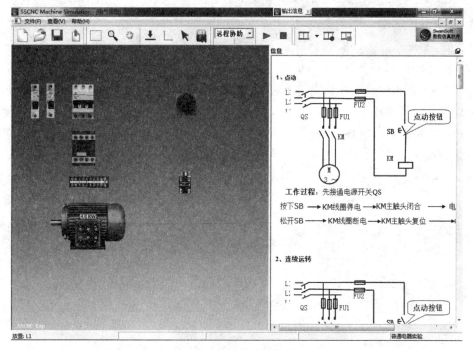

图 8.44　放置电器元件

2) 选择导线、连接线路

可以先选择主电路导线的线型和颜色,根据电气原理图进行主电路线路的接线;再选择控制电路导线的线型和颜色,根据电气原理图进行控制电路线路的接线。点击斯沃仿真软件中的"连线"图标,本实例选择的主电路导线是 $2.5~mm^2$、红色;控制电路的导线是 $1.0~mm^2$、蓝色。连接好的电气线路如图 8.45 所示。

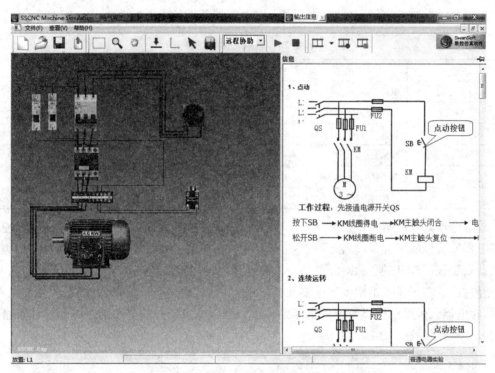

图 8.45　点动电气接线图

3) 进行仿真调试

在图 8.45 所示的点动控制线路上,先点击斯沃仿真软件中的"拾取"图标,再合上电源总开关以及各个断路器。按下绿色按钮,观察三相异步电动机是否运行。当按钮复位后,观察电动机是否停止运行。如果能正确动作,仿真调试成功;如果不能完全正确动作,查看和修改线路的连接情况,重新调试。三相异步电动机点动控制正确运行的仿真效果如图 8.46 所示。

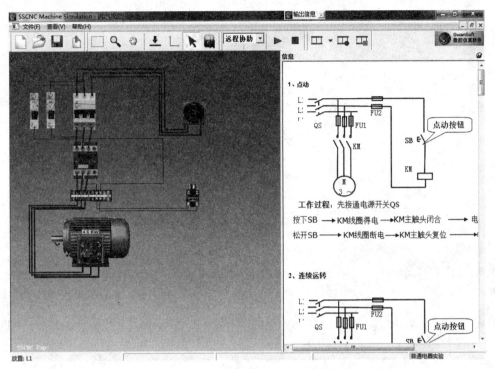

图 8.46　点动控制仿真效果

第2部分

电工技能

本部分主要介绍实践技能,包括电路元件伏安特性的测量、基尔霍夫定律、叠加定理、戴维南定理四个直流实训项目;交流电的认识和日光灯功率因数的提高两个交流实训项目;三相异步电动机的长动控制和三相异步电动机的正反转控制两个电机控制电路项目以及C650车床电路安装与调试综合实训项目。每一个项目的实施都是由浅入深,既介绍了软件仿真方案也提供了实物搭建测量的过程,做到软硬结合、虚实兼用。除此之外,还介绍了常用电工工具及电工仪表的使用与维护知识,以及Proteus常用仪器中英文对照表,以便仿真时快速查找。

Part Two

第9章

电工基础实验

9.1　实验一:电路元件伏安特性的测量

9.1.1　实验目的

（1）学会识别常用电路元件,掌握常用电路元件的伏安特性。

（2）熟悉常用的直流电工仪表和直流稳压电源等设备的使用方法,学习数字万用表的使用。

（3）掌握线性电阻、非线性电阻的伏安特性测量方法,加深对线性电阻、非线性电阻元件伏安特性的理解。

9.1.2　理论知识

1）电压表、电流表的使用方法

电压表在测量电压时,应并联在电路中。电流表在测量电流时,应串联在电路中。在电压表和电流表的使用过程中,应正确选择仪表的量程,一般情况下,在无法估计合适的量程时,应先选用仪表的高量程来测试,然后根据测试的结果选用仪表的适当量程进行测量。

2）电路元件伏安特性

电路元件伏安特性是指被测元件两端电压 U 与通过该元件的电流 I 之间的函数关系,这种函数关系也称为外部特性,元件的伏安特性关系用 I-U 平面上的曲线来表示。

线性电阻的伏安特性曲线是一条通过原点的直线,该直线的斜率等于该电阻阻值的倒数,如图 9.1 中 a 曲线所示。

白炽灯在工作时,灯丝处于高温状态,其灯丝阻值随着温度的升高而增大,通过白炽灯的电流越大,其温度越高,阻值越大。其伏安特性曲线如图 9.1 中 b 曲线所示。

一般的半导体二极管是一个非线性电

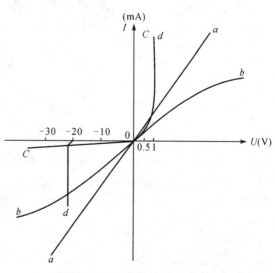

图 9.1　不同元件的 I-U 特性

阻元件,其伏安特性曲线如图9.1中 c 曲线所示。

稳压二极管是一种特殊的半导体二极管,其正向伏安特性类似普通二极管,其反向伏安特性较特别,伏安特性曲线如图9.1中 d 曲线所示。

9.1.3 实验器材

实验所需器材如表9.1所示。

表 9.1 实验器材清单

序号	代号	名称	规格	数量
1	U	直流稳压电源	0~12 V	1台
2	R	电阻	1 kΩ、200 Ω、100 Ω	各一个
3	L	灯泡	12 V,0.1 A	1个
4	R_W	滑动变阻器	1 kΩ	2个
5	D	二极管	1N4007	2个
6		导线		若干根
7		万用表		1个

9.1.4 实验内容和步骤

1) 测定线性电阻的伏安特性

按图9.2接线,R 取1 kΩ,打开稳压电源开关,调节稳压电源的输出电压 U,从0 V开始逐渐增加,直至11 V,使用万用表的直流电流挡测量流经电阻 R 的电流,记下万用表的相应读数,并计算流过电阻的电流的理论值,填入表9.2中。

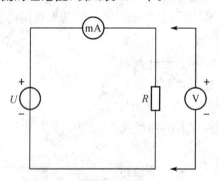

图 9.2 线性电阻伏安特性测试

表 9.2 线性电阻伏安特性测试数据

U_R/V	1	3	5	7	9	11
I/mA 测量值						
I/mA 理论值						

2）测定白炽灯的伏安特性

按图 9.3 接线,灯泡的额定电压为 12 V、额定电流为 0.1 A。打开稳压电源开关,调节稳压电源的输出电压 U,从 0 V 开始逐渐增加,直至 12 V,使用万用表的直流电流挡测量流经灯泡的电流,记下万用表的相应读数,并计算流过白炽灯的电流的理论值,填入表 9.3 中。

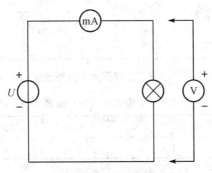

图 9.3　白炽灯伏安特性测试

表 9.3　白炽灯伏安特性测试数据

U_L/V	0	2	4	6	8	10	12
I/mA 测量值							
I/mA 计算值							

3）测定普通二极管的伏安特性

按图 9.4 接线,R_1 为限流电阻,R_W 为滑动变阻器,用来调节电压,二极管选用整流二极管 1N4007,打开稳压电源开关,将输出电压调至 10 V,测二极管的正向特性,其正向电流不得超过 1 A,二极管 D 的正向电压 U_{D+} 可在 0～1 V 之间取值。在 0.5～0.75 V 之间应多取几个测量点,将二极管正向特性测试数据填入表 9.4 中。

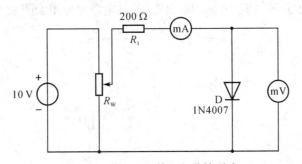

图 9.4　普通二极管正向特性测试

表 9.4　二极管正向特性测试数据

U_{D+}/V	0.10	0.30	0.40	0.50	0.55	0.60	0.65	0.70	0.75
I/mA									

测量二极管反向特性时,将图 9.4 中的二极管 D 反接,如图 9.5 所示,二极管反向电压 U_{D-} 可达 1 000 V,将稳压电源的输出电压调至 20 V,二极管的反向电阻很大,流经它的电流很小,电流表选用直流微安表。将反向特性测试数据填入表 9.5 中。

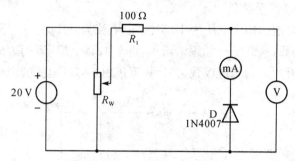

图 9.5　二极管反向特性测试

表 9.5　二极管反向特性测试数据

U_{D-}/V	0.10	0.30	0.50	0.60	0.80	1.00
$I/\mu A$						

9.1.5　Proteus 软件仿真

1）测定线性电阻的伏安特性

（1）选取元件

打开 Proteus ISIS 程序，按表 9.6 所列的清单添加元件。

表 9.6　元器件清单

序号	元件名称	含义	所属类	所属子类
1	CELL	电池	Miscellaneous	——
2	RES	电阻	Resistors	Generic

（2）电路原理图

按图 9.2 连接电路图，调整电池的输出电压，其电路原理图如图 9.6 所示。

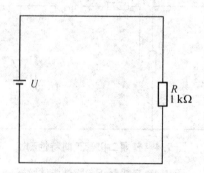

图 9.6　线性电阻伏安特性测试原理图

（3）仿真

按图 9.7 添加直流电压表和直流电流表，并设置电压表的量程为 Volts，电流表的量程为 Milliamps。调整 U 的数值为 1 V，点击仿真按钮"Play"，记录电流表的数据，并填入表 9.2 中。依次调整 U 的数值为 3 V、5 V、7 V、9 V 和 11 V，重新仿真，并记录数据。

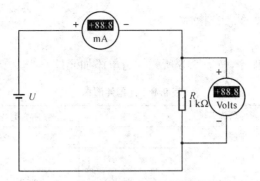

图 9.7　线性电阻伏安特性测试原理图

2）测定白炽灯的伏安特性

（1）选取元件

打开 Proteus ISIS 程序，按表 9.7 所列的清单添加元件。

表 9.7　元器件清单

序号	元件名称	含义	所属类	所属子类
1	CELL	电池	Miscellaneous	——
2	LAMP	灯泡	Optoelectronics	LAMPS

（2）电路原理图

按图 9.3 连接电路图，调整电池的输出电压，其电路原理图如图 9.8 所示。

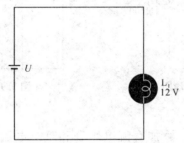

图 9.8　白炽灯伏安特性测试原理图

（3）仿真

按图 9.9 添加直流电压表和直流电流表，并设置电压表的量程为 Volts，电流表的量程为 mA。调整 U 的数值为 0 V，点击仿真按钮"Play"，记录电流表的数据于表 9.3 中。依次调整 U 的数值为 2 V、4 V、6 V、8 V、10 V 和 12 V，重新仿真，并记录数据。

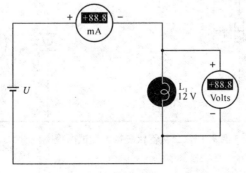

图 9.9　白炽灯伏安特性测试原理图

3）测定普通二极管的伏安特性

（1）选取元件

打开 Proteus ISIS 程序，按表 9.8 所列的清单添加元件。

表 9.8　元器件清单

序号	元件名称	含义	所属类	所属子类
1	CELL	电池	Miscellaneous	——
2	1N4007	整流二极管	Diodes	Rectifiers
3	POT-HG	滑动变阻器	Resistors	Variable
4	RES	电阻	Resistors	Generic

（2）电路原理图

正向特性测试的电路原理图如图 9.10 所示，可按照它来连接电路。反向特性测试的电路原理图如图 9.11 所示，可按照它来连接电路。

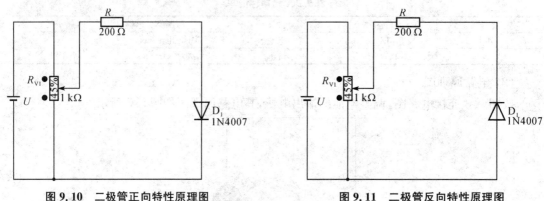

图 9.10　二极管正向特性原理图　　　　　图 9.11　二极管反向特性原理图

（3）仿真

正向特性测试：按图 9.10 添加直流电压表和直流电流表，并设置电压表的量程为 Volts，电流表的量程为 Milliamps，如图 9.12 所示。电池输出电压调至 10 V，点击仿真按钮"Play"，记录电流表的数据于表 9.4 中。改变滑动变阻器 R_{V_1} 的值，重新仿真，并记录数据。

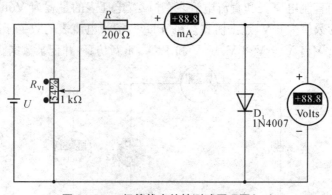

图 9.12　二极管伏安特性测试原理图（一）

反向特性测试：按图 9.11 添加直流电压表和直流电流表，并设置电压表的量程为 Volts，电流表的量程为 Milliamps，如图 9.13 所示。电池输出电压调至 20 V，点击仿真按钮 "Play"，记录电流表的数据于表 9.5 中。改变滑动变阻器 R_{V_1} 的值，重新仿真，并记录数据。

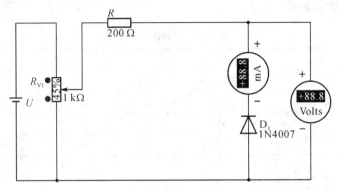

图 9.13　二极管伏安特性测试原理图(二)

9.1.6　报告要求

(1) 根据要求完成实验中相关物理量的理论计算，并把理论值和实验值进行比较，分析误差原因。

(2) 根据实验测量结果，在坐标纸上按比例绘出各元件的伏安特性曲线，并进行误差分析。

9.2　实验二：基尔霍夫定律

9.2.1　实验目的

(1) 学会正确使用直流电流表、直流电压表和万用表。

(2) 理解电流参考方向、电压参考方向以及它们与自身实际方向的关系。

(3) 验证基尔霍夫定律，强化对电路定律的应用。

9.2.2　理论知识

1) 电流、电压参考方向与实际方向

在电路分析中，往往很难事先判断电流、电压的实际方向。因此，先假设某一个方向作为电流或电压的方向，即为"参考方向"。如果电流(电压)值为正，电流(电压)的实际方向与参考方向相同；如果电流(电压)值为负，电流(电压)的实际方向与参考方向相反。

2) 基尔霍夫定律

基尔霍夫电流定律(KCL)：在任何时刻，流入到电路中任一结点的电流之和等于流出该结点的电流之和。

基尔霍夫电压定律(KVL)：在任何时刻，电路中任一闭合回路内，各段电路电压的代数和恒等于零。

9.2.3 实验器材

实验所需器材如表9.9所示。

表 9.9　实验器材清单

序号	代号	名称	规格	数量
1	E	直流稳压电源	0~12 V	2 台
2	R	电阻	100 Ω、200 Ω、300 Ω	各一个
3		导线		若干根
4		万用表		1 个

9.2.4 实验内容和步骤

(1) 打开稳压电源开关,调整其输出电压,使 E_1、E_2 的输出电压都为 11 V,然后断开开关。

(2) 按图 9.14 连接电路,各元件参数和电流、电压的参考方向均如图 9.14 所示。

(3) 用万用表的直流电压挡测量 U_{AB},U_{BC},U_{BD},并将数据记录于表 9.10 中。注意万用表的量程选择以及两表笔的正确接法。

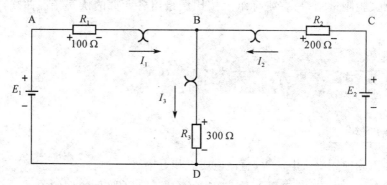

图 9.14　验证基尔霍夫定律的实验电路

表 9.10　验证基尔霍夫电压定律的测量数据

E_1/V	E_2/V	U_{AB}/V	U_{BC}/V	U_{BD}/V	回路 ABDA$\sum U$	回路 BCDB$\sum U$	回路 ABCDA$\sum U$
11	11						
12	10						
10	12						

(4) 在图 2.1 中的 ⟩⟨ 标记处,串入万用表,使用万用表的直流电流挡分别测量支路电流 I_1、I_2、I_3,并将数据记录于表 9.11 中。注意万用表串联到电路中的方法、量程选择以及两表笔的正确接法。

表 9.11　验证基尔霍夫电流定律的测量数据

E_1/V	E_2/V	I_1/mA	I_2/mA	I_3/mA	节点 B　$\sum I/mA$
11	11				
12	10				
10	12				

（5）再次调整 E_1 和 E_2 的数值，使其分别为 12 V 和 10 V，以及 10 V 和 12 V，重复步骤（3）和（4）。

9.2.5　Proteus 软件仿真

1）选取元件

打开 Proteus ISIS 程序，按表 9.12 所列的清单添加元件。

表 9.12　元器件清单

序号	元件名称	含义	所属类	所属子类
1	CELL	电池	Miscellaneous	——
2	RES	电阻	Resistors	Generic

2）电路原理图

按图 9.14 连接电路图，设置 R_1、R_2、R_3 分别为 100 Ω、200 Ω、300 Ω，调整 E_1 和 E_2 的数值都为 11 V，其电路原理图如图 9.15 所示。

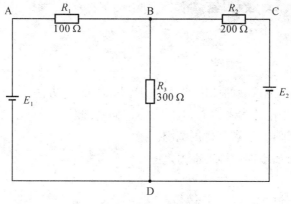

图 9.15　电路原理图

3）仿真

按图 9.16 添加直流电压表和直流电流表，并设置电压表的量程为 Volts，电流表的量程为 Milliamps。点击仿真按钮"Play"，记录各电表的数据于表 9.10 和表 9.11 中。停止仿真，再次调整 E_1 和 E_2 的数值为分别 12 V 和 10 V，以及 10 V 和 12 V，重新仿真并记录数据。

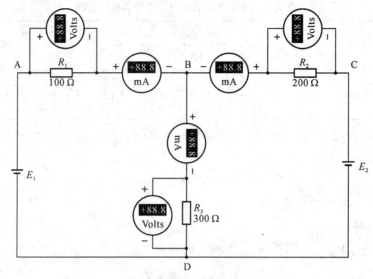

图 9.16　实验原理图仿真

9.2.6　报告要求

（1）计算表 9.10 中各回路电压代数和 $\sum U$ 以及表 9.11 中节点 B 的电流代数和 $\sum I$，并填入相应的表格中。

（2）把计算结果与理论数据进行比较，如有误差，分析原因。

9.3　实验三：叠加定理

9.3.1　实验目的

（1）进一步掌握电工仪表的使用，以及电流、电压的测量方法。

（2）加深对电路中电流参考方向、电压参考方向的理解。

（3）验证叠加定理，并了解其适用范围。

（4）提高检查、分析电路故障的能力。

9.3.2　理论知识

1）叠加定理

在线性电路中，当有两个或两个以上的独立电源（电压源或电流源）作用时，则任一支路的电流或电压，都可以是电路中各个独立电源单独作用时在该支路中产生的各电流分量或电压分量的代数和。

2）注意事项

（1）叠加定理只适用于线性电路，对非线性电路不适用。

（2）叠加定理只适用于电路的电流、电压计算，对功率计算不适用。

（3）当一个电源单独作用时，其他电源应去除，但要保留其内阻。对于电压源，将其电动势用短接线替代，而保留与其串联的内阻；对于电流源，则将其理想电流源支路断开，而保留与其并联的内阻。

（4）在将每个电源独立作用下产生的电流或电压进行叠加时，应注意各分量的实际方向与所选的参考方向是否一致，一致的取正号，不一致的取负号。

9.3.3　实验器材

实验所需器材如表9.13所示。

表9.13　实验器材清单

序号	代号	名称	规格	数量
1	E	直流稳压电源	0～12 V	2 台
2	R	电阻	100 Ω	1 个
3	R	电阻	150 Ω	2 个
4		导线		若干根
5		万用表		1 个

9.3.4　实验内容和步骤

1）E_1、E_2 共同作用

按图9.17接线，将两路稳压源的输出分别调节为 $E_1 = 10$ V，$E_2 = 5$ V，选择图中合适的电阻。

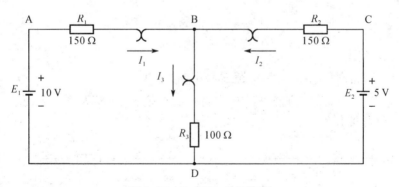

图9.17　E_1 与 E_2 共同作用

参照图9.17中设定的电流参考方向，在图9.17中 ⟩⟨ 标记处分别串入万用表，使用万用表的直流电流挡测量各支路电流 I_1、I_2、I_3，并记录于表9.14中。

表9.14　叠加定理实验测量电流数据

测量项目 电路类型	R_1 上电流/mA	R_2 上电流/mA	R_3 上电流/mA
E_1 和 E_2 共同作用	$I_1 =$	$I_2 =$	$I_3 =$
E_1 单独作用	$I_{11} =$	$I_{21} =$	$I_{31} =$
E_2 单独作用	$I_{12} =$	$I_{22} =$	$I_{32} =$

在电路中相应的位置接入电压表,测量各电阻两端的电压 U_{AB}、U_{BC}、U_{BD},并记录于表 9.15中。

表 9.15　叠加定理实验测量电压数据

测量项目 电路类型	R_1 上电压/V	R_2 上电压/V	R_3 上电压/V
E_1 和 E_2 共同作用	$U_{AB}=$	$U_{BC}=$	$U_{BD}=$
E_1 单独作用	$U_{AB1}=$	$U_{BC1}=$	$U_{BD1}=$
E_2 单独作用	$U_{AB2}=$	$U_{BC2}=$	$U_{BD2}=$

2) E_1 单独作用

按图 9.18 重新调整电路,去掉电源 E_2,用短接线替代。

参照图 9.18 中设定的电流参考方向重新测量各支路的电流及各电阻两端的电压,分别填入表 9.14 和表 9.15 中。

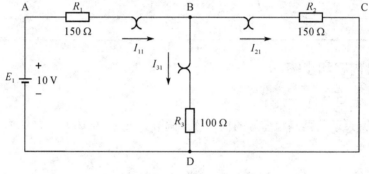

图 9.18　E_1 单独作用

3) E_2 单独作用

按图 9.19 重新调整电路,去掉电源 E_1,用短接线替代。

参照图 9.19 中设定的电流参考方向重新测量各支路的电流及各电阻两端的电压,分别填入表 9.14 和表 9.15 中。

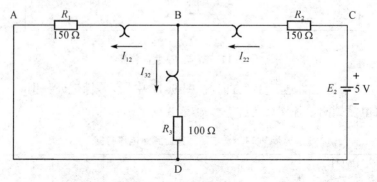

图 9.19　E_2 单独作用

9.3.5　Proteus 软件仿真

1）选取元件

打开 Proteus ISIS 程序，按表 9.16 所列的清单添加元件。

表 9.16　元器件清单

序号	元件名称	所属类	所属子类	含义
1	CELL	Miscellaneous	——	电池
2	RES	Resistors	Generic	电阻
3	SW-SPDT	Switches & Relays	Switches	单刀双掷

2）电路原理图

按图 9.20 连接电路图，设置 R_1、R_2、R_3 的阻值分别为 150 Ω,150 Ω 和 100 Ω,调整 E_1 和 E_2 的数值分别为 10 V 和 5 V。

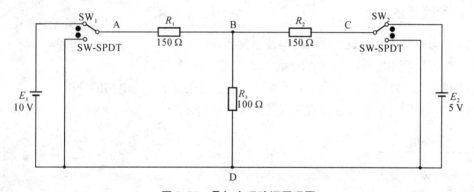

图 9.20　叠加定理验证原理图

3）仿真

按图 9.21 添加直流电压表和直流电流表,设置电压表的量程为 Volts,电流表的量程为 Milliamps。检查 SW_1 和 SW_2 的状态,保证 E_1 和 E_2 都接入电路中,点击仿真按钮"Play",记录 E_1 和 E_2 共同作用时各电表的数据,并填入表 9.14 和表 9.15 中。

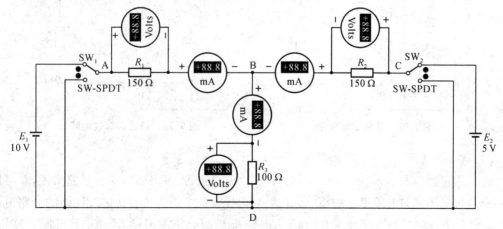

图 9.21　叠加定理验证仿真图

点击单刀双掷开关 SW_2，去掉电源 E_2，用短接线替代，记录 E_1 单独作用时各电表的数据，并填入表 9.14 和 9.15 中。

点击单刀双掷开关 SW_2，重新接上电源 E_2，点击单刀双掷开关 SW_1，去掉电源 E_1，用短接线替代，让 E_2 单独作用，重新记录各电表的数据并填入表 9.14 和 9.15 中。

9.3.6 报告要求

（1）根据表 9.14 和 9.15 中的测量值，验证叠加定理，注意各分量叠加时的正、负号。

（2）根据电路参数计算表 9.14 和表 9.15 中的电流和电压理论值，并把计算结果与表 9.14 和表 9.15 中的测量值进行比较，如有误差，分析原因。

9.4 实验四：戴维南定理

9.4.1 实验目的

（1）学习测量线性有源二端网络等效参数的方法。

（2）掌握戴维南定理的验证方法，加深对戴维南定理的理解。

（3）理解"等效"的概念，学会灵活运用"等效"简化复杂线性电路的分析。

（4）进一步学习和掌握常用直流仪器仪表的使用方法。

9.4.2 理论知识

1）线性有源网络

对于任何一个复杂的线性有源网络，如果仅研究其中一条支路的电压和电流，则可以将电路的其余部分看作一个有源二端网络，如图 9.22 所示，是用一个简单的等效电路替代原有源二端网络。

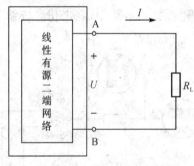

图 9.22 有源二端网络

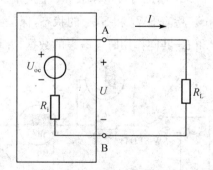

图 9.23 戴维南等效电路

2）戴维南定理

戴维南定理（Thevenin's theorem）：任何一个线性有源二端网络，对外电路来说，总可以用一个理想电压源与电阻串联的模型来代替。电压源的电压等于有源二端网络的开路电压 U_{oc}，电阻等于该网络中所有独立电源都等于零（即理想电压源短接，理想电流源断开）时的

二端口的等效电阻 R_i。理想电压源 U_{oc} 和等效电阻 R_i 串联的电路称为戴维南等效电路，如图 9.23 所示。

3）有源二端网络等效参数的测量方法（即开路电压—短路电流法）

开路电压 U_{oc}：在有源二端网络的输出端口接入电压表，直接测量电压，如图 9.24 所示。

短路电流 I_{sc}：在有源二端网络的输出端口接入电流表，直接测量电流，如图 9.25 所示。

等效电阻 R_i：根据 $R_i = U_{oc}/I_{sc}$ 可计算出等效电阻 R_i。

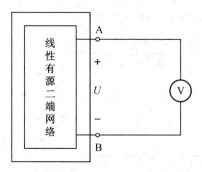
图 9.24　开路电压的测量

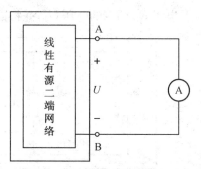
图 9.25　短路电流的测量

9.4.3　实验器材

实验所需器材如表 9.17 所示。

表 9.17　实验器材清单

序号	代号	名称	规格	数量
1	E	直流稳压电源	0～12 V	1 台
2	R	电阻	150 Ω、47 Ω、300 Ω	1 个
3	R	电阻	100 Ω、200 Ω	3 个
4		导线		若干根
5		万用表		1 个

9.4.4　实验内容和步骤

1）测量线性有源二端网络的等效参数

按照图 9.26 所示的线性有源二端网络搭建电路图。用开路电压—短路电流法测量其等效参数 U_{oc}、I_{sc}，计算等效电阻 R_i，数据记录在表 9.18 中。

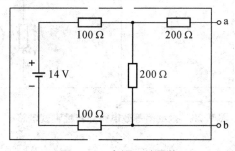
图 9.26　有源二端网络

表 9.18　有源二端网络的等效参数

项目	U_{oc}/V	I_{sc}/mA	R_i/Ω
理论值			
测量值			

2）测量有源二端网络带负载的外特性

如图 9.27 所示，在有源二端网络端口接入与表 9.19 对应的负载 R_L，测量流过电阻 R_L 的电流 I_1 及电阻 R_L 两端的电压 U_1，并将数据记录在表 9.19 中。

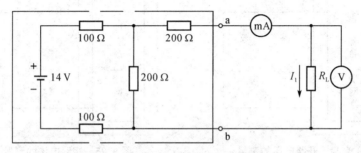

图 9.27　有源二端网络外特性测试电路

表 9.19　有源二端网络和戴维南等效电路带负载的外特性

测量值 R_L 项目		0	47 Ω	100 Ω	150 Ω	200 Ω	300 Ω
有源二端网络	U_1/V						
	I_1/mA						
戴维南等效电路	U_2/V						
	I_2/mA						

3）测量戴维南等效电路带负载的外特性

根据第 1 步所测的开路电压 U_{oc} 以及计算得到的等效电阻 R_i，按图 9.28 接线，然后外接相同的电阻 R_L，测量流过电阻 R_L 的电流 I_2 及电阻 R_L 两端电压 U_2，并将数据记录于表 9.19 中。

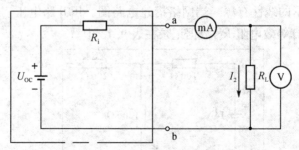

图 9.28　戴维南等效电路外特性测试电路

9.4.5　Proteus 软件仿真

1）测量线性有源二端网络等效参数

（1）选取元件

运行 Proteus ISIS 程序,按表 9.20 所列的清单添加元件。

表 9.20　元器件清单

序号	元件名称	所属类	所属子类	含义
1	CELL	Miscellaneous	——	电池
2	RES	Resistors	Generic	电阻
3	SW-SPDT	Switches & Relays	Switches	单刀双掷

（2）电路原理图

按图 9.29 连接电路图,设置相应的电源电压和电阻值,电压表选择伏特量程,电流表选择毫安量程。

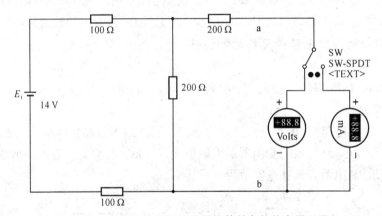

图 9.29　测量线性有源二端网络等效参数仿真原理图

（3）仿真

点击仿真按钮"Play",将开关 SW 拨到左侧,测量开路电压 U_{oc};将开关拨到右侧,测量短路电流 I_{sc},并计算等效电阻 R_i,将数据填入表格 9.18 中。

2）测量有源二端网络带负载的外特性

（1）选取元件

运行 Proteus ISIS 程序,按表 9.21 所列的清单添加元件。

表 9.21　元器件清单

序号	元件名称	所属类	所属子类	含义
1	CELL	Miscellaneous	——	电池
2	RES	Resistors	Generic	电阻
3	POT-HG	Resistors	Variable	滑动变阻

（2）电路原理图

按图 9.30 连接电路图,设置电源电压和相应的电阻值,滑动变阻器最大阻值设成 1 kΩ,

当前调至最小阻值 0(即 0％),电压表选择伏特量程,电流表选择毫安量程。

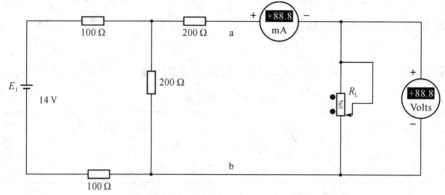

图 9.30　测量有源二端网络带负载的外特性仿真原理图

(3)仿真

点击仿真按钮"Play",读出电压表、电流表的数值,并填入表 9.19 相关空格内,移动滑动变阻器分别为 47 Ω、100 Ω、150 Ω、200 Ω 和 300 Ω,记录各电表的数值并填入表 9.19 中。

3)测量戴维南等效电路带负载的外特性

(1)选取元件

运行 Proteus ISIS 程序,按表 9.21 所列的清单添加元件。

(2)电路原理图

按图 9.31 连接电路图,电源电压设置为有源二端网络等效参数测量的开路电压 U_{oc},R_i 设置为计算的等效电阻值,滑动变阻器最大阻值设成 1 kΩ,当前调至最小阻值 0(即 0％),电压表选择伏特量程,电流表选择毫安量程。

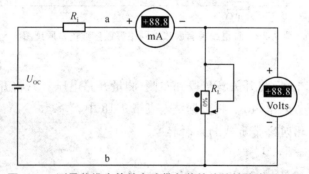

图 9.31　测量戴维南等效电路带负载的外特性仿真原理图

(3)仿真

点击仿真按钮"Play",读出电压表、电流表的数值,并填入表 9.19 相应空格内,改变滑动变阻器的阻值分别为 47 Ω、100 Ω、150 Ω、200 Ω 和 300 Ω,记录各电表的数值,并填入表9.19中。

9.4.6　报告要求

(1)计算图 9.26(仿真时,参照图 9.29)线性有源二端网络的等效参数 U_{oc}、I_{sc} 和 R_i,将数据填入表 9.18 中,并把计算值和测量值进行比较,如有误差,试分析误差产生的原因。

（2）根据表 9.19 测量的数据在图 9.32 的 *I-U* 平面内绘出 I_1-U_1 和 I_2-U_2 的关系曲线,比较有源二端网络和戴维南等效电路的外特性,验证它们的等效性,并分析误差产生的原因。

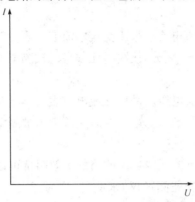

图 9.32　*U* 和 *I* 的关系曲线

9.5　实验五:交流电的认识

9.5.1　实验目的

（1）掌握单相调压器的使用方法。

（2）掌握多功能测试仪的使用方法。

（3）测量电阻、镇流器及电容器的伏安特性,掌握交流电路元件参数的测量方法。

9.5.2　理论知识

1）单相调压器

单相调压器又称自耦变压器,是用来调节交流电压的常用设备,其外形图如图 9.33 所示,其原理图如图 9.34 所示。使用单相调压器时,输入电源(一般为 220 V)接在单相调压器的 A 和 X 之间,输出电压从滑动端 a 和 x 之间引出。改变滑动手柄的位置,输出电压也随之改变,其值在 0~250 V 范围内可连续调节。

图 9.33　单相调压器

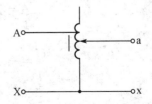

图 9.34　单相调压器原理图

注意:使用单相调压器时,每次都应该从零开始逐渐增加,直到调到所需的电压值。因此,接通电源前,调压器的手柄位置应在零位;使用完毕后,也应随手把手柄调回到零位,然后断开电源。

2) 交流电的测量

交流电流的测量:测量交流电流应采用交流电流表。测量时,将交流电流表串联在被测电路中。交流电流表无"+""−"之分,接线时无须考虑被测电流的实际方向,读数值是被测电流的有效值。

交流电压的测量:测量交流电压应采用交流电压表。测量时,将交流电压表并联在被测电路两端。交流电压表无"+""−"之分,接线时无须考虑被测电压的实际方向,读数值是被测电压的有效值。

在交流电路中,元件的阻抗或无源二端网络的等效阻抗可以用交流电压表、交流电流表和功率表(三者合一的即为多功能测量仪)来测量,称为三表法。用三表法测试交流参数的原理图如图 9.35 所示。

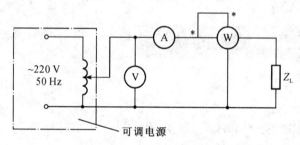

图 9.35 三表法测试交流参数

交流阻抗 $Z=|Z|<\varphi=R+\mathrm{j}X$,若将它接到正弦交流电源上,当测出元件两端电压有效值 U、流过的电流有效值 I 和它所消耗的有功功率 P 时,可按下列式子算出:

阻抗的模 $$|Z|=\frac{U}{I}$$

功率因数 $$\cos\varphi=\frac{P}{UI}$$

等效电阻 $$R=\frac{P}{I^2}=|Z|\cos\varphi$$

等效阻抗 $$X=|Z|\sin\varphi$$

3) R、L、C 元件的伏安特性

电阻元件 $$\frac{\dot{U}}{\dot{I}}=R$$

电感元件 $$\frac{\dot{U}}{\dot{I}}=\mathrm{j}X_\mathrm{L} \qquad X_\mathrm{L}=2\pi f_\mathrm{L}$$

电容元件 $$\frac{\dot{U}}{\dot{I}}=-\mathrm{j}X_\mathrm{C} \qquad X_\mathrm{C}=1/2\pi f_\mathrm{C}$$

9.5.3　实验器材

实验所需器材如表 9.22 所示。

表 9.22　实验器材清单

序号	名称	型号与规格	数量
1	单相调压器	——	1 台
2	多功能测量仪	SDB—2000	1 台
3	电阻	1 kΩ	1 只
4	日光灯镇流器		1 只
5	电容	4 μF	1 只

9.5.4　实验内容和步骤

1）学习单相调压器的使用

将单相调压器手柄逆时针旋到零位,按图 9.36 接线。接通电源,测量单相调压器的最小输出电压,旋转单相调压器手柄,观察多功能测量仪电压表读数的变化,并测量单相调压器的最大输出电压,最后将数值记录于表 9.23 中。

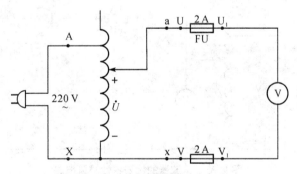

图 9.36　单相调压器测试电路

表 9.23　单相调压器的数据测量

调压器输出	U_{min}	U_{max}
电压表读数/V		

2）测量电阻的伏安特性

将单相调压器手柄逆时针旋到零位,按图 9.37 接线。接通电源,调节单相调压器的输出电压,使多功能测量仪电压表的读数分别为 40 V、100 V、160 V 时,记录电流以及功率的读数,并将数据记录于表 9.24 中。

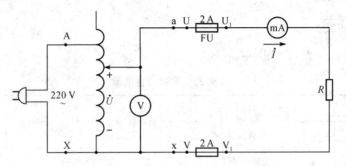

图 9.37 电阻的伏安特性测量电路

表 9.24 电阻的伏安特性测量

测量值			计算值	
U/V	I/mA	P/W	R/Ω	cosφ
40				
100				
160				

3）测量镇流器的伏安特性

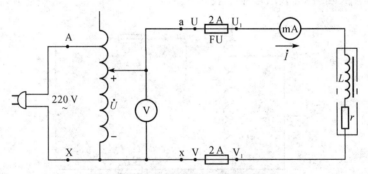

图 9.38 镇流器的伏安特性测量电路

将调压器手柄逆时针旋到零位，按图 9.38 接线。接通电源，调节单相调压器的输出电压，使多功能测量仪电压表的读数分别为 40 V，100 V，160 V 时记录电流表以及功率的读数，并将数据记录于表 9.25 中。

表 9.25 镇流器的伏安特性测量

测量值			计算值				
U/V	I/mA	P/W	|Z|/Ω	r/Ω	X_L/Ω	L/H	cosφ
40							
100							
160							

4）测量电容的伏安特性

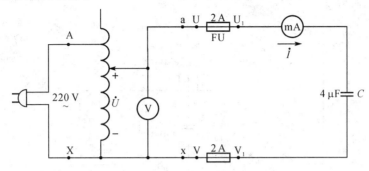

图 9.39　电容的伏安特性测量电路

将调压器手柄逆时针旋到零位，按图 9.39 接线。接通电源，调节单相调压器的输出电压，使多功能测量仪电压表的读数分别为 40 V，100 V，160 V 时记录电流表以及功率的读数，并将数据记录于表 9.26 中。

表 9.26　电容的伏安特性测量

测量值			计算值		
U/V	I/mA	P/W	X_C/Ω	$C/\mu F$	$\cos\varphi$
40					
100					
160					

9.5.5　Proteus 软件仿真

1）选取元件

运行 Proteus ISIS 程序，按表 9.27 所列的清单添加元件；单击"Generator Mode"图标，在对象选择窗口点选正弦波（SINE）信号源，并在编辑窗口单击，放置正弦波信号源；单击"Terminals Mode"图标，在对象选择窗口点选接地（GROUND），并在编辑窗口单击，放置接地标志。

表 9.27　元器件清单

序号	元件名称	所属类	所属子类	含义
1	RES	Resistors	Generic	电阻
2	INDUCTOR	Inductors	Generic	电感
3	CAP	Capacitors	Generic	电容
4	SW-ROT-3	Switches & Relays	Switches	单刀三掷

2）电路原理图

按图 9.40 连接电路图，设置电阻、电感和电容参数，电压表和电流表选择合适量程。设置信号源的频率是 50 Hz，电压有效值为 40 V。

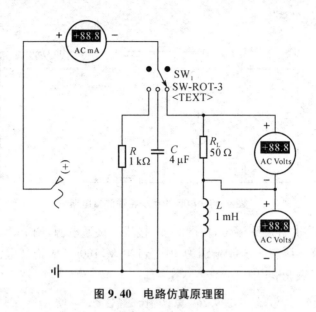

图 9.40　电路仿真原理图

3）仿真

开关 SW_1 拨到左侧，接入电阻，点击仿真按钮"Play"，读出电流表的数值，并填入表 9.28中；往右拨一挡，接入电容，重新记录电流表的数据，并填入表 9.29 中；再次拨到最右侧，接入 R_L，记录电流表以及两个电压表的数值，并填入表 9.30 中。停止仿真，设置信号源的输入电压分别为 100 V 和 160 V，点击仿真按钮"Play"，重复上述物理量的测量和记录，并填入表 9.28、9.29 和 9.30 中。

表 9.28　电阻元件参数的测量

测量值		计算值
U/V	I/mA	P/W
40		
100		
160		

表 9.29　电容元件参数的测量

测量值		计算值
U/V	I/mA	X_C/Ω
40		
100		
160		

表 9.30   镇流器元件参数的测量

测量值			计算值				
U/V	I/mA	U_{RL}/V	U_L/V	$|Z|/\Omega$	X_L/Ω	$(U_R+U_L)/V$	$\cos\varphi$
40							
100							
160							

9.5.6 报告要求

(1)【操作部分】完成表 9.24、9.25、9.26 中相关量的计算,根据各表中的测量值,分别画出电阻、镇流器和电容的 U-I 特性曲线,并说明曲线是线性的还是非线性的,是否符合欧姆定律?

(2)【仿真部分】完成表 9.28、9.29、9.30 中相关量的计算,根据表中的测量值,分别画出电阻、模拟的镇流器和电容的 U-I 特性曲线,并说明曲线是线性的还是非线性的,是否符合欧姆定律?

9.6 实验六:日光灯功率因数的提高

9.6.1 实验目的

(1)了解日光灯的工作原理,熟悉日光灯的接线,能正确地连接电路。
(2)了解提高功率因数的意义及方法,验证并联电容提高功率因数的原理。
(3)进一步熟悉功率表的使用。

9.6.2 理论知识

1)日光灯电路的组成及各元件作用

日光灯电路如图 9.41 所示,由灯管、启辉器和镇流器三部分组成。

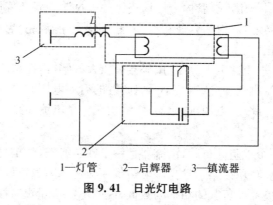

1—灯管   2—启辉器   3—镇流器
图 9.41   日光灯电路

(1)日光灯管

日光灯管两端有钨丝(灯丝),其内壁涂有一层荧光粉。在灯管两端各有一对引脚,对外连接交流电源,内接灯丝。当灯丝通电时,在交流电源的作用下发热可以发射电子。玻璃管内抽成真空后充入少量的汞蒸气和少量的惰性气体,如氩、氖、氛等。惰性气体的作用是减少灯丝的蒸发和帮助灯管启动。灯管放电时,产生大量的紫外线,玻璃管内壁的荧光粉在紫外线激发下产生可见光。荧光粉一般为金属的硫化物,其成分不同,光的色调也不同,通常多用日光色。灯管的启辉电压为 400 V 左右,启辉后管压降为 60~80 V,因此,灯管不能直接接在 220 V 电源上使用。

(2) 启辉器

启辉器相当于一个自动开关,其内部结构见图 9.41 所示。在启辉器外壳内的玻璃泡(抽成真空,充入惰性气体)中有两个离得很近的电极。其中一个电极是固定片(静触头),另一个电极是膨胀系数不同的"n"形双金属片(动触头)。当有电压加在启辉器两端时,两极间的气体被击穿,连续产生火花(辉光放电),双金属片受热膨胀,两电极接通,由于接触电阻很小,热损耗为零,双金属片冷却恢复原状而与固定片分开。两触头上并有一个小电容器,可减轻日光灯启动时产生的无线电辐射,减少对附近无线电音频、视频设备的干扰。

(3) 镇流器

镇流器是一个电感较大的铁芯线圈,在启辉器电极断开的瞬间电路中的电流突然变化到零。由楞次定律可知,这时电感线圈自身会产生一个自感电势以阻碍原有电流的变化。其自感电势的方向与电路中电流的方向一致并与电路的电压叠加产生一个高压,从而使管内气体加速电离,离子碰撞荧光物质,使灯管发光。这时,电源通过镇流器、灯管构成回路,日光灯进入工作状态。日光灯正常工作后,镇流器在电路中起降压和限制电流的作用。

2) 日光灯的工作原理

当日光灯接通电源时,首先由于灯管不导通,电源电压全部加在启辉器两电极间,启辉器中的惰性气体放电产生热量,使"n"形双金属片受热膨胀与静触头接触,两电极导通,这时电源经镇流器、日光灯灯丝、启辉器构成电流通路。一方面,灯丝因有电流通过而发热,待温度升到 850~900 ℃时使氧化物发射电子,同时汞受热汽化,为灯管导通创造了条件。另一方面,由于启辉器内的两个电极接触,电极间的电压降为零,辉光放电消失,电极很快冷却,双金属片因温度下降而恢复原状,两个电极断开,这段时间是灯丝的预热过程,一般需要 0.5~2 s。

当启辉器内的两个电极突然切断灯丝预热回路时,因回路中的电流突然变为零,镇流器两端产生一个很高的自感电动势(约 800~1 500 V)。这个自感电动势连同电源电压一起加在灯管两端,在这一高压作用下灯管内由惰性气体放电过渡到汞蒸气放电,日光灯进入发光工作状态。如果启辉器经过一次闭合、断开,日光灯仍然不能点亮,启辉器又二次、三次重复上述过程,直至点亮为止。

灯管点亮后相当于一个纯电阻负载,镇流器有较大的感抗,在镇流器上会产生很大的电压降,使灯管两端的电压迅速降低,当其小于启辉器的启动电压时,启辉器不再动作,处于断开状态,灯管正常发光。此时,电源、镇流器、灯管构成一个电流通路。

3) 并联电容提高功率因数

日光灯管相当于一个电阻性负载,镇流器是一个铁芯线圈,整个日光灯电路相当于电阻和电感性负载的串联电路,所以整个日光灯电路是一个功率因数很低的电感性负载,一般情况下 $\cos\varphi$ 约为 0.5 或更低。负载的功率因数低,说明电源容量没有被充分利用,同时,无功电流在输电导线上增加了无为的损耗。

实际电路中的负载常为感性负载,所以提高功率因数,一般最常用的方法是在负载两端并联一个补偿电容,来抵消负载电流的一部分无功分量。具体就是在日光灯接电源两端并联几个容值不同的电容,当电容的容量逐渐增加时,电容支路的电流 I_C 也随之增大,因 I_C 超前电压 90°,结果总电流 I 逐渐减小,但如果电容 C 增加过多(过补偿),总电流又将增加。

　　并联电容后,电感所需要的无功功率由电容的无功功率补偿,整个电路的有功功率并没有变化,因为总电流的减小,所以电源提供的视在功率减少了,于是整个电路的功率因数提高了。需要注意的是,在并联电容后,日光灯负载本身功率因数并没有提高,所提高的是包含电容在内的整个电路的功率因数。

9.6.3　实验器材

　　实验所需器材如表 9.31 所示。

表 9.31　实验器材清单

序号	名称	型号与规格	数量
1	交流电路实验箱	THA—JD2	1 台
2	单相调压器	——	1 台
3	多功能测量仪	SDB—2000	1 台

9.6.4　实验内容和步骤

　　(1) 按图 9.42 接线。检查无误后,接通电源,调节调压器,使电压表读数增至 220 V,观察日光灯的点亮过程。

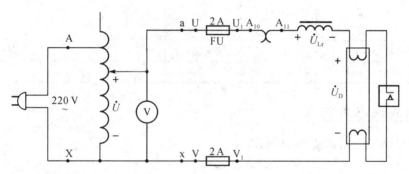

图 9.42　日光灯参数测量电路

　　(2) 关掉电源,调压器手柄回到零位,在电流表插座 A_{10}—A_{11} 处插入功率表的电流端子,接通电源,重新调节调压器,使电压表读数增至 220 V。待日光灯工作稳定后,记录多功能测量仪上的电流表读数及功率读数,填入到表 9.32 中相应的空格内。然后测量日光灯管上的电压 U_D 及镇整流器上的电压 U_{Lr}。根据测量数据计算出日光灯电路的功率因数 $\cos\varphi$,灯管电阻 R_D 及整流器参数 r、L。

表 9.32　日光灯参数的测量

测量值					计算值			
U/V	I/mA	P/W	U_D/V	U_{Lr}/V	$\cos\varphi$	R_D/Ω	r/Ω	L/H
220								

　　(3) 关掉电源,调压器手柄回到零位,按照图 9.43 所示,并上 2.2 μF 电容,在相应的位

置添加电流表插座 A_{20}—A_{21} 和 A_{30}—A_{31}。接通电源,重新调节调压器,使电压表读数增至 220 V。待日光灯工作稳定后,测量总电流 I 和负载功率 P,数据记入表 9.33 中。然后测量电容支路电流 I_C,日光灯支路电流 I_L 以及日光灯管上的电压 U_D,填入表 9.33 中相应的空格内。关掉电源,调压器手柄回到零位,依次接入电容值为 3.2 μF,4.7 μF,5.7 μF 和 6.9 μF,重复上述步骤,并将记录数据填入表格中。

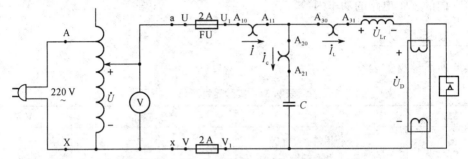

图 9.43　并联电容的日光灯参数测量电路

表 9.33　并联电容的日光灯参数测量

	$C/\mu F$	2.2	3.2	4.7	5.7	6.9
测量值	I/mA					
	I_C/mA					
	I_L/mA					
	U_D/V					
	P/W					
计算值	$S/(V \cdot A)$					
	$\cos\varphi$					

9.6.5　Proteus 软件仿真

日光灯的等效电路如图 9.44 所示。

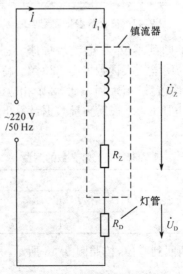

图 9.44　日光灯等效电路图

1) 日光灯参数测量

(1) 选取元件

运行 Proteus ISIS 程序,按表 9.34 所列的清单添加元件,单击"Generator Mode"图标,在对象选择窗口点选正弦波(SINE)信号源,并在编辑窗口单击,放置正弦波信号源。

表 9.34　元器件清单

序号	元件名称	所属类	所属子类	含义
1	RES	Resistors	Generic	电阻
2	INDUCTOR	Inductors	Generic	电感

(2) 电路原理图

按图 9.45 连接电路图,根据表 9.32 计算数据设置电阻、电感参数,电压表和电流表选择合适量程。设置信号源的频率是 50 Hz,电压有效值为 220 V。

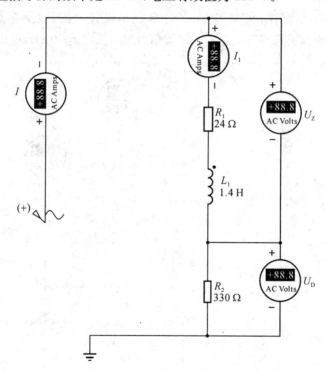

图 9.45　电路原理图

(3) 仿真

点击仿真按钮"Play",读出电流表和电压表的数值,并填入表 9.35 中。

表 9.35　日光灯参数的测量

测量值				计算值		
I/mA	I_1/mA	U_D/V	U_Z/V	$\cos\varphi$	P/W	$S/(\text{V}\cdot\text{A})$

2) 并联电容的日光灯参数测量

(1) 选取元件

运行 Proteus ISIS 程序,按表 9.46 所列的清单添加元件,单击"Generator Mode"图标,在对象选择窗口点选正弦波(SINE)信号源,并在编辑窗口单击,放置正弦波信号源。

表 9.36　元器件清单

序号	元件名称	所属类	所属子类	含义
1	RES	Resistors	Generic	电阻
2	INDUCTOR	Inductors	Generic	电感
3	CAP	Capacitors	Generic	电容

(2) 电路原理图

按图 9.46 连接电路图,根据表 9.32 计算数据设置电阻、电感参数,并设置电容为 2.2 μF,电压表和电流表选择合适量程。设置信号源的频率是 50 Hz,电压有效值为 220 V。

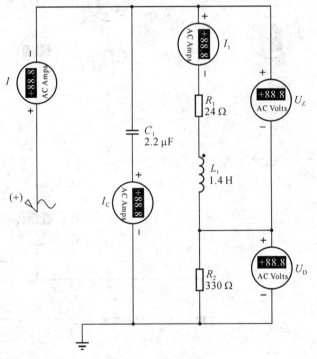

图 9.46　电路原理图

(3) 仿真

点击仿真按钮"Play",读出电流表和电压表的数值,并填入表 9.37 中,依次接入电容值为 3.2 μF,4.7 μF,5.7 μF 和 6.9 μF,重复上述步骤,并将记录数据填入表格中。

表 9.37　并联电容的日光灯参数测量

	$C/\mu F$	2.2	3.2	4.7	5.7	6.9
测量值	I/mA					
	I_C/mA					
	I_1/mA					
	U_Z/V					
	U_D/V					
计算值	$S/(V \cdot A)$					
	$\cos\varphi$					

9.6.6　报告要求

(1) 根据表 9.32 和 9.33【操作部分】(或者表 9.35 和 9.37【仿真部分】)中的测量值,完成表中要求的计算,并将数据记入表中。

(2) 日光灯正常发光后,能否拆除启辉器? 为什么? 能否用一个单刀开关代替启辉器启动日光灯电路?

(3) 分析表 9.33【操作部分】(或者表 9.37【仿真部分】)中数据,并联电容后,哪些量发生了变化,归纳在改变电容 C 的过程中各量的变化情况。哪些量没有发生变化? 并说明理由。

9.7　实验七:三相异步电动机的长动控制

9.7.1　实验目的

(1) 了解空气开关、熔断器、交流接触器、热继电器、控制按钮的作用、结构、工作原理和使用方法,以及三相异步电动机的接法。

(2) 掌握三相异步电动机的长动控制线路原理和接线方法,从而增强阅读和连接实际控制电路的能力。

(3) 学会用万用表检查电路,逐步提高分析和排除线路故障的能力。

9.7.2　理论知识

1) 电路组成

图 9.47 为三相异步电动机长动的实用控制线路,分主电路和控制电路两部分。

由图 9.47(a)可知,主电路由空气开关 QS、熔断器 FU_1、交流接触器 KM 的主触头、热继电器 FR 的发热元件和三相异步电动机 M 组成,三相异步电动机 M 接成 Y 形。由图 9.47(b)可知,控制电路由熔断器 FU_2、热继电器的长闭触点 FR、停止按钮 SB_1、启动按钮 SB_2、交流接触器 KM 的辅助常开触头和交流接触器 KM 的控制线圈组成。

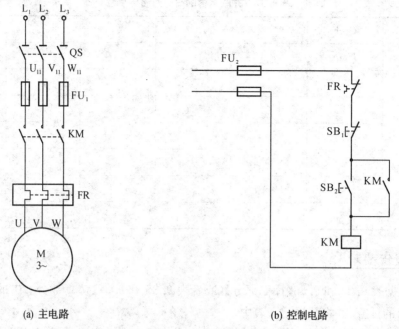

(a) 主电路　　　　　　　　　　　(b) 控制电路

图 9.47　三相异步电动机长动电路

2）控制原理

当合上主电路中的开关 QS，再按下控制电路中的启动按钮 SB_2 时，接触器 KM 的线圈通电，主电路中的 KM 主触点闭合，电动机 M 启动。当松开按钮 SB_2 时，因为控制电路中的接触器 KM 的辅助常开触点闭合，KM 线圈会保持得电，主电路中的 KM 主触点保持闭合，电动机 M 会继续转动。

按下控制电路中的停止按钮 SB_1 时，接触器 KM 的线圈失电，主电路中的 KM 主触点断开，电动机 M 停止转动。

这种松开按钮电动机能保持运转的线路，称为长动控制线路，也称为自锁控制线路。

电路中 FU_1 和 FU_2 分别用作主电路和控制电路的短路保护；FR 用作电机的过载保护。

9.7.3　实验器材

实验所需器材如表 9.38 所示。

表 9.38　实验器材清单

序号	名称	型号与规格	数量
1	接触器模板	正泰 CJX2 系列	1块
2	按钮开关模板		1块
3	断路器模板	正泰 DZ108 系列或 DZ47 系列	1块
4	热继电器模板	正泰 NR4 系列	1块
5	变压器	JBK3-630	1只
6	交流异步电动机	51K60A-YF	1只

9.7.4　实验内容和操作步骤

(1) 按图 9.47 接线,主电路采用交流 380 V 三相电源,电动机接成 Y 形,控制电路采用交流110 V单相电源。

(2) 按照表 9.39 所示的通电检查表,检查线路。

表 9.39　通电检查表

通电检查步骤

(必须遵照执行,通电前必须得到教师的认可)

目的:
√ 防止交流回路短路。
√ 防止 380 V 加到接触器 KM 线圈两端,导致接触器损坏。
√ 控制电路是否正常工作。

1. 正确使用万用表
(1) 万用表表笔正确使用:红表棒插在 V/Ω 孔,黑表棒插在 COM 孔。
(2) 注意:量程必须切换对,严禁用电阻挡测量交流电。

2. 检测电源电路是否有短路,需要逐级检查电路,把故障缩小在一定的范围内
2.1　检测交流主回路相间是否短路:
L_1、L_2、L_3(干路中的总电源开关的输入端)　两两之间正常为∞。
检查结果: _____　检查人: _____
U_{11}、V_{11}、W_{11}(干路中的总电源开关的输出端)　两两之间正常为∞。
检查结果: _____　检查人: _____
2.2　检测交流主回路每相是否对地短路:
L_1、L_2、L_3、U_{11}、V_{11}、W_{11} 每相单独对地测量,应该为∞。
检查结果: _____　检查人: _____
3. 检测控制电路是否短路,是否正常动作,前提条件:断开变压器输出端的断路器
3.1　KM 线圈阻值_____(KM 线圈 A_1、A_2 正常介于 100~300 Ω)
3.2　按下按钮 SB₂,万用表示数_____
松开按钮 SB₂,万用表示数_____
按下和松开按钮 SB₂,万用表示数是否由∞变化为 100~300 Ω?(正常是有变化的)
3.3　先按下 SB₂
按下按钮 SB₁,万用表示数_____
松开按钮 SB₁,万用表示数_____
按下和松开按钮 SB₁,万用表示数由 100~300 Ω 变化为∞?(正常是有变化的)
检查人: _____
4. 通电试车准备:(征得老师同意,同时老师在现场指导)
4.1　整理线路,所有导线进走线槽,整理试验台面,没有杂乱导线和工具。
4.2　接上电源线(注意:黄绿线接地),插头接到墙上 380 V 三相交流电源插座上。

(3) 检查线路无误后,闭合电路开关 QS,接通电源。点击启动按钮 SB₂,记录按钮按压瞬间的状态以及其他各控制器件的状态,填入表 9.40 中。然后点击停止按钮 SB₁ 重新记录状态并填入表 9.40 中。以此来检查电路工作状态是否符合原理。

表 9.40　通电状态测试表

元件 电机状态	SB₁	SB₂	KM	
			线圈	常开
正转				
停转				

9.7.5 Siwo软件仿真

1) 选取元件

打开斯沃数控机床仿真编辑环境,按表9.41所列的清单添加元件。

表9.41 元件清单表

序号	元件名称	所属类	备注	数量
1	HR-31	附件	电源总开关	1个
2	Y355L2_2	附件	主轴电机	1个
3	LAY_Green	附件	按钮开关	1个
4	LAY_Red	附件	按钮开关	1个
5	DZ47_63_D6	断路器	断路器	1个
6	DZ47_63_C1	断路器	断路器	2个
7	CJX2510	接触器	交流接触器	1个
8	SC-N3	继电器	热继电器	1个
9	L1	接线端子	接线端子	1个

2) 电路原理图

按图9.48连接电路图,要求主电路导线(图中粗线,实为红色粗线)2.5 mm²,控制电路导线(图中细线,实为蓝色细线)1.5 mm²。

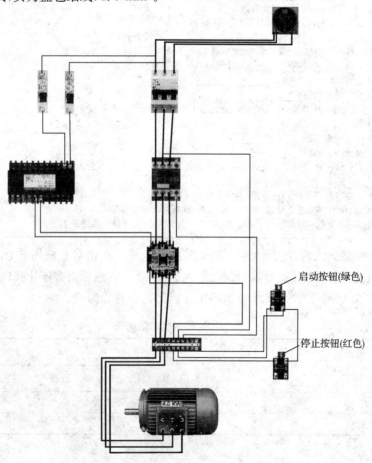

启动按钮(绿色)

停止按钮(红色)

图9.48 三相异步电动机长动电路仿真图

3) 仿真

把断路器 DZ47_63_D6 和 DZ47_63_C1 的开关向上拨,设置电源总开关为 ON。点击右侧绿色启动按钮,记录按钮按压瞬间的状态以及其他各控制器件的状态,填入表 9.40 中。然后点击红色停止按钮重新记录状态并填入表 9.40 中。以此来检查电路工作状态是否符合原理。

9.7.6　报告要求

(1) 绘制电气原理图。

(2) 按照使用实验展板和元器件的位置绘制电器元件布置图和电气安装接线图。

9.8　实验八:三相异步电动机的正反转控制

9.8.1　实验目的

(1) 熟练使用空气开关、熔断器、交流接触器、热继电器、控制按钮,掌握它们以及三相异步电机的接线。

(2) 掌握三相异步电动机正反转控制线路原理和接线方法,从而增强阅读和连接实际控制电路的能力。

(3) 学会用万用表检查控制电路,逐步提高分析和排除线路故障的能力。

9.8.2　理论知识

1) 电路组成

图 9.49 为三相异步电动机正反转的实用控制线路,分主电路和控制电路两部分。

由图 9.49(a)可知,主电路由空气开关 QS,熔断器 FU_1,交流接触器 KM_1、KM_2 的主触头,热继电器 FR 发热元件和三相异步电机 M 组成,三相异步电机 M 接成 Y 形。

由图 9.49(b)可知,控制电路由熔断器 FU_2,热继电器 FR 的控制触头,停止按钮 SB_1,正转按钮 SB_2,反转按钮 SB_3,交流接触器 KM_1、KM_2 的控制线圈及其辅助触头组成。

2) 控制原理

只要调整三相电源的相序,即任意调换两根电源线,就可以实现电动机的正反转控制。图 9.49(a)主电路中交流接触器 KM_1 主触头闭合接通正序电源,电动机正转;交流接触器 KM_2 主触头闭合接通反序电源,电动机反转。

图 9.49(b)控制电路中 SB_2 和 SB_3 两个按钮分别控制主电路交流接触器 KM_1、KM_2 的主触头交替闭合。同时,SB_2 和 SB_3 的动断触点分别串接在对方线圈电路中,形成控制电路的机械互锁。按下任意一只按钮,都将切断一条电路的电源,同时接通另一电路的电源,这样可以实现正反转的直接切换。也就是,按下正转按钮 SB_2,KM_1 线圈通电并自锁,KM_1 主触点闭合,电机正转。按下反转按钮 SB_3,其动断触点切断 KM_1 线圈电源,KM_1 主触点断开,同时 SB_3 接通 KM_2 线圈电源并自锁,KM_2 主触点闭合,电机反转。反之亦然。

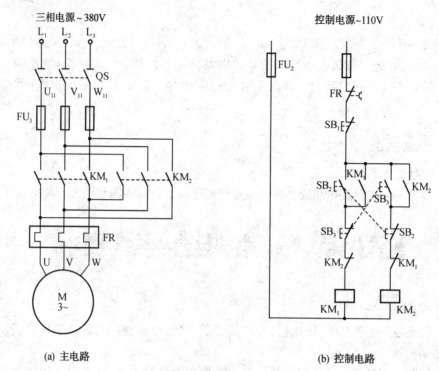

图 9.49　三相异步电动机正反转电路

图 9.49(b)控制电路中 KM₁ 和 KM₂ 的动断辅助触点分别串接在对方线圈电路中,形成接触器的电气互锁。一只接触器保持通电状态时,另一只接触器将无法得电,这样有效地防止了两只接触器同时动作造成主电路的短路。

SB₁ 是电路的停止按钮;FU₁ 和 FU₂ 分别用作主电路和控制电路的短路保护;FR 用作电机的过载保护。

9.8.3　实验器材

实验所需器材如表 9.42 所示。

表 9.42　实验器材

序号	名称	型号与规格	数量
1	接触器模板	正泰 CJX2 系列	2 块
2	按钮开关模板		1 块
3	断路器模板	正泰 DZ108 系列或 DZ47 系列	1 块
4	热继电器模板	正泰 NR4 系列	1 块
5	变压器	JBK3-630	1 只
6	交流异步电动机	51K60A-YF	1 只

9.8.4　实验内容和操作步骤

（1）按图 9.49 接线，主电路采用交流 380 V 三相电源，控制电路采用交流 110 V 单相电源，电动机接成 Y 形。

（2）按照表 9.43 所示的通电检查表，检查线路。

表 9.43　通电检查表

通电检查步骤

（必须遵照执行，通电前必须得到教师的认可）

目的：

√ 防止交流回路短路。

√ 防止 380 V 加到接触器 KM_1 或 KM_2 线圈两端，导致接触器损坏。

√ 控制电路是否正常工作。

1. 正确使用万用表

（1）万用表表笔正确使用：红表棒插在 V/Ω孔，黑表棒插在 COM 孔。

（2）注意：量程必须切换对，严禁用电阻挡测量交流电。

2. 检测电源电路是否有短路，需要逐级检查电路，把故障缩小在一定的范围内

2.1　检测交流主回路相间是否短路：

L_1、L_2、L_3（干路中的总电源开关的输入端）　两两之间正常为∞。

检查结果：＿＿＿＿＿＿＿＿＿＿＿＿＿＿＿＿　检查人：＿＿＿＿＿＿＿

U_{11}、V_{11}、W_{11}（干路中的总电源开关的输出端）　两两之间正常为∞。

检查结果：＿＿＿＿＿＿＿＿＿＿＿＿＿＿＿＿　检查人：＿＿＿＿＿＿＿

2.2　检测交流主回路每相是否对地短路：

L_1、L_2、L_3、U_{11}、V_{11}、W_{11} 每相单独对地测量，应该为∞。

检查结果：＿＿＿＿＿＿＿＿＿＿＿＿＿＿＿＿　检查人：＿＿＿＿＿＿＿

3. 检测控制电路是否短路，是否正常动作，前提条件：断开变压器输出端的断路器

3.1　KM_1 线圈阻值＿＿＿＿＿＿；KM_2 线圈阻值＿＿＿＿＿＿（KM_1 和 KM_2 线圈 A_1、A_2 正常介于 100～300 Ω）

3.2 a）按下按钮 SB_2，万用表示数＿＿＿＿＿＿＿＿＿

松开按钮 SB_2，万用表示数＿＿＿＿＿＿＿＿＿

按下和松开按钮 SB_2，万用表示数是否由∞变化为 100～300 Ω？（正常是有变化）

b）按下按钮 SB_3，万用表示数＿＿＿＿＿＿＿＿＿

松开按钮 SB_3，万用表示数＿＿＿＿＿＿＿＿＿

按下和松开按钮 SB_3，万用表示数是否由∞变化为 100～300 Ω？（正常是有变化）

3.3 a）先按下 SB_2

按下按钮 SB_1，万用表示数＿＿＿＿＿＿＿＿＿

松开按钮 SB_1，万用表示数＿＿＿＿＿＿＿＿＿

按下和松开按钮 SB_1，万用表示数由 100～300 Ω 变化为∞？（正常是有变化）

b）先按下 SB_3

按下按钮 SB_1，万用表示数＿＿＿＿＿＿＿＿＿

松开按钮 SB_1，万用表示数＿＿＿＿＿＿＿＿＿

按下和松开按钮 SB_1，万用表示数由 100～300 Ω 变化为∞？（正常是有变化）

检查人：＿＿＿＿＿＿＿＿＿＿

4. 通电试车准备：（征得老师同意，同时老师在现场指导）

4.1　整理线路，所有导线进走线槽，整理试验台面，没有杂乱导线和工具。

4.2　接上电源线，注意：黄绿线接地。插头接到墙上 380 V 三相交流电源插座上。

（3）检查线路无误后，闭合电路电源。点击正转按钮 SB_2，记录按钮按压瞬间的状态以及其他各控制器件的状态，填入表 9.44 中。然后点击停止按钮 SB_1 和反转按钮 SB_3，分别重新记录状态并填入表 9.44 中。以此来检查电路工作状态是否符合原理。

表 9.44　通电状态测试表

元件 电机状态	SB$_1$	SB$_2$		SB$_3$		KM$_1$			KM$_2$		
		动合	动断	动合	动断	线圈	常开	常闭	线圈	常开	常闭
正转											
停止											
反转											

9.8.5　Siwo 软件仿真

1) 元件清单列表

打开斯沃数控机床仿真编辑环境,按表 9.45 所列的清单添加元件。

表 9.45　元件清单表

序号	元件名称	所属类	备注	数量
1	HR-31	附件	电源总开关	1 个
2	Y355L2_2	附件	主轴电机	1 个
3	LAY_Green	附件	按钮开关	2 个
4	LAY_Red	附件	按钮开关	1 个
5	DZ47_63_D6	断路器	断路器	1 个
6	DZ47_63_C1	断路器	断路器	2 个
7	CJX2510	接触器	交流接触器	2 个
8	SC-N3	继电器	热继电器	1 个
9	L1	接线端子	接线端子	1 个

2) 电路原理图

按图 9.50 连接电路图,要求主电路导线(图中粗线,实为红色)为 2.5 mm^2,控制电路导线(图中细线,实为蓝色)为 1.5 mm^2。

3) 仿真

把断路器 DZ47_63_D6 和 DZ47_63_C1 的开关向上拨,设置电源总开关为 ON。点击右侧启动按钮 1(正转按钮),记录按钮按压瞬间的状态以及其他各控制器件的状态,填入表 9.44 中。再点击右侧启动按钮 2(反转按钮),记录按钮按压瞬间的状态以及其他各控制器件的状态,填入表 9.44 中。最后点击停止按钮重新记录状态并填入表 9.44 中。以此来检查电路工作状态是否符合原理。

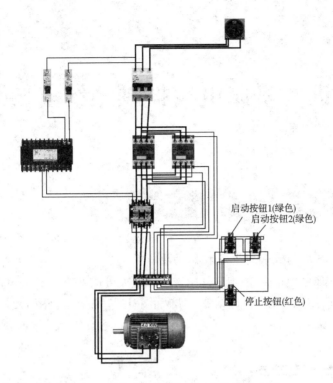

启动按钮1(绿色)

启动按钮2(绿色)

停止按钮(红色)

图 9.50　三相异步电动机正反转电路仿真图

9.8.6　报告要求

（1）绘制电气原理图。

（2）按照使用实验展板和元器件的位置绘制电器元件布置图和电气安装接线图。

（3）接通电源后，按下启动按钮（SB_2 或 SB_3），接触器吸合，但电动机不转且发出"嗡嗡"的声响；或虽能启动，但转速很慢。这种故障是由于什么原因引起的？

（4）接通电源后，按下启动按钮（SB_2 或 SB_3），若接触器通断频繁且发出连续的噼啪声或吸合不牢且发出颤音，则造成此类故障的原因可能有几种情况？

第 10 章

综合实训 机床电气控制系统安装和调试

10.1 机床电气控制系统平台概述

1) C650 普通车床构成和对电气控制的要求

C650 卧式车床属中型车床,加工工件回转半径最大可达 1 020 mm,长度可达 3 000 mm。其结构主要有床身、主轴变速箱、进给箱、溜板箱、刀架、尾架、丝杆和光杆等部分组成,如图 10.1 所示。

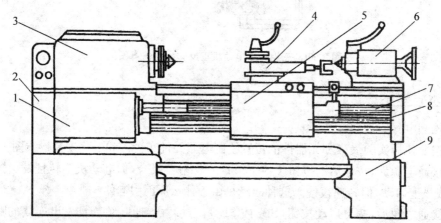

1—进给箱;2—挂轮箱;3—主轴变速箱;4—溜板与刀架;5—溜板箱;6—尾架;7—光杆;8—丝杆;9—床身

图 10.1 C650 普通车床的结构示意图

根据 C650 车床运动情况及加工需要,共采用三台三相笼型异步电机拖动,即主轴与进给电机 M_1、冷却泵电机 M_2 和溜板箱快速移动电机 M_3。从车削加工工艺出发,对各台电机的控制要求如下:

(1) 主轴与进给电机 M_1,简称主电动机,功率为 20 kW,对于拥有中型车床的机械厂往往电力变压器容量较大,允许在空载情况下直接启动。

主轴与进给电机要求实现正、反转,从而经主轴变速箱实现主轴正、反转,或通过挂轮箱传给溜板箱来拖动刀架实现刀架的横向左、右移动。

为便于进给车削加工前的对刀,要求主轴拖动工件做点动调整,所以要求主轴与进给电机能实现单方向旋转的低速点动控制。

主轴电机停车时,由于加工工件转动惯量较大,故需采用反接制动。

主轴电机除具有短路保护和过载保护外,在主电路中还应设有电流监视环节。

（2）冷却泵电机 M_2，功率为 0.15 kW，用以在车削加工时，供出冷却液，对工件与刀具进行冷却。采用直接启动，单向旋转，连续工作。具有短路保护和过载保护功能。

（3）快速移动电机 M_3，功率为 2.2 kW，由于溜板箱连续移动是短时工作，故 M_3 只要求单向点动，短时运转，不设过载保护。

（4）电路还应有必要的连锁和保护及安全可靠的照明电路。

2）机床电气控制系统平台构成

根据 C650 车床的控制要求，设计的机床电气控制系统平台如图 10.2 所示，该装置采用网孔板的形式，将控制部件及执行元件都固定在网孔板上，主要由各电机主电路、主电机的控制电路、冷却电机的控制电路、快速移动电机的控制电路以及照明电路几个部分构成。

图 10.2 机床电气控制系统平台

该机床电气控制系统平台对应有三组控制电动机回路：M_1 是主轴电动机，该电机拖动主轴旋转并通过进给机构实现进给运动，其回路主要实现正转与反转控制、停车制动时快速停转、加工调整时点动操作等电气控制要求。M_2 是冷却泵电动机，其回路就是驱动冷却泵电动机对零件加工部位进行供液，电气控制要求是加工时启动供液，并能长期运转。快速移动电动机控制回路，用于拖动刀架快速移动，要求能够随时手动控制启动与停止。

10.2 机床电气控制系统平台元件分析

该机床电气控制系统平台装置由安装在实验台上的支座、网孔板、按钮架、电流表架和电器元件等组成,网孔板元件布置图和底板元件布置图如图 10.3、10.4 所示。

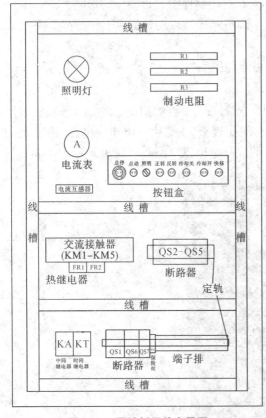

图 10.3　网孔板元件布置图

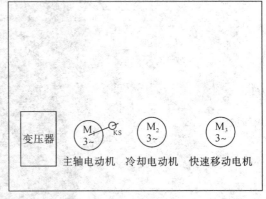

图 10.4　底板元件布置图

1) 底板元件分析

底板元件固定在支座上,支座采用铝型材搭建,底板为不锈钢,带四个万向轮,如图 10.2 所示。底板上固定主轴电动机(带速度继电器)、冷却电动机、变压器,具体如图 10.4 所示。

(1) 变压器

变压器的实物如图 10.5 所示,其技术规格如表 10.1 所示。

图 10.5　变压器实物图

表 10.1　变压器的技术规格

序号	名称	规格		备注
1	型号	JBK3-630 机床控制变压器		
2	功率	630 V·A		
3	频率	50/60 Hz		
4	电压输入	0—1	AC 361 V	
		0—2	AC 380 V	使用此端子
		0—3	AC 399 V	
5	电压输出	11—12	AC 36 V	照明用
		11—13	AC 110 V	线圈控制用

TC 变压器一次侧接入电压为 380 V,二次侧有 36 V、110 V 两种供电电源,其中 36 V 给照明灯线路供电,而 110 V 给车床控制线路供电。

(2)交流电动机

交流电动机的实物如图 10.6 所示,其技术规格如表 10.2 所示。

图 10.6　交流电动机实物图

表 10.2　交流电动机的技术规格

序号	名称	规格	备注
1	型号	51K60A-YF	
2	功率	60 W	
3	电压范围	220/380 V	
4	额定电流	0.18/0.31 A	
5	额定转速	1 300/1 600 r/min	
6	配线	Y / △	

三相交流电动机的接法:

三相电机在额定频率下,可按三角形接线或星形接线,所以提供两挡额定电压值。电机在该两种接法的额定值下运行将保持完全相同的运行性能。理论上星形接法的额定电压值是三角形接法额定电压值的 $\sqrt{3}$ 倍。

星形接法如图 10.7 所示。

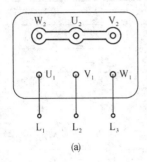  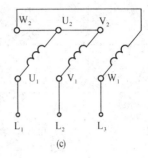

(a)   (b)   (c)

图 10.7　星形接法示意图

三角形接法如图 10.8 所示。

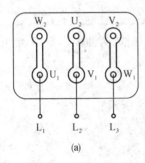  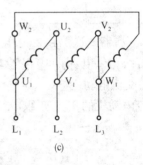

(a)   (b)   (c)

图 10.8　三角形接法示意图

注意:按中国电源标准提供,三相电机按 Y 形接线配置 380 V/50 Hz 交流电,△形接线配置 220 V/50 Hz交流电。

(3)速度继电器

YJ1 型速度继电器如图 10.9 所示,它是利用电磁感应原理工作的感应式速度继电器,用于机械运动部件的速度控制和反接制动快速停车。YJ1 型速度控制继电器在继电器轴转速为 150 转/分左右时,即能动作,100 转/分以下触点恢复正常位置。YJ1 型速度继电器内部端子如图 10.10 所示:端子 1-3、2-4 为一组常开触点,端子 1-5、2-6 为一组常闭触点。

图 10.9　速度继电器实物图   **图 10.10　速度继电器的内部端子**

2)网孔板元件分析

网孔板采用不锈钢材料制成,并在网孔板表面涂有绝缘漆,网孔板固定于支座上,主要用于固定电器元件、线槽、定轨及其他辅助器件等。

（1）照明灯

如图 10.3 所示，网孔板元件包含照明灯，该照明灯线路供电由变压器二次侧 36 V 提供，用于增加机床的亮度。

（2）制动电阻

如图 10.3 所示，网孔板元件包含 3 组 75 W 制动电阻，把制动电阻连接在主电动机回路中，主要实现主电动机全压或减压启动状态控制。

（3）绕组电流监控装置

如图 10.3 所示，网孔板元件包含绕组电流监控装置，该装置主要由电流表、电流互感器等组成。电流表 A 主要用于电动机 M_1 主电路中，起绕组电流监视作用，实际工作时电流互感器接线如图 10.11 所示，将绕组中一相的接线绕在电流互感器上面，当该接线有电流流过时，将产生感应电流，通过这一感应电流间接显示电动机绕组中当前电流值。

图 10.11　电流互感器接线图

（4）人机操作单元

如图 10.3 所示，网孔板元件包含人机操作单元，该单元主要由人机操作按钮架和各种按钮组成。按钮架由不锈钢材料制成，并在机架表面涂有绝缘漆，主要用于人机操作、控制电机和照明灯等。由图 10.12 可见，按钮包括总停、主电动机点动控制、照明控制、主电动机正转启动、主电动机反转启动、冷却电动机关闭、冷却电动机启动、快速移动启动等。

图 10.12　人机操作单元示意图

（5）交流接触器

如图 10.3 所示，网孔板元件包含多个正泰 CJX2 系列交流接触器。交流接触器实物如图 10.13 所示，接线端子示意图如图 10.14 所示。另外还配有对应的扩展辅助触点组，如图 10.15 所示。交流接触器用于控制电动机的点动、正反转启动及照明电路等。

图10.13　交流接触器实物图

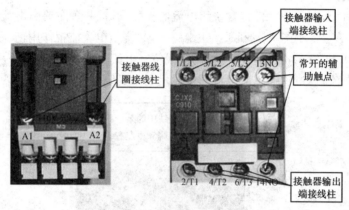

图 10.14　交流接触器接线端子示意图

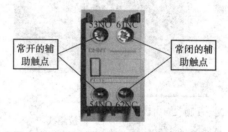

图 10.15　接触器扩展辅助触点组示意图

（6）热继电器

如图 10.3 所示，网孔板元件包含正泰 NR4 系列热继电器，实物如图 10.16 所示，其主要用于长期工作或间断长期工作的交流电动机过载与断相保护。

图 10.16　热继电器实物图

（7）断路器及保险丝

如图 10.3 所示，网孔板元件包含正泰 DZ108 系列和 DZ47 系列断路器。DZ108 系列塑料外壳式断路器适用于 50 Hz 或 60 Hz，额定电压在 600 V 以下的电路中，作为电动机的过载、短路保护之用；DZ47 系列小型断路器在控制电路（照明、电气回路）中起过载、短路保护。断路器接线端子图如图 10.17 所示。

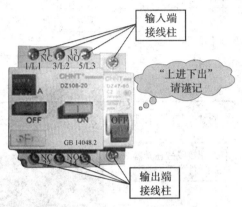

图 10.17　断路器接线端子示意图

（8）时间继电器

如图 10.3 所示，网孔板元件包含正泰 JSZ6 系列时间继电器，主要用于电流表在检测绕组电流时，避开电动机瞬间启动大电流的损害。其技术参数如下：

工作方式：通电延时；触点数量：延时 2 转换；延时范围：30 s；工作电压：AC110V；设定方式：电位器。

时间继电器指示灯和接线端子图如图 10.18、10.19 所示。

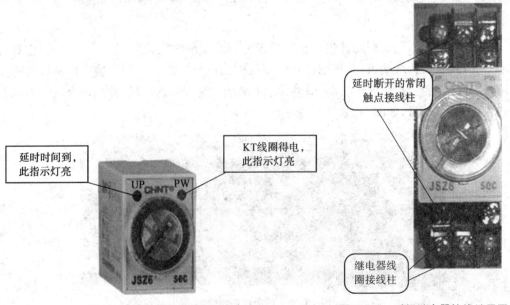

图 10.18　时间继电器指示灯　　　图 10.19　时间继电器接线端子图

(9)中间继电器

如图 10.3 所示,网孔板元件包含 JZ7-44 中间继电器,其实物如图 10.20 所示。中间继电器技术规格如表 10.3 所示。

表 10.3　中间继电器技术规格

序号	名称	规格	备注
1	型号	JZ7-44 中间继电器	
2	工作电压	110 V	
3	常开触点数	4 对	
4	常闭触点数	4 对	

中间继电器接线端子示意图如图 10.21 所示。

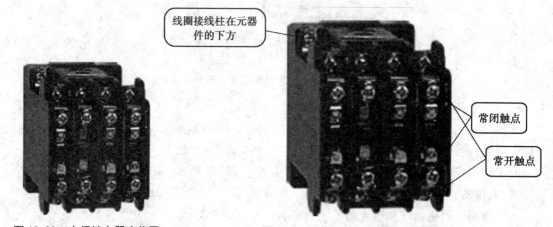

图 10.20　中间继电器实物图　　　　图 10.21　中间继电器接线端子示意图

(10)辅助端子

如图 10.3 所示,网孔板元件包含辅助端子。辅助端子的实物如图 10.22 所示,它具有点对点相连的自行接线端子,其作用是把控制板内元件与板外元件相连接。控制板内的元件引线端子接至自行接线端子上部,辅助端子下部接控制板外的设备,并在每个端子上标有其对应的连接端子号,如图 10.23 所示。

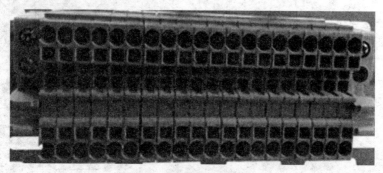

图 10.22　辅助端子实物图

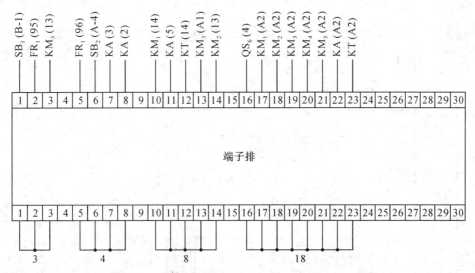

注：为区分端子上（下）排，定义上排表示为□-1，下排表示为□-2。
例：第1个表示为1-1和1-2。

图 10.23　辅助端子接线示意图

10.3　机床电气控制系统平台上的控制系统分析

该机床电气控制系统平台共有三组控制电动机的回路，机床电气总回路如图 10.24 所示，其中机床电气元件符号及名称见表 10.4。

表 10.4　机床电气元件符号及名称

符号	名称	符号	名称
M_1	主电动机	SB_1	总停按钮
M_2	冷却泵电动机	SB_2	主电动机正向点动按钮
M_3	快速移动电动机	SB_3	主电动机正转按钮
KM_1	主电动机正转接触器	SB_4	主电动机反转按钮
KM_2	主电动机反转接触器	SB_5	冷却泵电动机停转按钮
KM_3	短接限流电阻接触器	SB_6	冷却泵电动机启动按钮
KM_4	冷却泵电动机启动接触器	TC	控制变压器
KM_5	快移电动机启动接触器	FU_1	熔断器
KA	中间继电器	FR_1	主电动机过载保护热继电器
KT	通电延时时间继电器	FR_2	冷却泵电动机保护热继电器
SQ	快移电动机点动行程开关	R	限流电阻
SA	照明开关	EL	照明灯
KS	速度继电器	TA	电流互感器
A	电流表	QS	断路器

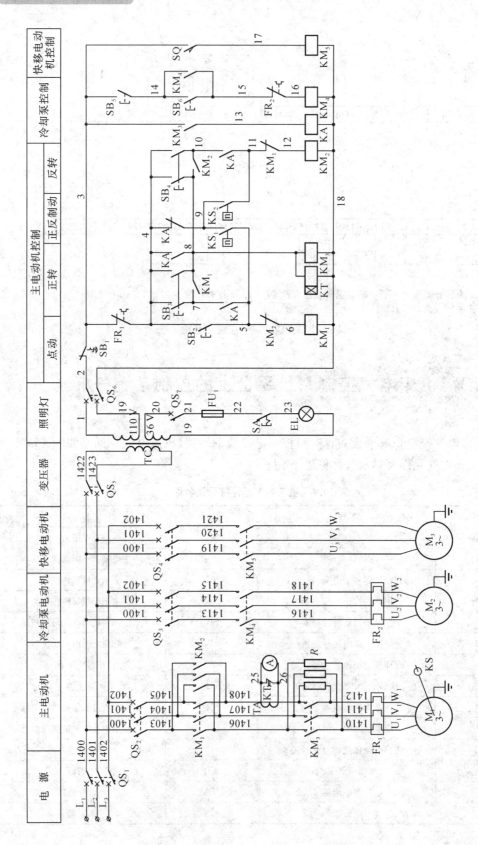

图10.24 机床电气回路图

1）动力电路

（1）主电动机电路

电源引入与故障保护：三相交流电源 L_1、L_2、L_3 经 QS 断路器引入机床主电路，主电动机电路中，QS_1 和 QS_2 断路器为短路保护环节，FR_1 是热继电器加热元件，对电动机 M_1 起过载保护作用。

主电动机正反转：KM_1 与 KM_2 分别为交流接触器 KM_1 与 KM_2 的主触头。根据电气控制基本知识分析可知，KM_1 主触头闭合、KM_2 主触头断开时，三相交流电源将分别接入电动机的 U_1、V_1、W_1 三相绕组中，M_1 主电动机将正转。反之，当 KM_1 主触头断开、KM_2 主触头闭合时，三相交流电源将分别接入 M_1 主电动机的 W_1、V_1、U_1 三相绕组中，与正转时相比，U_1 与 W_1 进行了换接，使得主电动机反转。

主电动机全压与减压状态：当 KM_3 主触头断开时，三相交流电源电流将流经限流电阻 R 进入电动机绕组，电动机绕组电压将减小。如果 KM_3 主触头闭合，则电源电流不经限流电阻而直接接入电动机绕组中，主电动机处于全压运转状态。

绕组电流监控：电流表 A 在电动机 M_1 主电路中起绕组电流监视作用，通过电流互感器的 TA 线圈空套在绕组一相的接线上，当该接线有电流流过时，将产生感应电流，通过这一感应电流间接显示电动机绕组中当前电流值。其控制原理是当通电延时时间继电器的 KT 常闭延时断开触头闭合时，它产生的感应电流不经过电流表 A，而一旦 KT 触头断开，电流表 A 就可检测到电动机绕组中的电流。

电动机转速监控：速度继电器 KS 是和 M_1 主电动机主轴同转安装的速度检测元件，根据主电动机主轴转速对速度继电器触头的闭合与断开进行控制。

（2）冷却泵电动机电路

冷却泵电动机电路中 QS_3 断路器起短路保护作用，FR_2 热继电器则起过载保护作用。当 KM_4 主触头断开时，冷却泵电动机 M_2 停转不供液；而 KM_4 主触头一旦闭合，M_2 将启动供液。

（3）快速移动电机回路

快移电动机电路中，QS_4 断路器起短路保护作用。KM_5 主触头闭合时，快移电动机 M_3 启动，而 KM_5 主触头断开，快移电动机停止。

（4）变压控制电路

主电路通过变压器 TC 与控制线路和照明灯线路建立电联系。变压器 TC 一次侧接入电压为 380 V，二次侧有 36 V、110 V 两种供电电源，其中 36 V 给照明灯线路供电，而 110 V 给车床控制线路供电。

2）控制线路

控制线路读图分析的一般方法是从各类触头的断与合与相应电磁线圈得断电之间的关系入手，并通过线圈得断电状态，分析主电路中受该线圈控制的主触头的断合状态，得出电动机受控运行状态的结论。

控制线路从 7 区至 12 区，各支路垂直布置，相互之间为并联关系。各线圈、触头均为原态（即不受力态或不通电态），而原态中各支路均为断路状态，所以 KM_1、KT、KM_3、KM_2、KA、KM_4、KM_5 等各线圈均处于断电状态，这一现象可称为"原态支路常断"，是机床控制线路读图分析的重要技巧。

(1) 主电动机点动控制

按下 SB$_2$，KM$_1$ 线圈通电，根据原态支路常断现象，其余所有线圈均处于断电状态。因此主电路中为 KM$_1$ 主触头闭合，由 QS$_2$ 断路器引入的三相交流电源将经 KM$_1$ 主触头、限流电阻 R 接入主电动机 M$_1$ 的三相绕组中，主电动机 M$_1$ 串电阻减压启动。一旦松开 SB$_2$，KM$_1$ 线圈断电，电动机 M$_1$ 断电停转。SB$_2$ 是主电动机 M$_1$ 的点动控制按钮。

(2) 主电动机正转控制

按下 SB$_3$，KM$_3$ 线圈与 KT 线圈同时通电，并通过 3～13 间的常开辅助触头 KM$_3$ 闭合而使 KA 线圈通电，KA 线圈通电又导致 7～5 间的 KA 常开辅助触头闭合，使 KM$_1$ 线圈通电。而 7～8 间的 KM$_1$ 常开辅助触头与 4～8 间的 KA 常开辅助触头对 SB$_3$ 形成自锁。主电路中 KM$_3$ 主触头与 KM$_1$ 主触头闭合，电动机不经限流电阻 R，全压正转启动。

绕组电流监视电路中，因 KT 线圈通电后延时开始，但由于延时时间还未到达，所以 KT 常闭延时断开触头保持闭合，感应电流经 KT 触头短路，造成电流表 A 中没有电流通过，避免了全压启动初期绕组电流过大而损坏电流表 A。KT 线圈延时时间到达时，电动机已接近额定转速，绕组电流监视电路中的 KT 将断开，感应电流流入电流表 A 将绕组中电流值显示在 A 表上。

(3) 主电动机反转控制

按下 SB$_4$，通过 4、8、18 线路使得 KM$_3$ 线圈与 KT 线圈通电，与正转控制相类似，KA 线圈通电，再通过 4、10、11、12、18 使 KM$_2$ 线圈通电。主电路中 KM$_2$、KM$_3$ 主触头闭合，电动机全压反转启动。KM$_1$ 线圈所在支路与 KM$_2$ 线圈所在支路通过 KM$_2$ 与 KM$_1$ 常闭触头实现电气控制互锁。

(4) 主电动机反接制动控制

正转制动控制

KS$_2$ 是速度继电器的正转控制触头，当电动机正转启动至接近额定转速时，KS$_2$ 闭合并保持。制动时按下 SB$_1$，控制线路中所有电磁线圈都将断电，主电路中 KM$_1$、KM$_2$、KM$_3$ 主触头全部断开，电动机断电降速，但由于正转启动惯性，需较长时间才能降为零速。

一旦松开 SB$_1$，则经 1、2、3、4、9、KS$_2$、11、12、18、19，使 KM$_2$ 线圈通电。主电路中 KM$_2$ 主触头闭合，三相电源电流经 KM$_2$ 使 U$_1$、W$_1$ 两相换接，再经限流电阻 R 接入三相绕组中，在电动机转子上形成反转转矩，并与正转的惯性转矩相抵消，电动机迅速停车。

在电动机正转启动至额定转速，再从额定转速制动至停车的过程中，KS$_1$ 反转控制触头始终不产生闭合动作，保持常开状态。

反转制动控制

KS$_1$ 在电动机反转启动至接近额定转速时闭合并保持。与正转制动相类似，按下 SB$_1$，电动机断电降速。一旦松开 SB$_1$，则经 1、2、3、4、9、KS$_1$、5、6、18、19，使线圈 KM$_1$ 通电，电动机转子上形成正转转矩，并与反转的惯性转矩相抵消使电动机迅速停车。

(5) 冷却泵电动机启停控制

按下 SB$_6$，线圈 KM$_4$ 通电，并通过 KM$_4$ 常开辅助触头对 SB$_6$ 自锁，主电路中 KM$_4$ 主触头闭合，冷却泵电动机 M$_2$ 转动并保持。按下 SB$_5$，KM$_4$ 线圈断电，冷却泵电动机 M$_2$ 停转。

（6）快移电动机点动控制

行程开关 SQ 由车床上的刀架手柄控制。转动刀架手柄,行程开关 SQ 将被压下而闭合,KM$_5$ 线圈通电。主电路中 KM$_5$ 主触头闭合,驱动刀架快移的电动机启动。反向转动刀架手柄复位,SQ 行程开关断开,则电动机断电停转。

（7）照明电路

照明电路回路包括断路器、保险丝、开关、照明灯等,灯开关 SA 置于闭合位置时,EL 灯亮。SA 置于断开位置时,EL 灯灭。

10.4　实训任务实施

1）电气接线图的绘制

结合机床电气总回路图 10.24、网板元件布置图 10.3 和底板元件布置图 10.4,绘制电气接线图,要求:

（1）电气接线图中各电气元件位置和线槽的布置按电气元件在控制柜、控制板、操作台中的实际位置绘制;

（2）电气接线图与原理图 10.24 中各电气元件图形与文字符号保持一致;

（3）电气接线图中电气控制柜内各电气元件可直接连接,而外部元器件与电气柜之间连接须经接线端子板进行;

（4）连接导线应注明导线根数、导线截面积等,一般不表示导线实际走线途径,施工时由操作者根据实际情况选择最佳走线方式。

2）装置调试流程

电气控制回路的安装与调试操作流程如图 10.25 所示:

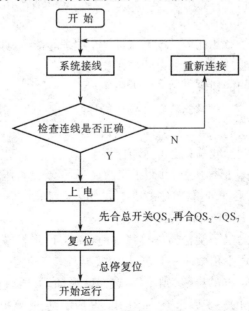

图 10.25　系统安装与调试操作流程图

(1) 开始

检查工具是否完好,见图 10.26 所示,由左往右依次为:剥线钳、压线钳、尖嘴钳、斜口钳和五把不同型号的起子,同时检查图 10.27 所示万用表是否有电,各相关可测量量及范围。

图 10.26　工具展示

图 10.27　万用表

(2) 系统接线

① 接线步骤

按照如图 10.28(a)～(i)共九步操作完成每一个端子的接线,具体如下:

第一步:丈量两个接线端子之间需要的导线长度,多 3～4 cm;

第二步:用剥线钳中间的切线口切断所需导线;

第三步:截取 0.8 cm 左右的线套,套在要接的导线上;

第四步:用剥线钳剥去 0.5 cm 绝缘皮,露出铜线;

第五步:在第四步的铜导线端套上 U 形插;

第六步:用压线钳把 U 形插压死,并用手稍微拽一下,看是否压牢;

第七步:将线套往 U 形插端捋,盖住 U 形插的整个尾部;

第八步:在线套上写上对应导线的编号;

第九步:用适当大小的起子旋松器件接线螺钉,插入 U 形插端子,旋紧器件接线螺钉,完成导线一端的接线,并用手稍微拽一下,看是否接牢。

另外,如遇到接入端子排的导线,则不需要接 U 形插,只要将裸露铜导线直接接入端子,具体操作是:选择最小的一字形起子,如图 10.29 所示,插入离上端或下端圆形导线端子最近的方孔,如图 10.30(a)和(b)所示,听到"咔擦"声,把裸露导线端插入对应圆形端子,再拔掉起子。接着用手稍微拽一下所接导线,看是否接牢。

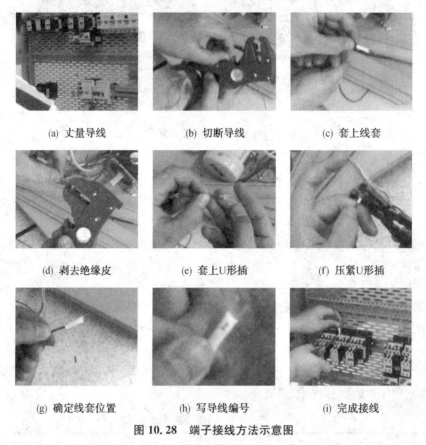

| (a) 丈量导线 | (b) 切断导线 | (c) 套上线套 |

| (d) 剥去绝缘皮 | (e) 套上U形插 | (f) 压紧U形插 |

| (g) 确定线套位置 | (h) 写导线编号 | (i) 完成接线 |

图 10.28　端子接线方法示意图

图 10.29　端子排接线工具

(a)　　　　　　　(b)

图 10.30　端子排接线方法示意

② 接线注意事项

a. 严格按照接线图、布局图施工。

b. 螺钉不需要拧太死,容易损坏。但也不可太松,因为会造成接触不良,松紧程度以导线不能随意拔出为准。

c. 所有的标签号管统一向右,不允许出现或左或右的情况。

d. U形插不能露铜,所以使用剥线钳剥线时,剥线长度应该合适。

e. 电气元器件一个接线柱需要接入两根导线时,事先就需要规划好。先把两根导线捋在一起,套入一个标签号,然后安装 U 形插,压死。

f. 接线完成后,请整理线路,所有走线进线槽,元器件上方的接线要整齐划一,如图

10.31(a)和(b)所示。

(a)

(b)

图 10.31　标准接线示意图

③ 检查连线是否正确

在通电之前,为保证设备及人身安全,必须严格检查,也可以通过检查,发现一些简单的接线故障。本任务提供有《通电检查表》,通电之前的检查按照表 10.5 所示的 1～4 项,逐项检查,并逐项签字确认。

注意:此部分务必要认真对待,每项检查无遗漏,以免危及生命和财产安全。另外,未得到老师允许切记不能上电。

④ 上电

按照第三步检查无误后,根据指导老师在现场的安排,接上电源线,并按照表 10.5 第 5 项作相应记录。

⑤ 通电运行

按照第四步测量后,分析记录内容,如果都在正常范围内,则可以开始运行调试,并按照表 10.5 第 6 项作相应运行现象记录。

表 10.5　通电检查表

通电检查步骤

目的:

√ 防止交流回路短路。

√ 防止 380 V 加到接触器 KM 线圈两端,导致接触器损坏。

1. 正确使用万用表

(1) 万用表表棒正确使用:红表棒插在 V/Ω 孔,黑表棒插在 COM 孔。

(2) 注意:量程必须切换对,严禁用电阻挡测量交流电。

2. KS_1、KS_2 速度继电器触点暂时不接

3. 检测交流主回路是否有短路,前提条件:为了逐级检查电路,把故障缩小在一定的范围内,先断开所有断路器

3.1　检测交流主回路相间是否短路:

L_1、L_2、L_3(干路中的总电源开关的输入端)　两两之间正常为∞。

检查结果:＿＿＿＿＿＿＿＿＿＿　　　　　检查人:＿＿＿＿＿＿

U、V、W(干路中的总电源开关的输出端)　两两之间正常为∞。

检查结果:＿＿＿＿＿＿＿＿＿＿　　　　　检查人:＿＿＿＿＿＿

主轴电机

M_1 主轴电机的断路器的输出端　两两之间正常为∞

检查结果:＿＿＿＿＿＿＿＿＿＿　　　　　检查人:＿＿＿＿＿＿

M_1 主轴电机接触器主触点的输出端　两两之间正常为∞,接上电机后不能低于 500 Ω,大概 750 Ω 左右。

检查结果:＿＿＿＿＿＿＿＿＿＿　　　　　检查人:＿＿＿＿＿＿

KM_3 主触点的输出端　两两之间正常为∞,接上电机后不能低于 300 Ω,大概 310 Ω 左右。

检查结果:＿＿＿＿＿＿＿＿＿＿　　　　　检查人:＿＿＿＿＿＿

冷却泵电机

冷却电机的断路器的输出端　两两之间正常为∞

检查结果:＿＿＿＿＿＿＿＿＿＿　　　　　检查人:＿＿＿＿＿＿

冷却电机接触器主触点的输出端 两两之间正常为∞,接上电机后不能低于 300 Ω,大概 310 Ω 左右。

检查结果: _____ 检查人: _____

快移电机

快移电机的断路器的输出端 两两之间正常为∞

检查结果: _____ 检查人: _____

快移电机接触器主触点的输出端 两两之间正常为∞,接上电机后不能低于 300 Ω,大概 310 Ω 左右。

检查结果: _____ 检查人: _____

3.2 检测交流主回路每相是否对地短路:

以上检测的每一点,单独对地测量,正常应该为∞。

检查结果: _____ 检查人: _____

4. 检测辅助电路是否短路

KM_1、KM_2、KM_3、KM_4、KM_5 线圈 A_1、A_2 不能低于 120 Ω

实测线圈阻值分别为 _____

再按下按钮 SB_2,KM_1、KM_2、KM_3 线圈任何一个 A_1、A_2 不能低于 120 Ω

线圈阻值 _____ 检查结果: _____ 检查人: _____

再按下按钮 SB_3,KM_1、KM_2、KM_3 线圈任何一个 A_1、A_2 不能低于 120 Ω

线圈阻值 _____ 检查结果: _____ 检查人: _____

再按下按钮 SB_4,KM_1、KM_2、KM_3 线圈任何一个 A_1、A_2 不能低于 120 Ω

线圈阻值 _____ 检查结果: _____ 检查人: _____

再按下按钮 SB_6,KM_4 线圈 A_1、A_2 不能低于 120 Ω

线圈阻值 _____ 检查结果: _____ 检查人: _____

再按下按钮 SQ,KM_5 线圈 A_1、A_2 不能低于 120 Ω

线圈阻值 _____ 检查结果: _____ 检查人: _____

5. 开始送电

5.1 接上电源线,注意:黄绿线接地。

5.2 电柜进线测量,万用表交流 500 V 挡,测量电压,～380 V±10％为正常,晚上通电,可能电压偏高。

检查状态:正常( ) 偏高( ) 偏低( ) 检查人: _____

5.3 合上电源总开关,测量总电源断路器的输出端电压是否符合图纸要求。

检查状态:正常( ) 偏高( ) 偏低( ) 检查人: _____

5.4 合上主轴电机的断路器,测量断路器输出端电压,～380 V±10％为正常。

检查状态:正常( ) 偏高( ) 偏低( ) 检查人: _____

5.5 合上冷却泵电机的断路器,测量断路器输出端电压,～380 V±10％为正常。

检查状态:正常( ) 偏高( ) 偏低( ) 检查人: _____

5.6 合上快移电机的断路器,测量断路器输出端电压,～380 V±10％为正常。

检查状态:正常( ) 偏高( ) 偏低( ) 检查人: _____

5.7 合上变压器之前的断路器,测量变压器输出端电压是否为～110 V±10 ％,以及 36 V±10％。

照明电路为 36 V,您确认了吗? 110 V 加上去,灯泡性命不保。

检查状态:正常( ) 偏高( ) 偏低( ) 检查人: _____

5.8 最后合上变压器输出端的断路器及照明电路的断路器。

墙上电源插头拔下,拆开速度继电器后盖。电源插头插入插座,按下 SB_3,主轴电机旋转吗? 判断 KS 触点,然后完成 KS_1、KS_2 的接线。接线完成后,请务必将速度继电器后盖装上。

6. 试车

SB_2 能点动,且具备反接制动功能吗? 现象记录 _____,检查人: _____

SB_3 是正传功能吗? 现象记录 _____,检查人: _____

SB_4 是反转功能吗? 现象记录 _____,检查人: _____

SB_1 停止且制动了吗? 现象记录 _____,检查人: _____

SB_6 M_2 能自锁旋转吗? 现象记录 _____,检查人: _____

SB_5 M_2 停了吗? 现象记录 _____,检查人: _____

SQ M_2 电机转了吗? 现象记录 _____,检查人: _____

SQ 松开,M_2 停了吗? 现象记录 _____,检查人: _____

SA 灯泡亮了吗? 现象记录 _____,检查人: _____

SA 拨回原位,灯泡熄灭了吗? 现象记录 _____,检查人: _____

启动瞬间电流表无显示,正常旋转后,有显示吗? 现象记录 _____,检查人: _____

3) 整理实训报告及考评

实训结束后,根据下列样表,完成本实训的报告及相关内容的分析整理。

（1）实训报告样式

《机床电气系统的安装调试》学生工作单　任务1—2

班级：＿＿＿＿　　组别：＿＿＿＿　　组员：＿＿＿＿　　指导教师：＿＿＿＿

工作任务名称	任务1—2　Y112—4型(4 kW)三相交流异步电机自锁正转运行控制线路的安装与调试	工作时间	4课时
工作任务分析	机床电气设备在正常工作时，一般要求三相异步电动机处于连续运行状态，能实现电机的启动和停止控制，能实现这种控制的线路就是自锁正转运行控制线路。		
工作内容	1. 设计并画出三相异步电动机自锁正转运行控制线路的电气原理图； 2. 根据电气原理图，选择使用电气控制元件； 3. 画出电气元件布置图； 4. 画出电气元件接线图； 5. 安装与调试三相异步电动机自锁正转运行控制线路； 6. 三相异步电动机自锁正转运行控制线路的常见故障排查。		
工作任务流程	1. 学习常用电气控制元件的功能与选择方法； 2. 学习电气控制线路图的识读、绘制方法； 3. 分析控制要求； 4. 根据控制要求，画出电气原理图； 5. 画出电气元件布置图； 6. 画出电气元件接线图； 7. 安装与调试三相异步电动机自锁正转运行控制线路； 8. 三相异步电动机自锁正转运行控制线路的常见故障排查； 9. 完成实训报告； 10. 成绩考评。		

工作任务计划与决策

1. 按工作任务要求选择电气元器件

序号	元件文字符号	元件名称	元件型号	数量
1				
2				
……				

2. 绘制主电路和电气控制原理图，并分析电路的控制过程

3. 绘制电器元件布置图

4. 绘制电器元件接线图

工作任务实施

5. 线路安装与调试过程，包括小组分工

工作任务检查

6. 线路故障排查

学习心得	1. 在工作中遇到了哪些问题？如何解决？ 2. 常用的三相异步电动机如何实现点动控制？ 3. 在完成本工作任务时，工作步骤是什么？ 4. 您对完成本工作任务有何建议？ 5. 本次任务完成情况，不足怎样改进与提高？		
工作任务评价	按考评 标准考评	见考评标准样表	
	考评成绩		
	教师签字		年　　月　　日

（2）考评标准样表

<table>
<tr><td colspan="3" align="center">任务完成质量　团队评分标准</td></tr>
<tr><td align="center">任务名称</td><td></td><td>评价组别</td><td></td></tr>
</table>

检查内容	是	否
功能检查：		
1. 系统正常得电了吗？	☐	☐
2. 主轴电机正转吗？	☐	☐
3. ……	☐	☐
工艺检查：		
1. 主电路、控制电路颜色区分了吗？	☐	☐
2. 主电路、控制电路线径区分了吗？	☐	☐
3. 地线(PE)使用黄绿线了吗？	☐	☐
4. 低压元器件布置是否整齐、美观，考虑了实际调整的方便？	☐	☐
5. 端子排使用正确吗？	☐	☐
6. 导线走线是否整齐，横平竖直？	☐	☐
总结汇报：		
1. 汇报表达基本流畅，课件制作清楚传达了团队讨论的成果	☐	☐
2. "相互找茬"，找出了存在的"茬"	☐	☐
3. 对于教师提出的问题，积极思考，响应积极	☐	☐
4. 对于教师提出的拓展问题，基本回答正确	☐	☐
职业素养：		
1. 严格依据图纸接线，线号与图纸标注吻合	☐	☐
2. 团队既有合作又有分工，协调一致，合作高效	☐	☐

附加分加分记录：

成绩：　评定成绩$=\dfrac{通过项目个数}{总项目数}\times100\%+$附加分（＜60 视为不合格）

被评价小组组别				
得分				
团队小组组长签名			教师签名	

附录一

常用电工工具及电工仪表的使用与维护

在电子元器件、设备的安装和维修中，电工工具和仪表起着极其重要的作用，正确使用和维护电工工具、电工仪表，是保证安全作业的前提，也是各工作岗位必备的电工基本操作技能。下面简要介绍常用电工工具和仪表的使用方法及日常维护。

1）试电笔

试电笔，也叫测电笔，用来检测导线和电气设备是否带电。

根据测量电压的大小，可将试电笔分为如下几类：（1）高压试电笔，用于交流输配电线路和设备的验电工作，常用于 10 kV 及以上项目作业时，如附录图 10.1(a)所示；（2）低压试电笔：用于线电压 500 V 及以下项目的带电体检测，如附录图 10.1(b)所示；（3）弱电测电笔，用于电子产品的测试，一般测试电压为 6 V～24 V，为了便于使用，电笔尾部常带有一根带夹子的引出导线，如附录图 10.1(c)所示。

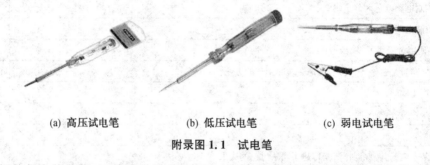

(a) 高压试电笔　　　　　(b) 低压试电笔　　　　　(c) 弱电试电笔

附录图 1.1　试电笔

根据接触方式分类，可将试电笔分为：（1）接触式试电笔，通过接触带电体获得电信号，通常有螺丝刀式试电笔和钢笔式数显试电笔。螺丝刀式试电笔中有氖管，测试时如果氖管发光，被测物体带电。目前，氖气电笔基本退出市场，被数字显示电笔取代。数显低压试电笔的使用方法如下：握住笔身，使液晶屏背光朝向自己，用前端的导体探头接触测试点，显示的最高值为测试电压值。（2）感应式试电笔，采用感应式测试方式，用于检测线路、导体和插座上的电压，并判定导线中断点的位置。

2）螺丝刀

螺丝刀又称为螺丝旋具、改锤、起子、旋凿等，是一种用来拧转螺丝钉以迫使其就位的工具。顺时针方向旋转螺丝刀为嵌紧，逆时针方向旋转螺丝刀则为松出。

从其结构形状来说，螺丝刀通常有以下几种：（1）直形螺丝刀。这是最常见的一种，头部型号有一字、十字、米字、H形（六角）等，如附录图 1.2(a)所示。（2）L形螺丝刀。多见于六角螺丝刀，利用其较长的杆来增大力矩，从而更省力，如附录图 1.2(b)所示。（3）T形螺丝刀，在汽修行业应用较多，如附录图 1.2(c)所示。

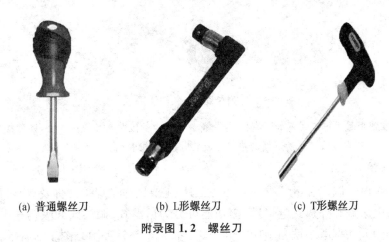

(a) 普通螺丝刀　　　　(b) L形螺丝刀　　　　(c) T形螺丝刀

附录图 1.2　螺丝刀

使用电工螺丝刀时应注意:(1) 电工不要使用穿心(金属杆直通)的螺丝刀。(2) 为了避免金属触及皮肤或触及邻近的带电体,应在螺丝刀上的金属杆上套上绝缘管。

3) 钢丝钳

钢丝钳又称老虎钳,由钳头、钳柄和绝缘套组成,用来弯绞和钳夹导线线头,紧固或起松螺钉。钢丝钳有铁柄和绝缘柄两种,绝缘柄为电工用钢丝钳。常用钢丝钳的规格以全长表示有 150 mm、175 mm、200 mm。常见钢丝钳如附录图 1.3 所示。

附录图 1.3　钢丝钳

使用钢丝钳时应注意如下事项:(1) 钢丝钳不能作为锤子使用。(2) 剪切导线时,不得同时剪断相线和零线,以防短路。(3) 钳头的轴销上应经常加机油润滑。

4) 尖嘴钳

尖嘴钳又称修口钳、尖头钳,它由钳头、钳柄和绝缘管组成,其规格以全长表示,通常有130 mm、160 mm、180 mm、200 mm 四种。尖嘴钳的头部尖细,适用于在狭小的工作空间操作,可剪断细小金属丝,夹持较小零件,弯折导线等。尖嘴钳的外形如附录图 1.4 所示。

附录图 1.4　尖嘴钳

尖嘴钳在使用过程中应注意如下事项:(1) 使用尖嘴钳时,手离金属部分的距离应不小于 2 cm;(2) 尖嘴钳不适宜剪切粗导线或硬的金属丝;(3) 注意尖嘴钳的防潮,切勿磕碰、损坏柄套,以防触电。

5) 剥线钳

剥线钳用来剥削直径 3 mm 及其以下绝缘导线的塑料或橡胶绝缘层,其外形如附录图 1.5 所示。剥线钳钳口部分有 0.5~3 mm 的多个直径切口,可以剥削不同规格的导线。

附录图 1.5　剥线钳

　　剥线钳在使用过程中应注意如下事项:导线需放在稍大于线芯直径的切口上,以免损伤线芯。剥削多芯导线时,应先剪齐导线头。当所剥削的绝缘层较长时,应多段剥削。

　　6)电烙铁

　　电烙铁是电子制作和电器维修的必备工具,主要用途是焊接元件及导线,按机械结构可分为内热式电烙铁和外热式电烙铁,按功能可分为恒温式、调温式和吸锡式电烙铁,根据用途不同又分为大功率电烙铁和小功率电烙铁。常见电烙铁如附录图 1.6 所示。

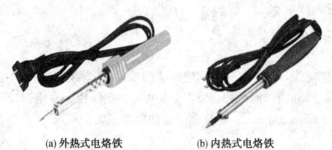

(a) 外热式电烙铁　　　　　(b) 内热式电烙铁

附录图 1.6　电烙铁

　　在电烙铁的使用过程中,要根据焊接面积的大小等实际要求,合理选择电烙铁的功率、类型和电烙铁的形状。电烙铁在使用过程中应注意:(1)使用前,要先检查电源线、电源插头是否破损,烙铁头是否松动;(2)使用中,要轻拿轻放,不用时应将其放回到烙铁架上;(3)电烙铁用完后应及时拔去电源插头,将烙铁头擦拭干净,并镀上新锡,防止其氧化生锈。

　　7)吸焊器

　　吸焊器又称吸焊笔(吸笔)、吸焊泵、吸焊枪等,是焊接的辅助工具,主要用于搜集融化焊锡。按吸焊器吸筒壁使用材料不同,可为塑料吸焊器和铝合金吸焊器;按吸焊器结构不同,可分为手动吸焊器和电动吸焊器。常用吸焊工具如附录图 1.7 所示。

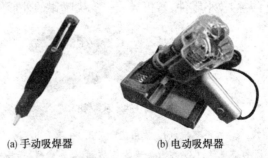

(a) 手动吸焊器　　　　　(b) 电动吸焊器

附录图 1.7　吸焊器

　　手动吸焊器的使用步骤如下:(1)使用前,选择合适的吸焊头,检查吸焊器吸筒的密封性是否完好。(2)使用时,先推下杆帽,固定住吸焊器,然后用电烙铁对焊点加热,使焊料融化,同时将吸焊器的吸嘴对准熔化的焊料,按吸焊器上的按钮,即可将焊料吸进废料盒内。

(3) 在使用吸焊器后,及时清理废料盒,吸嘴及内部活动部分。

8) 钳形电流表

钳形电流表简称钳形表,是一种便携式仪表,主要用于要求不断开电路的情况下测量工频的交流电,测量时需将被测导线夹于钳口中。根据电流表结构的不同,可分为模拟钳形电流表和数字钳形电流表,常用钳形电流表如附录图1.8所示。

(a) 数字钳形电流表　　　　(b) 模拟钳形电流表

附录图1.8　钳形电流表

钳形电流表的使用注意事项如下:(1) 模拟钳形电流表测量前应调零。(2) 测量时应先估计被测量值的大小,选择适当的量程。若测量值暂时不能确定,需将量程旋至最高挡,然后根据测量值的大小,变换至合适的量程。(3) 测量电流时,应将被测载流导线置于钳口的中心位置,以免产生误差。(4) 测量结束后,要将开关切换到最大量程处,并将钳形电流表保存在干燥的室内。(5) 不要在测量过程中切换量程。测量高压线路时,要戴绝缘手套,穿绝缘鞋。

9) 电度表

电度表是用来测量某一段时间内发电机发出的电能或负载所消耗电能的仪表,又称为电能表、千瓦时表,俗称电表、火表。常见电度表如附录图1.9所示。

电度表按接入电源的性质不同,可分为直流电度表和交流电度表。交流电度表根据进表相线不同,可分为单相电度表、三相三线制电度表和三相四线制电度表。电度表按结构和工作原理不同,可分为机械式(又称感应式)电度表和电子式(又称静止式)电度表。电度表按接线方式的不同,可分为直接接入式和间接接入式两种,直接接入式电度表适用于低电压、小电流的场合,当线路电压超过400 V或线路电流超过100 A时,采取间接接入式电度表。

附录图1.9　电度表

下面以单相电度表为例,介绍其选用、接线与安装。电度表的选用要根据负载来确定,通常情况下所使用的电度表负载总瓦数为实际用电总瓦数的1.25~4倍。选好单相电度表后,需进行安装和接线。单相电度表接线时,电流线圈与负载串联,电压线圈与负载并联。单相电度表共有四根连接导线,两根输入,两根输出。根据负载电流大小和电源电压的高低,单相电度表有三种接法,如附录图1.10所示,即低电压(220 V、380 V)、小电流(5~10 A)直接接法,如附录图1.10(a)所示;低电压(220 V、380 V)、大电流经电流互感器接法,如附录图1.10(b)所示;高电压、大电流经电流、电压互感器接法,如附录图1.10(c)所示。

电度表接线时应根据说明书,确定相线 L 和中性线 N、进线和出线的连接位置。

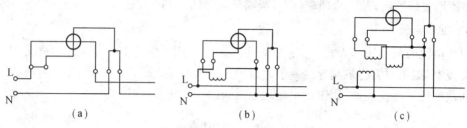

附录图 1.10　单相电度表接线法

10)万用表

万用表是一种可以测量多种电量,具有多种量程的便携式仪表,用途广泛,使用方便,因此是一种极为常用的电工仪表。万用表分为两大类,一类是模拟式万用表(即指针式万用表),另一类是数字式万用表。

(1)模拟式万用表

① 面板说明

模拟式万用表的型号很多,如有 MF27、MF47、MF68、MF78 等,它们的外观、面板和功能会有所差异。现以 MF47 型万用表为例,它的面板图如附录图 1.11 所示,它的基本功能如附录表 1 所示。附录表 1 中有＊号的量程为大量程挡:如＊10 A——插座为公用端"—"(COM)和标有"10 A"标记的插孔;如＊2 500 V——插座为公用端"—"(COM)和标有"2 500 V"标记的插孔。＊×10k——电表内必须配有 9 V 的层叠电池方可使用。

② 使用方法

a. 万用表在使用之前应检查表针是否在零位上,如不在零位上,可用小螺丝刀调节表头上的"机械调零",使表针指在零位。

b. 万用表面板上的插孔都有极性标记,测直流时,注意正负极性。用欧姆挡判别二极管极性时,注意"＋"插孔是接表内电池的负极,而"—"插孔是接表内电池正极。

c. 先按测量的需要将转换开关拨到需要的位置上,不能拨错。如在测电压时,误拨到电流或电阻挡,将会损坏表头。

d. 在测量电流或电压时,如果对被测电流、电压大小心中无数,应先从最大量程上试测,防止表针打坏。然后再拨到合适量程上测量,以减少测量误差。注意不可带电转换开关的测试功能。

e. 测量高电压或大电流时,要注意人身安全。测试笔要插在相应的插孔里,测量开关拨到相应的量程位置上。

f. 测量交流电压时,注意必须是正弦交流电压。其频率也不能超出规定的范围。

g. 测量电阻时,首先要选择适当的倍率挡,使被测电阻值与相应倍率的中心电阻值接近。然后将表笔短路,调节"调零"旋钮,使指针指在零欧姆处。如"调零"旋钮不能调到零位,说明表内电池电压不足,需要更换电池。不能带电测电阻,以免损坏万用表。在测量大电阻时,不要用双手接触电阻的两端,防止人体电阻并联上去造成测量误差。每转换一次量程,都要重新调零。不能用欧姆挡直接测量检流计及表头的内阻。

h. 每次测量完毕,将转换开关拨到交流电压最高挡,防止他人误用损坏万用表。万用表长期不用时应取出电池,防止电池漏液腐蚀和损坏万用表。

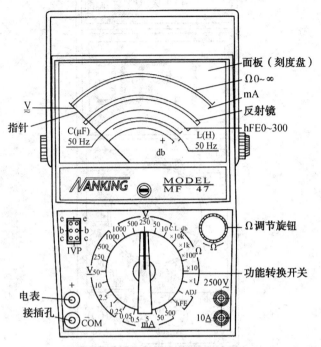

附录图 1.11　MF47 型万用表面板

附录表 1　MF47 型万用表的基本功能

量程范围		灵敏度及电压降	精确度	误差表示方法
直流电流 DCA	0～0.05 mA～0.5 mA～5 mA～ 50 mA～500 mA	0.25 V	2.5	以上示值的百分数计算
	＊10 A		5	
直流电压 DCV	0～0.25～1 V～2.5 V～10 V～50 V	20 kΩ	2.5	
	250 V～500 V～1 000 V			
	＊2 500 V	9 kΩ	5	
交流电流 ACV	0～10 V～50 V～250 V～500 V			
	＊2 500 V		10	
电阻 Ω	×1;×10;×100;×1k	中心刻度为 16.5		
	＊×10k			

(2) 数字万用表

① 面板说明

以 DT9101 型数字万用表为例说明,DT9101 型数字万用表外形如附录图 1.12 所示。该表为三位半的数字万用表,操作方便,读数准确,功能齐全,可以用来测量直流电压/电流、交流电压/电流、电阻、晶体三极管 hFE 参数。

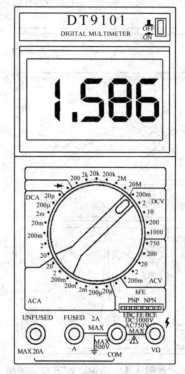

附录图 1.12　DT9101 型数字万用表

② 使用方法

a. 直流电压测量

首先,将黑色表笔插入"COM"插孔,红色表笔插入"VΩ"插孔。

然后,将功能开关置于 DCV 量程范围,并将表笔并接在被测电压的两端。在显示电压读数的同时会指示红表笔的极性。

注意:在测量之前不知被测电压的范围时,应将功能开关置于高量程挡逐渐调低;仅在最高位显示"1"时,说明已超过量程,须调高一挡;不要测量高于 1 000 V 的电压,因为可能损坏内部电路。

b. 交流电压测量

首先,将黑色表笔插入"COM"插孔,红色表笔插入"VΩ"插孔。

然后,将功能开关置于 ACV 量程范围。

注意:在测量之前不知被测电压的范围时,应将功能开关置于高量程挡逐渐调低;仅在最高位显示"1"时,说明已超过量程,须调高一挡;不要测量高于 750 V 有效值的电压,因为可能损坏仪表。

c. 直流电流测量

首先,将黑色表笔插入"COM"插孔。当被测电流在 2 A 以下时,红色表笔插入"A"插孔。如果被测电流在 2~20 A 之间,则将红色表笔移至"20 A"插孔。

然后,将功能开关置于 DCA 量程范围,测试笔串入被测电路中。电流的方向将同时指示出来。

注意:如果被测电流范围未知,应将功能开关置于高量程挡逐渐调低;仅在最高位显示"1"时,说明已超过量程,须调量程挡级;A插口输入时,过载会将内装的保险丝熔断,须更换同规格的保险丝;20 A插口没有保险丝,测量时间应小于15 s。

d. 交流电流测量

将功能开关置于 ACA 量程范围内。测试方法类同于直流电流测量。

e. 电阻测量

首先,将黑色表笔插入"COM"插孔,红色表笔插入"VΩ"插孔(红色表笔接到内部电池正极)。

然后,将功能开关置于"Ω"量程上,将测试笔跨接在被测电阻上。

注意:当输入开路时,会显示过量程状态"1";如果被测电阻阻值超过量程,则会显示过量程状态"1",须换用高挡量程,当被测电阻在 1 MΩ 以上,本表需数秒后方能稳定读数;检测在线电阻时,须确认被测电路已关去电源,同时电容已放完电方能进行测量;有些器件有可能在进行电阻测量时被损坏,则不应对其测量电阻,如不准用数字万用表测检流器或仪表表头内阻。

11) 兆欧表的使用

兆欧表是一种测量高电阻的仪表,常用于测量电缆、电机、变压器和线路的绝缘电阻,分为机电式(指针式)兆欧表和数字式兆欧表。兆欧表的输出电压等级多(每种机型有四个电压等级,即 500 V/1 000 V/1 500 V/2 500 V),测量额定电压在 500 V 以下的设备或线路的绝缘电阻时,可选用 500 V 或 1 000 V 兆欧表;测量额定电压在 500 V 以上的设备或线路的绝缘电阻时,应选用 1 000～2 500 V 兆欧表;测量绝缘子时,应选用 2 500～5 000 V 兆欧表。一般情况下,测量低压电气设备绝缘电阻时可选用 0～200 MΩ 量程的兆欧表。

(1) 指针式兆欧表

① 面板说明

指针式兆欧表的型号很多,如有 JL2550、JL2533、JL2565 等,现以 JL25 系列指针式兆欧表为例,它的面板如附录图 1.13 所示,其结构说明如附录表 2 所示。

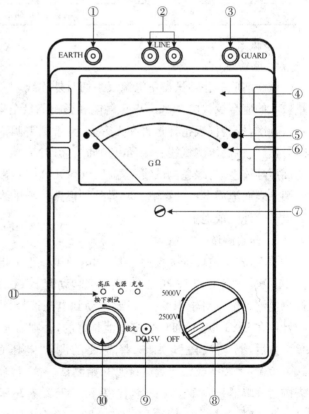

附录图 1.13　JL25 系列绝缘表结构图

附录表2　指针式兆欧表结构图说明

序号	名称	功能
(1)	地端(EARTH)	接于被试设备的外壳或地上。
(2)	线路端(LINE)	高压输出端口,接于被试设备的高压导体上。
(3)	屏蔽端(GUARD)	接于被试设备的高压护环,以消除表面泄漏电流的影响。
(4)	双排刻度线	上挡为绿色:500 V/0.2 GΩ~20 GΩ, 1 000 V/0.4 GΩ~40 GΩ,2 500 V/1 GΩ~100 GΩ, 5 000 V/2 GΩ~200 GΩ。 下挡为红色:500 V/0~400 MΩ, 1 000 V/0~800 MΩ,2 500 V/0~2 000 MΩ, 5 000 V/0~4000 MΩ。
(5)	绿色发光二极管	发光时读绿挡(上挡)刻度。
(6)	红色发光二极管	发光时读红挡(下挡)刻度。
(7)	机械调零	调整机械指针位置,使其对准∞刻度线。
(8)	波段开关	可实现输出电压选择,电池检测,电源开关等功能
(9)	充电插孔	对于C型表,输入为直流15 V
(10)	测试键	按下开始测试,按下后如顺时针旋转可锁定此键
(11)	状态显示灯	可显示高压输出,电源工作状态,充电状态等信息

② 使用方法

a. 准备工作

试验前应拆除被试设备电源及一切对外连线,并将被试物短接后接地放电1 min,电容量较大的应至少放电2 min,以免触电和影响测量结果。

其次,校验仪表指针是否在无穷大上,否则需调整机械调零螺丝⑦。

然后,将高压测试线一端(红色)插入②LINE端,另一端接于或使用挂钩挂在被试设备的高压导体上,将绿色测试线一端插入③GUARD端,另一端接于被试设备的高压护环上,以消除表面泄漏电流的影响。将另外一根黑色测试线插入①地端(EARTH),另一头接于被试设备的外壳或地上。

b. 开始测试

首先,转动波段开关接通电源,如电源工作正常指示灯应发绿光,否则会发红或黄色光。

其次,对于JL2550和JL2565型表转动到BATT. CHECK挡,按下测试键⑩,仪表开始检测电池容量。对于JL2533只要转动到电压选择挡,仪器自动接通检测电池容量3 s。当指针停在BATT. GOOD区,则电池是好的,否则需充电(C型)或更换电池。

然后,转动波段开关,选择需要的测试电压(500 V/1 000 V/2 500 V/5 000 V/10 000 V)。按下或锁定测试键⑩开始测试。这时测试键上方高压输出指示灯发亮并且仪表内置蜂鸣器每隔1 s响一声,代表②LINE端有高压输出。

测试时,当绿色LED灯亮,在外圈读绝缘电阻值(高范围);红色LED灯亮,则读内圈刻度。

测试完后,松开测试键⑩,仪表停止测试,等待几秒钟,不要立即把探头从测试电路移开。这时仪表将自动释放测试电路中的残存电荷。

（2）数字式兆欧表

现以 VC60D＋数字式兆欧表为例说明，VC60D＋数字式兆欧表面板如附录图 1.14 所示。其输入端使用微电流测量抗干扰电路，输出采用双积分数字电压表除法功能进行电阻的数字转换。具有带负载能力强，抗电场干扰性能高，使用轻便，量程宽广，整机性能稳定，显示美观等优点。广泛适用于电气设备、仪器仪表、电缆及各类电器绝缘耐压性能测试。

① 面板说明

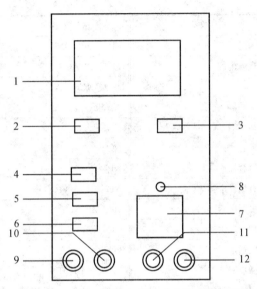

附录图 1.14　VC60D＋数字式兆欧表面板图

其中，(1) LED 显示器：显示测量数据及(MΩ、GΩ)字符，显示器上提示当前的测试电压及高压符号(VC60E 测试电压在面板提示，显示器无 5 000 V 电压提示)；(2) 电源开关(POWER)；(3) 电压选择开关(VOLTAGE)；(4)、(5)、(6) 电阻量程开关(20 GΩ，2 GΩ，200 MΩ)；(7) 测试开关(PUSH)；(8) 高压提示：LED 显示；(9) L：接被测线路端插孔；(10) G保护端插孔；(11)、(12)E：接被测对象的地端插孔；(13)电源插孔。

② 测量方法

a. 将电源开关"POWER"键按下。

b. 根据测量需要选择测试电压(VC60D 有 1 000 V/2 500 V 供选择)。

c. 根据测量需要选择量程开关。

d. 仪表接线，L：高压输出端，通过专用电缆接至被测线路；G：保护端，它接至三电极的保护端，消除被测表面泄露效应；E：称为地端，接至被测物体的地、零端。

e. 按下"PUSH"测试开关，测试即进行，当显示值稳定后，即可读值，读值完毕，松开"PUSH"开关。

f. 如果仅最高位显示"1"，即表示超量程，需要换高量程挡。

Proteus 常用仪器中英文对照表

英文名称	中文名称	英文名称	中文名称
AND	与门	MICROPHONE	麦克风
BATTERY	直流电源	MOTOR AC	交流电机
BELL	铃,钟	MOTOR SERVO	伺服电机
BUFFER	缓冲器	NAND	与非门
BUZZER	蜂鸣器	NOR	或非门
CAP	电容	NOT	非门
CAPACITOR	电容器	NPN	三极管
CAPACITOR POL	有极性电容	NPN-PHOTO	感光三极管
CAPVAR	可调电容	OPAMP	运放
CIRCUIT BREAKER	熔断丝	OR	或门
COAX	同轴电缆	POT	滑动变阻器
CON	插口	PELAY-DPDT	双刀双掷继电器
CLOCK	时钟信号源	RES	电阻
CRYSTAL	晶体振荡器	RESISTOR	电阻器
DB	并行插口	SCR	晶闸管
DIODE	二极管	SOURCE CURRENT	电流源
DIODE SCHOTTKY	稳压二极管	SOURCE VOLTAGE	电压源
DIODE VARACTOR	变容二极管	SPEAKER	扬声器
DPY_3-SEG	3 段 LED	SW-DPDY	双刀双掷开关
DPY_7-SEG	7 段 LED	SW- SPST	单刀单掷开关
DPY_7-SEG_DP	7 段 LED(带小数点)	THERMISTOR	电热调节器
ELECTRO	电解电容	TRANS1	变压器
FUSE	熔断器	TRANS2	可调变压器
GROUND	地	Transistors	晶体管
INDUCTOR	电感	VARISTOR	变阻器
INDUCTOR IRON	带铁芯电感	ZENER	齐纳二极管
INDUCTOR3	可调电感	DPY_7-SEG_DP	数码管
JFET N	N 沟道场效应管	7407	驱动门
JFET P	P 沟道场效应管	1N914	二极管
LAMP	灯泡	74LS00	与非门
LAMP NEDN	启辉器	74LS04	非门
LED	发光二极管	74LS08	与门

参考文献

[1] 王其红. 电工基础教程. 北京:电子工业出版社,2007.3

[2] 吴青萍. 电路基础. 北京:北京理工大学出版社,2007.1

[3] 顿秋芝. 电工电子技术. 哈尔滨:哈尔滨工业大学出版社,2013.1

[4] 孙建忠,刘凤春. 电机与拖动. 北京:机械工业出版社,2013.4

[5] 秦曾煌. 电工学(上册). 北京:高等教育出版社,2003.12

[6] 马颖. 电路分析基础. 西安:西安电子科技大学出版社,2013.9

[7] 胡启明,葛祥磊. Proteus 从入门到精通 100 例. 北京:电子工业出版社,2012.9

[8] 吴宇. 电工电子技术基础. 北京:电子工业出版社,2014.1